画说金鱼

黄云皓 绘著

生活·讀書·新知 三联书店

图书在版编目（CIP）数据

画说金鱼／黄云皓绘著. —北京：生活 · 读书 · 新知三联书店，2022.2
（细节阅读）
ISBN 978－7－108－07091－3

Ⅰ.①画… Ⅱ.①黄… Ⅲ.①金鱼－文化研究－中国
Ⅳ.①S965.811

中国版本图书馆 CIP 数据核字（2021）第 025456 号

特邀编辑　何　川
责任编辑　赵庆丰
装帧设计　薛　宇
责任印制　张雅丽
出版发行　生活·讀書·新知 三联书店
（北京市东城区美术馆东街 22 号 100010）
网　　址　www.sdxjpc.com
经　　销　新华书店
制　　作　北京金舵手世纪图文设计有限公司
印　　刷　天津图文方嘉印刷有限公司
版　　次　2022 年 2 月北京第 1 版
2022 年 2 月北京第 1 次印刷
开　　本　720 毫米 × 880 毫米　1/16　印张 21
字　　数　150 千字　图 213 幅
印　　数　0,001－4,000 册
定　　价　79.00 元
（印装查询：01064002715；邮购查询：01084010542）

目录

第一章

识鱼之美

中国是金鱼的故乡

金鱼是由中国古代的野生鲫鱼直接或间接变异，并通过人工定向培育而成的。这一观点已被中外生物学者和金鱼饲养者的大量实验研究、实际养殖和我国的丰富的科学史料所证实。中国古代野生突变的金黄色鲫鱼，被古人发现并捕获后，饲养在人工环境中。狭小的水体，充足的养料供给，加上有意识或无意识的人工选择，以及杂交和遗传育种，中国野生鲫鱼逐渐改变了原来的形态，演化成了今天仪态万方、婀娜多姿的金鱼。生物学家通过实验进一步证明，鲫鱼和金鱼彼此间有着亲密的血缘关系，同属鲤形目、鲤科、鲫属，共享同一学名。因此，可以肯定鲫鱼是金鱼的祖先，金鱼是由中国古代野生鲫鱼演变而来的。

金鱼源自中国佛家寺院，兴盛于理学昌明的宋代，世代传承，繁衍至今，一直为世人所珍视。在海外，金鱼素有“东方圣鱼”之美誉；在中国，金鱼则有“国鱼”之地位。中国传统文化源远流长，而中国金鱼及其衍生出来的金鱼文化，无疑是这条宽博深邃的历史长河中一朵精致美丽的浪花。中国是世界公认的金鱼的故乡。绵延千年的传承与发展，使得金鱼这只美好的精灵深深地烙上了中国传统文化的印记。中国传统文化的正源是佛、道、儒三家的思想精髓。佛教的放生行为为原始金鱼从自然界被人为区分出来而独立发展提供了契机。随后金鱼在古人有意识的选择培育中，又体现着道家和儒家的思想。金鱼那悠游水中的风姿正体现着庄周安命无为、逍遥而游的道家处世哲学；金鱼那圆润丰满的体态，平和的个性，正体现着儒家尚礼、仁爱、和谐、中庸的观念。金鱼是和平、幸福、美好、富有的象征，

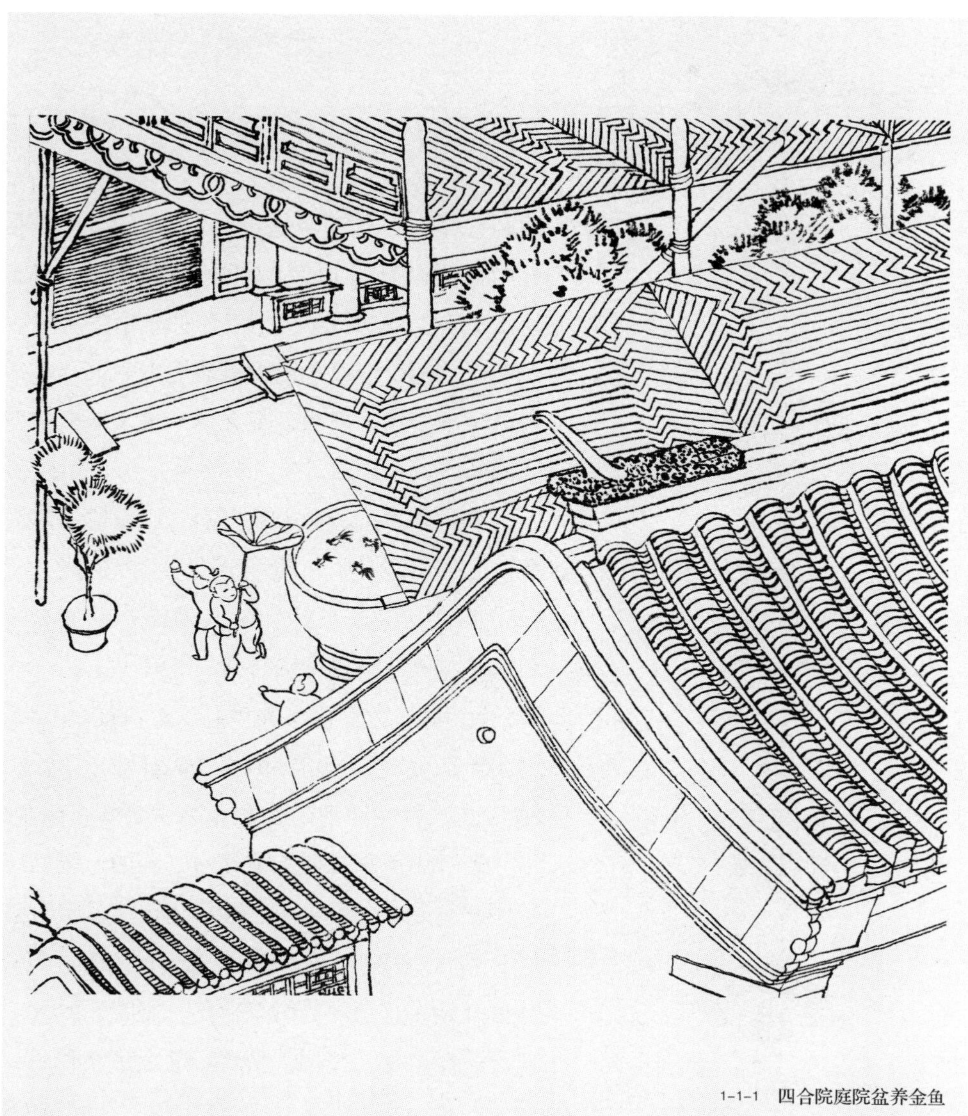

1-1-1　四合院庭院盆养金鱼

1-1-2 金鱼演化简图

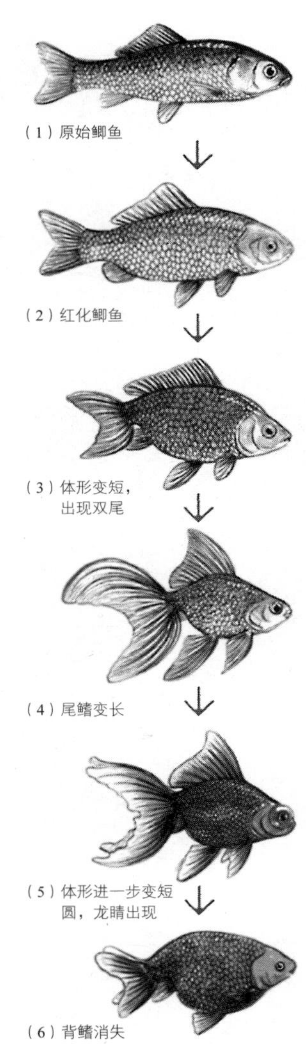

在中国有着“金玉（金鱼）满堂、年年有余（鱼）”的吉祥寓意。金鱼作为美的使者，成为绘画、邮票、雕刻等不同形式艺术品表现的题材。金鱼作为中国传统文化遗产之一，一种体现着中华民族独特审美情趣而拥有众多变异形态的观赏鱼，带着千年古国的历史印记，以其博大精深的文化内涵，必将越来越受到全世界人们的欣赏和喜爱。

金鱼培育的历史大致分为三个阶段，即寺院放生池阶段、园林池养阶段、盆养阶段。文献中能查到的最早的寺院金鲫鱼放生池有两处，一处是宋朝初年嘉兴的金鱼池，另一处是公元1000年前后杭州六和塔寺后面的山涧。南宋时期金鲫鱼开始被饲养在园林池塘中，用小红虫喂养，逐渐地金鱼的新品种开始出现了。经过了南宋后期从池养向盆养的过渡，到了明朝庭院中盆养金鱼已经成为主流。当时已经有人开始从大量小鱼中筛选金鱼，新的金鱼品种开始大量涌现。时至清代，有意识的人工选种已经出现，并用于培育新的金鱼品种。金鱼饲养于小水体的鱼盆中，饲养者可以近距离

1-1-3 杨柳青金鱼年画

地仔细观察金鱼，便于更好地对金鱼进行有意识的品种筛选，很多细微的变异可以很容易地被发现并保留下来，并通过不断繁殖优选形成新的稳定品种。到今天，金鱼的花色品种已经有了数百之众，金鱼以其奇异的身姿，绚丽的色彩，深厚的文化底蕴，成为享誉世界的观赏鱼珍品。

金鱼的千变万化之美

金鱼繁衍至今，已经创造出了无数奇特、典雅、优美、逗趣的品种，如同一幅幅水墨丹青，令人流连忘返。而金鱼之所以有如此多令人眼花缭乱的品种，究其原因是因为金鱼身上的各个部分因人的审美取向而在长期的定向培育中发生了改变，而这些变异的部位互相组合，就形成了今天纷繁复杂、种类繁多的金鱼世界。

（喜团圆）金鱼体态之憨：金鱼的体形因人们的审美趣味而慢慢变得短圆肥美，

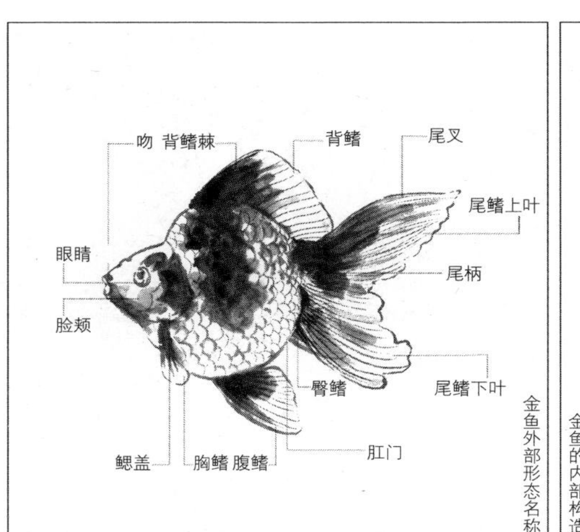
吻
背鳍棘
背鳍
尾叉
尾鳍上叶
眼睛
尾柄
脸颊
臀鳍
尾鳍下叶
鳃盖
胸鳍
腹鳍
肛门
金鱼外部形态名称

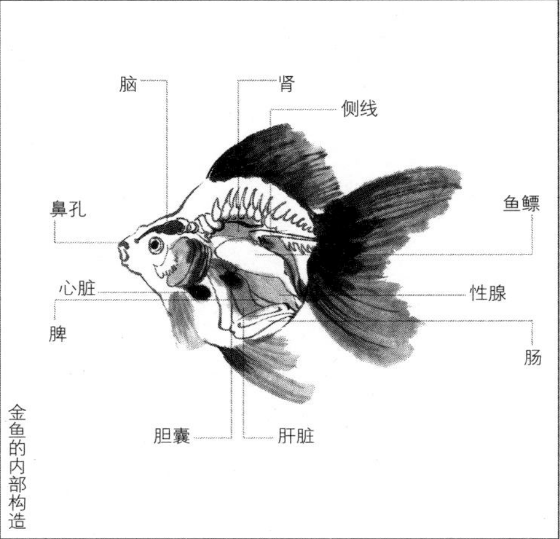
脑
肾
侧线
鼻孔
鱼鳔
心脏
性腺
脾
肠
胆囊
肝脏
金鱼的内部构造

全长
体长
尾鳍长
头长
吻长
眼径
背鳍长
尾柄长
臀鳍长
体高
尾柄高
胸鳍长
腹鳍长
金鱼各测量部位名称图示

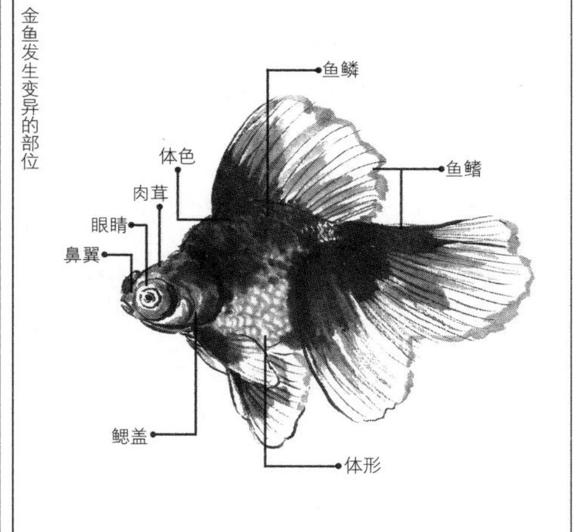
鱼鳞
体色
鱼鳍
肉茸
眼睛
鼻翼
鳃盖
体形
金鱼发生变异的部位

1-2-1 金鱼图解

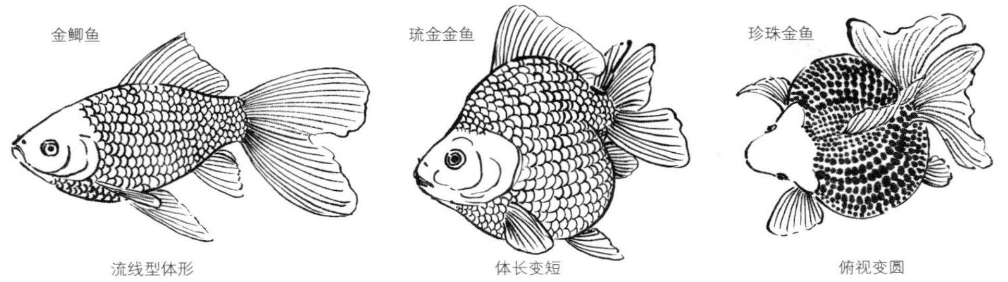

甚至发展成球形，如珍珠金鱼，正是金鱼的这种体形的变异，使得金鱼的泳姿更适应小面积的水体，由原来的倏尔远逝，变成了现在水中的翩翩起舞，婀娜多姿。

（拂霓裳）金鱼体色之幻：金鱼的体色，单色有红、橙、紫（茶色）、黄、白、蓝、黑等；混杂色有两种或两种以上颜色构成的彩色品种。五彩斑斓的金鱼，红的似火，黄的像金，黑的如墨，白的若玉，更有那紫色的典雅，蓝色的幽静，橙色的阳光。还有那变幻莫测、绚丽多姿的复色金鱼：黑白相间的如熊猫，红顶白身的似仙鹤，蓝身白腹的若喜鹊，五彩斑斓的像彩球。真是色彩斑斓，令人目不暇接。不仅如此，金鱼的体色在一生中还会变化，原本墨色的金鱼会逐渐变成红墨相间的铁包金，再慢慢褪成全红色，再由全红色变成红白相间的红白花，最后甚至褪成纯白色，真可谓“娇容三变”。

（眼儿媚）金鱼眼睛之神：金鱼的眼睛最早出现的变化是眼睛逐渐变大，凸出于眼眶之外，形如算盘珠，古人谓之“龙睛”，就是像中国古代传说中龙的眼睛。如果金鱼的眼睛不但凸出，而且翻转向上，如永远望着天空，那么具有这种眼型的金鱼，就被人称为“望天金鱼”。据说这种金鱼在中国封建社会宫廷深受青睐，因为它永远都在崇敬地仰望着它的皇上。此外，金鱼眼型的变异，还有的是在眼睛下面出现一个内含组织液的水泡。当水泡较小时，人称“蛤蟆头”。水泡较大时，就

1-2-3 （眼儿媚）金鱼眼睛之神

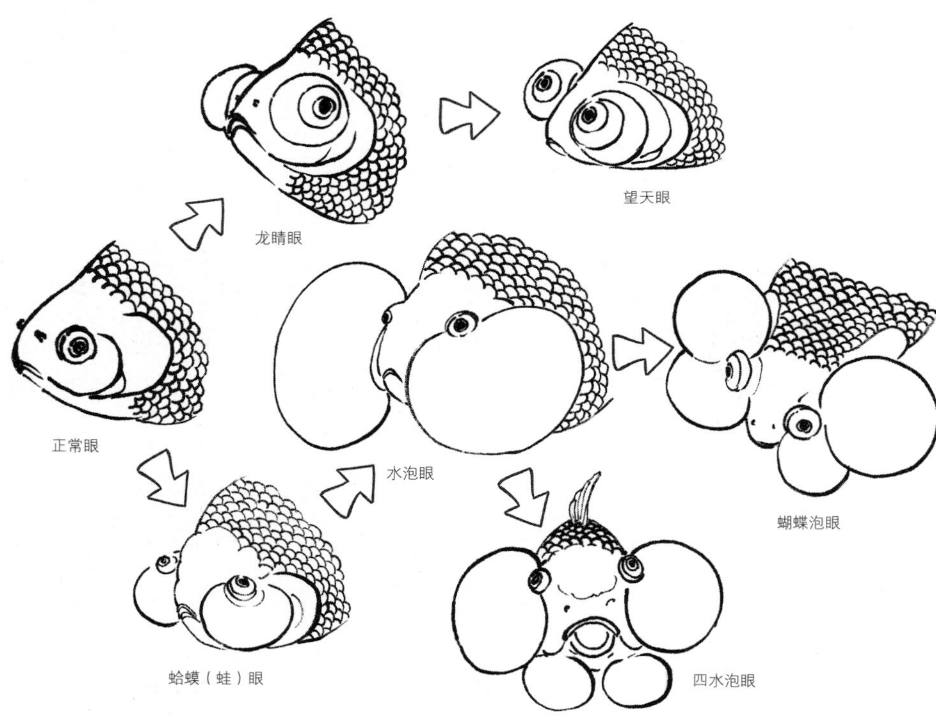

1-2-4 （抛球乐）金鱼绒球之趣

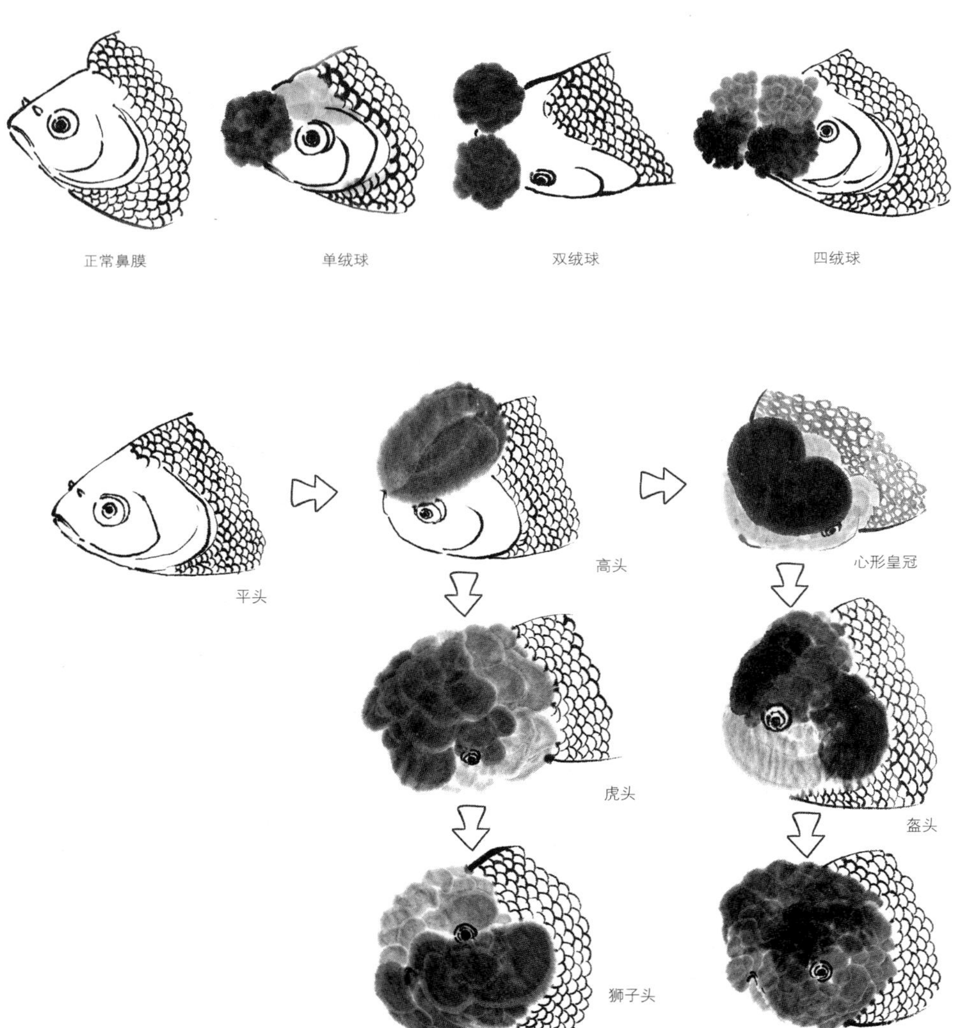

1-2-5 （玲珑玉）金鱼肉茸之莹

如两个鸡蛋垂于眼下。游动过程中，水泡在水中上下左右颤动，可爱有趣，这就是著名的“水泡金鱼”。

（抛球乐）金鱼绒球之趣：金鱼鼻部的鼻翼发生了变异，形成两个肉球长于头部，这种金鱼就称之为“绒球金鱼”。绒球金鱼有单球、双球和四球之分。肉球可紧可散，紧的似绒球，散的似花朵，绒球随金鱼的游动而摆动，似春花在风中摇曳，十分可爱。

（玲珑玉）金鱼肉茸之莹：肉茸在北京地区称为“堆玉”，是金鱼头部表层的增生。最早是金鱼的头部发生肉质增生。这种增生逐渐增加，在头顶部长成一个肉质的冠形，成为“帽子金鱼”。头顶的肉质增生逐渐向两鳃发展，进而长满两鳃，使金鱼的鱼头看上去威武硕大，如虎生威，头顶褶皱中内隐一个“王”字，人称“虎头金鱼”。如果肉茸发育丰满，使金鱼头部长成肉球形，看上去似雄狮的头部，这种金鱼就叫作“狮子头”。若肉茸进一步发达，不仅长满整个头部，而且有很多细小凸起，似含苞待放之秋菊，就是名贵的“菊花头金鱼”。

（一斛珠）金鱼珠鳞之美：金鱼的鳞片变异有正常鳞、珍珠鳞、透明鳞、半透明鳞。透明鳞的鳞片中没有色素细胞和反光体，看起来犹如一片玻璃。半透明鳞的鳞片以透明鳞为主，夹杂少量具反光体的正常鳞片，这种金鱼的体色似水彩晕染。其中珍珠鳞最为奇特。珍珠鳞的出现，是很难得的突变。其特征是鳞片上堆积了大量的钙质，因而呈现坚硬的半球形凸起，全身好像镶满珍珠，再加上肥胖浑圆的身材，更令人爱不释手。

（蝶恋花）金鱼鱼鳍之趣：金鱼的鱼鳍是指胸鳍、腹鳍、臀鳍、背鳍和尾鳍。其中发生变异的主要是臀鳍、背鳍和尾鳍这三个部分。背鳍的变异或有或无。有背

1-2-6 （蝶恋花）金鱼鱼鳍之趣

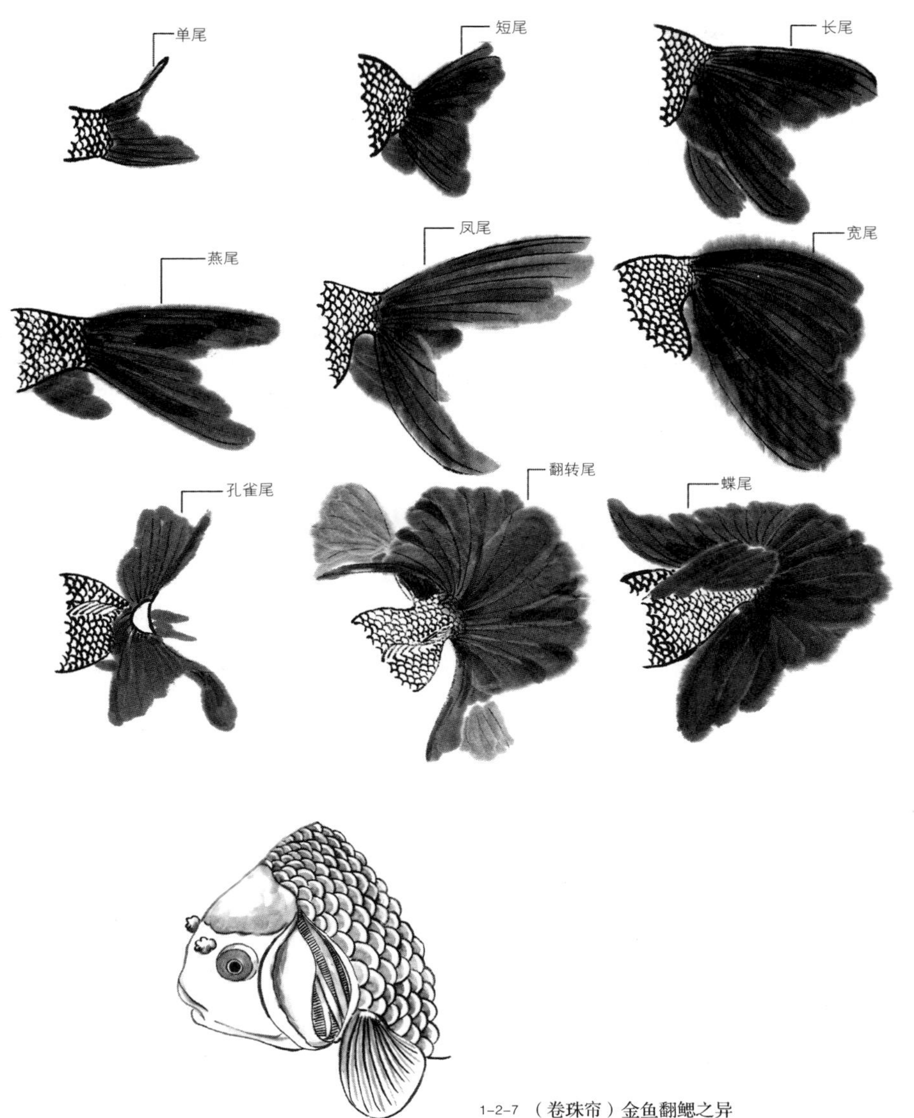

1-2-7 （卷珠帘）金鱼翻鳃之异

1-2-8 （一斛珠）金鱼珠鳞之美

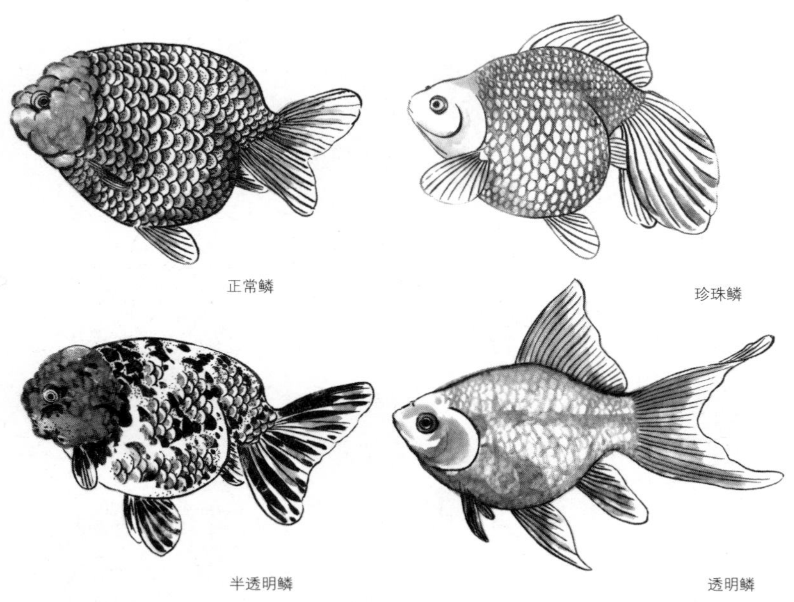
正常鳞　珍珠鳞　半透明鳞　透明鳞

鳍的金鱼，古人称之为“扯旗金鱼”，无背鳍的金鱼，则称之为“蛋种金鱼”。臀鳍和尾鳍的主要变异是由单变双。金鱼的尾鳍是金鱼鱼鳍变异最大的地方，也是金鱼鱼鳍审美的重点。短尾金鱼活泼可爱，长尾金鱼轻纱摇曳，长裙飘逸。如果尾鳍上翻，俯视如同蝴蝶，在水中游动如蝴蝶翩翩，就是著名的“蝶尾金鱼”了。日本的名贵金鱼“木佐金”的尾鳍，不仅上翻，而且反转，极其华美，令人惊艳。

（卷珠帘）金鱼翻鳃之异：金鱼鳃盖发生变异，即所谓“翻鳃金鱼”，这样的金鱼，鳃盖翻起，露出里面层层鲜红的鳃丝，似卷起的绛色珠帘。古代认为是一种奇特的变异，加以保留，就目前的审美而言，人们认为并不美观，甚至是一种病态，所以逐渐趋于淘汰，市场上已经很少见了。

第二章

赏鱼之趣

中国名贵金鱼十二品

金鱼如水中之花，翩舞于碧水绿藻间，不仅令人赏心悦目，而且寄托着中国人对于生活的美好寓意。

特撷取中国传统名贵金鱼十二品，并配以十二种中国名花，按月份排列，以花喻鱼，鱼花相映，倍添雅趣。

鸿运当头（帽子金鱼） 一月梅花

花语：梅标高洁，冰雪世界，红梅怒放，象征着高洁的品格和坚忍不拔的精神。

鹤顶红金鱼，洁白的身躯，头顶一块艳红的肉冠，似盛开在白雪中的红梅。

鹤顶红金鱼又称为鸿运当头，是文种金鱼的典型代表，它体态秀丽洁净，飘逸高雅，动作敏捷，给人以清新明快之感，全身银白色的鳞片闪闪发光，头顶生有红色肉瘤，红白相映，长裙飘逸，别具一格，游姿潇洒，宛若仙鹤展翅翱翔于碧空之中，似红梅绽放在冰雪世界。因此，鹤顶红金鱼绝对是金鱼品种之中的精华。鹤顶红金鱼古代早已闻名，在屠隆的《考槃余事》中也曾提及。此品种的金鱼，全身洁白有光泽，体形宽短，头部着生的红色肉瘤高高耸起，或方，或圆，似白鹤红冠，而且仅限于顶部，故名鹤顶红。尾鳍长大，超过身长，游动时，飘逸洒脱，似仙鹤翩翩起舞，潇洒出群，其中以肉瘤方正厚实、色泽鲜红者为佳。此鱼入选不易，繁殖后代中上品者极少，真是百里选一，千里挑十，非常珍贵，为高级金鱼中之佼佼者。鹤顶红金鱼的命

名，源于中国的吉祥鸟——丹顶鹤，丹顶鹤不仅美丽，而且是象征长寿的吉祥鸟。鹤顶红金鱼属于帽子金鱼，帽子金鱼中还有朱顶紫罗袍和玉印头这两个名品。玉印头在色彩搭配上与鹤顶红恰好相反，如果把这两个品种同缸饲养，则更显奇趣。

鹤顶红金鱼饲养时，应该注意的是水体要保持宽敞，水质要清澈，这样才能体现出这种金鱼的美丽。饲养水温 10—28℃，鱼体可耐 10℃以下低温，水质要求中性软水，水色澄清透明。饵料有鱼虫、水蚯蚓、红虫、颗粒饲料等。繁殖水温 18—22℃，亲鱼性成熟年龄 12 个月，每年春天 4—5 月是自然繁殖季节。在水草上卵生。雌鱼每次产卵数千粒，仔鱼变色时间较红狮头鱼要早。

熊猫蝶尾（蝶尾金鱼） 二月兰花

花语：兰吐幽香，如娇艳的花朵，似翩然于碧丝翠缕之间的蝴蝶，是爱的象征。

蝶尾金鱼那美丽的尾鳍，似水中蝴蝶兰，五彩缤纷，绚丽多彩，又似翩然于花间的凤尾蝶，别具美感。

蝶尾金鱼因为酷似蝴蝶展翅的尾鳍而得名。其尾鳍一般为左、右二叶，呈“大”字形铺开，前缘反翘，颇似蝴蝶。尾鳍前缘与体侧夹角小于45°，且鳍端达至鳃乃至眼处者为佳。好的蝶尾静止时，尾鳍能完整展开，鳍端左右翻转，似蝶恋春花。蝶尾的尾型还另有奥妙。其后缘并拢，中央分叉较小，整个尾部浑然一体，华丽稳重，如同一把打开的折扇，又称扇圆尾；而后缘分叉较大，整尾线条如双扇相拼，则称为双扇对舞；更兼后缘鳍端后伸，如凤蝶特有的尾突，与前缘鳍端遥相呼应，更似蝴蝶。蝶尾金鱼的体色也极讲究，特别是有的尾部有多种颜色（如红黑、五花等），会随着尾鳍排列整齐的棘骨，呈现出颜色浓淡交替变化，并随尾鳍走向，丝丝交代清楚，就连真正的蝴蝶在花纹排列上也难有如此绚丽夺目。此外，蝶尾金鱼在体色分布上也颇为讲究。十二红蝶尾龙睛、熊猫蝶尾、三色蝶尾龙睛等，都是蝶尾中的名角。蝶尾一般都为龙睛品种，又名蝶尾龙睛，蝶尾与龙睛相配，很像一只蝴蝶。因此眼部亦为挑选蝶尾的重要一环，以棋盘子眼配蝶尾为最佳。蝶尾金鱼中的名品是熊猫蝶尾金鱼，是从文种龙睛蝶尾金鱼中，选择全黑蝶尾中分离出来的黑白色个体定向选育而来。此品种的金鱼原产于中国福州，其基本特征是体色的基调为白色，间杂墨色斑块，因为酷似大熊猫而得名。熊猫蝶尾黑白分明，尾型宽大上翻，酷似蝴蝶，拥有全新的视觉魅力，成为金鱼中的名品。熊猫蝶尾在原产地福州，每年的3—4月是产季，但繁殖熊猫蝶尾成功的概率只有10%，因此相当珍贵。

蝶尾金鱼最适合于俯视欣赏。饲养数对于陶盆瓷盆中，俯看盈盈水波间，蝶尾金鱼悠然戏水，彩艳缤纷，酷似蝴蝶的尾鳍方能尽收眼底，所以蝶尾金鱼适宜用陶盆饲养，饲养水不宜过深，否则鱼上下游动困难。水浅面阔，盆中不宜放置过多装饰物，点缀数粒卵石、几束水草即可。鱼盆的颜色最好能与金鱼的体色相互映衬，才能更显美丽。

软鳞蛋球（透明金鱼） 三月桃花

花语：阳春三月，春风和煦，桃花明艳夺目，笑舞春风，是春的象征。

软鳞蛋球金鱼身上那如水彩般艳丽的红白交错的色斑，清新明快，如同盛开在碧水中的朵朵桃花。

众所周知，鱼鳞中色素细胞和反光组织对金鱼的色彩有着极大的影响，是金鱼观赏的重要指标。普通鳞是指鱼鳞内侧的反光组织和色素细胞都存在，不同的色素使得金鱼的鳞片呈现出不同的色彩，而反光组织的存在则使得鱼鳞散发出金属般的光泽，看起来如同金属般坚硬，因此普通鳞又称为硬鳞。如果色素细胞和反光组织都缺失，则鱼鳞看起来就似玻璃一样透明，称为透明鳞；如果鱼鳞只是缺少了反光组织，而仍含有色素细胞，则同样会呈现各种色彩，只是这种鱼鳞的色彩非常柔和，没有金属般的反光，称为软鳞。鳞片上色彩的边际模糊，有一种淡淡的退晕效果，朦胧柔美，如水彩晕染般清新雅致。这种鱼幼年时可能是普通鳞金鱼，随着逐渐生长，原来的普通鳞会逐渐变成软鳞。软鳞蛋球金鱼，就拥有这种鳞片，它是以正常鳞和透明鳞这两种金鱼进行杂交而成，身上分布着如水彩晕染的色斑，蛋形身体，短圆可爱，头顶长着两个绒球，在水中游动，颇为有趣。

软鳞蛋球金鱼的鳞片内缺乏反光组织，因此适合养在有阳光照射的水体中，让其常晒太阳，这样才能保证鱼体颜色鲜艳，长久不褪色。

王字虎头（虎头金鱼） 四月牡丹

花语：牡丹花大而艳丽，雍容华贵，国色天香，一向被人们视为富贵昌盛的象征，被誉为百花之王。

王字虎头金鱼，虎头虎脑、憨态可掬，引人喜爱，饱满的头绒中隐现一个“王”字，也被誉为金鱼之王。

虎头型金鱼为蛋种品种，出现于清代晚期，由蛋种金鱼演化而来，颇得乾隆皇帝的青睐。由于地域培养方式以及审美角度不同，虎头金鱼呈现出三大流派，即以北京王字虎头为代表的传统虎头，以武汉猫狮为代表的猫狮虎头，以福州寿星为代表的寿星虎头。

王字虎头是北派宫廷金鱼的代表品种，与另一北派宫廷金鱼的代表品种鹅头红齐名。王字虎头金鱼头绒发达，头型正方，头绒排列整齐，并隐隐呈“王”字状。鹅头红、王字虎头在清朝只有宫廷内才可饲养，专供皇室成员欣赏，民间饲养是绝不允许的，清朝末期才流散到民间。鹅头红是一种全身银白似雪的金鱼，煞是美丽高贵，乃蛋种鹅头型金鱼的典型代表。王字虎头金鱼要求头绒发达细密，顶瘤以呈现“王”字者为佳，体形为蛋圆形，头部与身体的比例适中，无前倾或栽头现象，背部有弓背、平背之分，均要求光滑平整，无鞍背或带刺的现象，尾筒粗短有力，尾鳍短小而富有张力，游动迅速，反应灵敏。

猫狮虎头是武汉金鱼的代表品种，其特征在于鳃绒特别发达，相对于头部的发达，身体则小巧精悍，有狮头猫身之意，故名猫狮。猫狮的特征即“粗绒、疏背、活尾”。所谓“粗绒”，就是说猫狮的头绒颗粒比较大，显得整个头绒比较通透，尤其是鱼吻两旁的绒要比较整齐，不可以分得太细。顶绒最好是六瓣聚一芯，颗粒分明、对称，拥有极强的观赏性。“疏背”指鱼背宽平，“活尾”即鱼尾左右摆动灵活自如。此外，猫狮中还有一些带有颌绒的个体，虽然这个并不是特定的要求，但如果有了颌绒的话，再加上发达的顶绒，猫狮头部的侧视效果将更佳。

寿星虎头是福州金鱼的代表品种，其特征是鳃绒发达，顶瘤紧密高耸，很像中国古代神话中寿星老人的大额头，故而得名。

虎头金鱼的游姿很重要，虎头金鱼静止时要求不前倾或栽头，游动时前后自如，上下自若，反应迅速，行动敏捷。虎头金鱼适合饲养在质朴的圆形虎头瓦盆中，水流不宜过急，以缓缓的水流为宜。喂食须控制食量，以防成鱼栽头。虎头金鱼俯视观赏效果最佳。

皇冠珍珠（珍珠鳞金鱼） 五月石榴

花语：初夏时节，榴花盛开，艳红似火；初秋时节，石榴成熟，颗颗饱满。象征多子多孙。

珍珠鳞金鱼那滚圆的体态，外加身上镶嵌着粒粒似珍珠般的鱼鳞，似滚动在水中的红石榴，诱人喜爱。

珍珠鳞金鱼的鳞片颇具特色，由于含有较多石灰质，饱满有如珍珠，因而得名。中国虽为金鱼故乡，但最早发现珍珠鳞变异的却是在邻邦印度，有关珍珠鳞金鱼的由来还有一段野史。1817 年，一艘三桅帆船“科西多”号从广州出发，携带有大批金鱼及鱼缸，到达印度后，留下了部分金鱼，其余运至葡萄牙。有趣的是，这些留在印度的金鱼，因受环境气候影响，变异成“大红珍珠”。珍珠鳞金鱼的鳞片

2-1-2　鱼之趣

因含有石灰质，中央凸起，边缘色深，中间色浅，看上去有如颗颗珍珠，极富立体美感。慈禧太后重修颐和园时，英属印度将“大红珍珠”作为礼品回赠给中国，可惜第一批到达北京后全部死亡；在第二批送来后，当时两广总督李鸿章私自留下一部分给了时任广州海关总监的女婿任思九，任思九将这些珍品“大红珍珠”秘养在上海的虹口花园。次年有爱好者买通了他家的用人，将附在水草上的鱼卵偷了出来，孵出了“大红珍珠”。又过了一年，人们将这些“大红珍珠”和五彩金鱼杂交，培育出“五花珍珠”。所谓五花是体色兼具白、蓝、黑、红、黄五色，色彩斑斓最为好看。

珍珠鳞片脱落长出新鳞，因石灰质相对较少且也不是凸鳞，与旧鳞区别较大，故历来强调要尽量不让珍珠鳞片脱落。即使脱落一两片鳞片，也会大煞风景，变成残鱼，因此数百片鳞片完整无缺者方为上品。皮球珍珠鳞金鱼是珍珠鳞金鱼中的名品。这种金鱼的身躯变异成肥硕的圆球状，形似皮球，故而得名。概括为："头如鼠，肚如球，端肩膀，细尾根。"皮球珍珠鳞金鱼是从普通珍珠鳞金鱼中优选出来的品种，鳞片粒粒凸起如珠，有如身披一件珍珠衫，用手触摸，好似玉米棒，颇得爱好者追捧。

玩赏珍珠鳞金鱼的鱼友普遍认为皮球珍珠鳞金鱼的肠道构造和普通金鱼不同，肠道较短，所以消化能力也比较弱，饲喂过量容易造成肠道发炎，适合少食多餐。

朱球紫袍（绒球金鱼） 六月绣球

花语：绣球花由百花成朵，团扶如球，中国古代以绣球花美丽丰圆为幸福美满的象征，同时也象征着团结。

绒球金鱼头上滚动的绒球，如同摇曳在和风之中的绣球花，煞是好看。

绒球金鱼，背鳍挺拔，尾鳍飘飘，具有典型的文鱼体形。此种金鱼形状像一般红文鱼，唯鼻膜发达，形成一束球状肉质叶，露在鼻孔之外，形如绒球，附在吻端。绒球最早出现于蛋种金鱼中，球以硕大而圆润为珍贵，左右对称，游动时，左右飘动，犹如挂着两朵绒球花。球小或肉叶散开者均不属上品，且因肉叶散开，进食时常会堵塞嘴部，影响呼吸。绒球受伤后，不易再生。绒球金鱼中的珍品是四绒球金鱼，这一名品最引人注目的是它的孔膜特别发达，形成四朵膨大的球花，单朵球花较普通双绒球还要大，四朵球花紧束相连，摇曳于头顶，颇为有趣。四绒球金鱼是上海动物园培育的，虽然诞生时间较短，但因其极具观赏性，早已美名远扬，它在文种、蛋种、龙种金鱼中均有分布，形成了一系列品种，目前以文种四绒球最多。体色有红、红白、花斑、五花等。四绒球金鱼以其硕大无比的四朵球花而闻名，由于球体膨大而柔嫩，极易感染细菌，充血腐烂，导致球花脱落，另外饲养过程中网具的捕捉，也易将球花拉掉，日常管理难度较高。

绒球金鱼的饲养要求有宽大的水体，水中不宜放置较多装饰品，此外还需要注意以下几点，一是要注重水质调节，保持水质清澈洁净；二是选择柔软的网具，或用手轻轻捞取；三是要避免修剪球花，容易造成感染。

朱砂水泡（水泡金鱼） 七月荷花

花语：荷花花姿清丽，晶莹的水珠随着荷叶来回滚动，象征纯洁的心或纯真的性情。

水泡金鱼头顶上那两个晶莹剔透的水泡，随着金鱼的游动在碧水中翻滚，颇似荷叶上滚动的晶莹水珠。

水泡金鱼又名水泡眼金鱼，是金鱼中最为独特的品种。在京津两地，水泡眼旧时的叫法是轱辘线眼、托眼。在金鱼的眼球下方与眼眶连接处，各着生一个半透明的水泡，水泡的外部由皮质薄膜包裹着组织液，随着鱼龄的增长，水泡会逐渐变大，如同金鱼的头部顶着两只圆圆的气球。并且水泡迫使眼球向上转，形成望天的形状，讨人怜爱，别具情趣。

水泡金鱼是出现较晚的一个品种。无论是明代的《朱砂鱼谱》《金鱼品》，还是清代《竹叶亭杂记》卷八都未见有其记载。水泡金鱼最早于1908年在蛋种金鱼中被发现。初始的水泡并不明显，泡体很小。朱砂水泡金鱼早在1941年就已育成，可惜中断多年。1982年，人们从花水泡中选留通体白色、头部具红斑的品种，连续三年方再次培育成功。艳丽的朱色仅限于两只水泡，柔软而半透明，端庄淡雅，恬静温和。朱砂水泡眼是水泡眼类别中最名贵、最稀有的品种。身体银白，唯独两个大水泡呈大红色，游动时鳞片闪闪发光，红色的水泡宛如一对在水中摇曳的红气球。眼球下的水泡要圆大，且左右对称。朱砂水泡随着鱼龄增长，泡体颜色会越来越厚重，水泡的大小甚至会超过鸡蛋，只有端正、比例恰当的身躯与之相配，方显俏丽动人之感。

三环套月（望天金鱼） 八月葵花

花语：葵花象征团结向上，朝气蓬勃，永远面对太阳，象征着对于光明的永恒追求。

望天金鱼终生双眼望天，执着一生，如葵花向阳，颇得古代皇家赏识。

望天出现于1870年，是龙睛鱼眼球上转、背鳍消失后形成的，又称朝天眼、朝天龙、望天眼等。望天之所以会眼睛朝天，一说是由于基因突变而来，一说是由于在清朝宫廷采用深缸饲养，金鱼“坐缸”观天而产生的演化。传说清朝宫廷将其饲养在黑暗的环境中，在上方开一小孔，日久天长，代代相传而形成了这一奇特色相。由于望天、朝天都包含有仰望天子之意，因此在清代宫廷中，望天金鱼曾是最得宠的品种之一。望天是龙背种金鱼中的代表品种，既有龙睛的眼型，背上又无背鳍，属蛋种。 望天的色彩有红、白、橙、紫、黑、红白、红黑、五花等，龙背金鱼曾经出现过的品种有：望天、望天绒球、龙背（蛋龙）、龙睛虎头、龙背绒球等。如鼻端挂上两个小小的绒球，就成了望天绒球，是中国金鱼名种之一，还有的望天

2-1-3 异彩纷呈的各色金鱼

长有完整的背鳍，称为文种望天，极为少见。

望天金鱼眼球似龙睛，膨大而凸出眼眶，只是一般龙睛的眼睛是向左右凸出的，望天金鱼则是向上呈 90° 翻转。据记载，幼鱼在两个月时，凸出的眼球先以 45° 角向头前方发育，再以 45° 角向上翻转平整，变化过程十分有趣。望天金鱼的眼圈大多晶亮非凡，如将鱼缸放在暗处，常常未见其身先见其光，当中以眼球、眼圈、眼眶构成一组同心圆，俯视时就如各有一道金色光泽环绕，因此又得“三环套月”之名。

望天金鱼的观赏重点在于眼睛，要圆而对称，大而端正的方为正品，尤其眼轴需要端正朝上，左右眼球平直无高低。由于眼睛上翻，望天金鱼的头部显得比较宽，因此体形以肥大强壮为好，背部则需要光滑无刺。望天有长尾和短尾两种，长尾尾鳍不可拖沓绵软，应能张合有力，短尾则应注意尾部与背部、尾柄的结合曲线。

由于望天金鱼的两眼朝天，视野十分狭窄，再加上本身就是龙睛眼形，视力较差，觅食时只能借助嗅觉的帮助，抢食能力很差，适合喂下沉性饵料，因此最好能一个品种单独饲养。望天适合俯视观赏，最好能养在水位较浅的木海或大盆之中，方能取得最佳的观赏效果。

丹凤朝阳（丹凤金鱼） 九月凤仙

花语：凤仙花质朴而绚丽，长长的翠绿的叶子，如同飞舞的凤尾，在中国有吉祥的寓意。

丹凤金鱼那飘逸出尘的泳姿，摇曳如凤尾的长尾，似迎风飞舞的凤凰。

丹凤也叫蛋凤，是蛋种金鱼中的一种。一般来说，蛋种金鱼的特点是无背鳍，体形缩短，圆似鸭蛋，高品质的蛋种金鱼，背部圆滑，呈弧形，最高点在背脊的中央。在蛋种金鱼中，尾鳍有长尾和短尾两种类型，短尾者称“蛋”，长尾者称“丹凤”。丹凤金鱼的特征是它的双臀鳍和尾鳍都特别长且薄如蝉翼，游动似水袖拂云，姿态万千，似凤凰展翅般美丽。平直的头部，光滑流畅的背部线条，游动时尾鳍飘飘，静止时如长裙下垂，身披五彩斑斓的霞衣，丹凤金鱼那超凡脱俗的气质充分体现了中国的古典美。

根据记载，丹凤金鱼实际上是指一种叫丹顶凤的金鱼。所谓“丹”指的就是红色。丹顶凤金鱼并不是通体全红，而是只局限于鱼体头顶的那一抹丹红，再加上身体洁白似雪，无瑕似霜，人们就称其为丹顶凤。当时丹顶凤才是名正言顺的丹凤金鱼，其他色彩的凤都叫作蛋凤。《诗经》云：“凤凰鸣矣，于彼高冈。梧桐生矣，于彼朝阳。”于是有了“丹凤朝阳”这个词。在中国，丹凤朝阳一直以来都是个好词。渐渐地人们把其他长尾的蛋凤金鱼都叫作丹凤金鱼了，体现了中国人的吉祥的寓意和美好的愿望。

金鱼里面的蓝色分为两种，一种是墨水蓝，蓝色很深，乍看以为是黑色。另外一种是清水蓝，清水蓝的金鱼鳞片呈银蓝色，较之墨水蓝更接近传统意义上的蓝。而蓝丹凤金鱼的蓝色就是清水蓝。蓝丹凤一直都是丹凤金鱼里的奇葩，体表被一层银蓝色的鳞片所覆盖，在阳光下闪闪发光，绚丽夺目，加上随波而动柔软而秀丽的长鳍，就会让人联想起不食人间烟火的仙女飞舞在天空之中，飘逸在云层之上。

丹凤金鱼适宜饲养在宽大的玻璃鱼缸中，其中点缀数株水草、几块奇石，要留出宽大的空间供其活动。丹凤金鱼的泳姿飘逸，潇洒脱俗，更显得空灵洒脱。也有人把丹凤和龙睛养在一起，取“龙凤呈祥”的寓意。

云锦龙睛（荧鳞金鱼） 十月芙蓉

花语：芙蓉艳似菡萏展瓣，花色一日三变，有着清雅、高洁、坚贞的意境。

云锦龙睛金鱼那绚丽如锦缎的体色、潇洒的泳姿，似一朵朵水中盛开的芙蓉花。

荧鳞三色是近年来出现的一个新品种，具有特殊的色彩搭配，黑、白、红三色交织，彼此衬托渲染，犹如国画用色的曼妙，又被人称为“山水画蝶尾”。荧鳞三色的色彩与日本锦鲤中的昭和三色颇为神似。荧鳞蝶尾属于硬鳞，主体颜色为黑色，和透明鳞金鱼相反，鱼鳞内具有发达的反光组织，即使在微弱的光线下，仍能熠熠生辉，效果别致，与传统的五花金鱼不同，因而得名荧鳞。南京出的荧鳞三色称为云锦三色。荧鳞三色，尤其是荧鳞三色蝶尾，身上的反光鳞片光彩熠熠，里面还隐隐地透出红、青、紫、蓝、橙等多种颜色，就像用各色彩线织就的锦缎一般，美丽异常，所以用云锦去形容它，实不为过。云锦三色这个名字更能体现出这个品种的高贵和气质。

如果把五花金鱼、荧鳞金鱼和软鳞金鱼这三种金鱼进行比较，其共同之处就是，它们的色素细胞在鳞片中的分布都不是均匀的，故此鱼体呈现出五彩斑斓的颜色；而不同之处就在于，五花金鱼鱼鳞内的反光组织处于正常水平，荧鳞金鱼的反光组织则异常发达，故鱼鳞反射出强烈的金属般的光泽，在弱光下也能熠熠生辉，软鳞金鱼的鱼鳞内的反光组织就缺失了，故鱼鳞呈透明状。

荧鳞三色适合养在清新透明的水中，在光线充足处，方能体现出它的美丽。如果光线不足，常常是鱼体的色调显得比较暗淡，不能很好地表现出荧鳞的反光效果和细腻的色彩变化。从俯视和侧视的角度观赏，效果俱佳。

菊花狮头（狮头金鱼） 十一月菊花

花语：菊花不惧西风，凌霜盛开，一身傲骨，中国人赋予它高尚坚强的情操。

菊花狮头金鱼那发达的头冠，密密层层，如同盛开在水中的一朵美丽的菊花。

狮头类金鱼俗称狮子头，因其头部生长着发达的头绒，酷似威武的雄狮，因而得名。又因为这些肉瘤近看晶莹剔透，老北京也把这种金鱼叫作“堆玉”。狮头类金鱼由文种高头金鱼发展而来，大约出现于清代早期，是市场上最常见的品种之一，花色众多，饲养容易，生长迅速，适合初级金鱼爱好者饲养。狮头类金鱼颜色丰富，其中最为名贵的品种有：十二红狮头、十二黑狮头、红顶紫狮头（朱顶紫罗袍）、朱顶墨狮头（朱印墨宝）、玉顶红狮头（玉印头）等。

对于狮头类金鱼的鉴赏主要分三个方面：游姿、色彩和体形。首先看色彩。对于纯色系金鱼，要求色彩纯正，无杂色。颜色透明及腹部和各鳍尖者为上品。双色系金鱼要求色彩对比分明，界限清晰，色块分布优美。尤其是朱顶、玉顶类的，要求色彩不溢出顶瘤。红头等类型色彩不超出鳃盖边缘。黑白、紫白类的色泽保持稳定者为上品。五花类的最好为白地素蓝花，配以红顶，身上点缀五色碎点为佳。在体形方面，狮头金鱼要求头绒坚实硕大，吻瘤突出发达，身体雄健，鳞片排列整齐，有金属光泽，鱼鳍修长飘逸，打开时舒展自如，无折断或充血，身体与头的比例适中。狮头金鱼的游姿也很重要，狮头金鱼静止时要求不前倾或栽头，游动时前后自如，平稳而潇洒，有王者风范。

五花狮头身上密布着许多色块，颜色需鲜明且对比强烈，不可有纷杂的感觉，而身上的黑色大都以斑点或条纹的形态出现，头部的肉瘤要发达，有了上述的条件之后，才算是上品。在江南，不仅要求五花狮子头身上色彩要均匀细腻，更有商家已经培育出更为别致的狮子头，其头部颜色为纯红色，身上的色彩以蓝色为底，这样的品种也是人们所喜爱的。

虽然狮头金鱼的成鱼头上长有肉瘤，并遮盖整个头部，有的甚至连眼睛也藏在肉瘤中，但是刚孵化的幼鱼并无肉瘤，要经过三四个月之后，才会逐渐生长，不过肉瘤的充分长成则需要一到两年。肉瘤具有遗传性，其发展程度和水质、饲料都有关系，所以提供稳定且干净的饲养水体、喂饲含高蛋白质的饲料等，都对肉瘤的发育有帮助。此外还要注意狮头金鱼的肉瘤和身体的协调性，尽量避免倒立现象的发生。

红白龙睛（龙睛金鱼） 十二月茶花

花语：冬青之际，瑞雪初下，茶花盛开，艳丽娇媚，给人们带来无限生机和希望，是吉祥长寿的象征。

十二红龙睛，洁白的身上点缀着鲜红的色斑，如瑞雪中绽放的茶花，分外美丽动人。

龙睛金鱼的眼睛和传说中“龙”的眼睛相似，即眼球向两侧凸出眼眶之外，因此得名。自古以来，龙睛金鱼被中国人视为正宗金鱼，深受中国金鱼爱好者的喜爱，日本称它为“中国金鱼”。最早出现龙睛金鱼的时间约为1592年前后，在屠隆的《考槃余事》（1592年前后）中记述为：“第眼虽贵于红凸，然必泥此，无全鱼矣。”说明在1592年前，眼睛凸出的金鱼（现在叫“龙睛”）品种已经出现了。龙睛金鱼凸出的眼球有各种形状，有圆球形、梨形、圆筒形、葡萄形等，这种鱼在孵化后一个月左右，眼球开始凸出，最后要在两三个月后才明显形成球状。由于龙睛金鱼的眼球向两侧凸出，所以视力较差。

最著名的十二红龙睛就是从红龙睛、红白花龙睛种群中褪色而形成的，很少能通过遗传保持，只是偶然产生，数量极其稀少，非常珍贵。十二红金鱼身体为银白色，身上吻、眼睛、背鳍、胸鳍、腹鳍、臀鳍、尾鳍等刚好十二个部位为红色，所以得名为十二红龙睛。艳红和洁白搭配的颜色，使其在水中游动时，如一簇簇火焰跳动在冰雪之上，十分好看。十二红龙睛蝶尾是红白龙睛蝶尾中出现的极为稀少的品种，可能近千尾中也难遇一尾，是金鱼爱好者梦寐以求的金鱼珍品之一，由于此鱼珍贵而稀有，更受到国外金鱼爱好者的喜爱，是国际上知名的金鱼品种。有一些金鱼爱好者称黑身但各鳍及眼睛、吻为红色的金鱼为十二红，这也是错误的，十二红金鱼必须是浑身银白的才可以称之。

十二红龙睛金鱼适合饲养水温为 10—28℃，水温低于 10℃时，食欲明显减退。饵料有鱼虫、水蚯蚓、颗粒饲料等。水体要求清澈，能经常晒到太阳，有利于保持金鱼的体色艳丽。

海外金鱼述奇缘

金鱼源自中国，最早传入日本，17 世纪开始输入欧洲，据考证最先传入法国，而后遍及全欧洲，且到达美洲，目前世界各地都有金鱼饲养繁殖。

日本与中国一衣带水，很久以前就有文化交流，日本传统文化很大程度是传

承中国唐代文明，并结合本民族特点，形成自己的特色。日本不仅传承中国金鱼文化，而且还根据本民族的审美，培育出了金鱼新品。而在欧美，由于文化背景的不同，这些国家饲养的金鱼大多是中国品种，他们培育出的新品种并不多，常见的有美国的彗星、英国的布里斯托金鱼（又叫甜心鱼）等几个品种。

日本金鱼的典型代表有兰寿、土佐金、地金、琉金四种。

兰寿：兰寿在日本拥有“金鱼之王”的桂冠，是日本最受珍视的金鱼品种。兰寿金鱼的原始种是从中国引进的，后经日本人长期改良选育，已经成为具有王者气魄的优良品种，俯视欣赏最能感受其优美可人的姿态。全红色及红白色兰寿是兰寿金鱼的代表。兰寿金鱼的显著特征就是头呈方形，而且背脊尾端显得更向下弯，呈一流畅的弧线，使整个身体更显圆润。饲养日本兰寿的注意事项：水体不宜过深，以25厘米左右为宜，以不低于10厘米、不超过30厘米为准则。注意水中溶氧量，避免缺氧。避免经常水温变化大的情形。喂食品质较好的饲料。绿水饲养时注意水的颜色，避免绿藻浓度太高。避免污物、残饵以及排泄物在缸底残留，最好是尽快利用虹吸方式抽底把脏东西排掉。喂食时养成观察鱼的习惯，发现鱼有异状应赶紧处理。

土佐金：是纯粹日本人培育的品种。具有极为华丽的反转尾，有“金鱼皇后”的美誉，如同水中盛开的菊花。为高知县（又名“土佐县”）培育出来的名鱼。土佐金之美在于它那华丽、高贵且风姿绰约的反转尾鳍。迷人的体态常被形容为水中芙蓉，更有人将之比喻为风情万种的艺伎、雍容华贵的贵族夫人。其所散发出来的独特魅力，的确是许多金鱼所望尘莫及的。土佐金用圆盆来饲养，在直径 70 厘米的圆形容器内，若只饲养一二尾土佐金，由于与空气接触的水面非常宽阔，所以足以提供鱼只的氧气需求，而每天换水，可以保持水质清新。健康的土佐金会因为饲主勤快地换水而食欲旺盛，使得那独特的尾鳍很好地成长。

地金：是 1661—1680 年间，由日本

兰寿最显著的特征是有一个流线型的脊背，尾与体轴呈 45° 角

兰寿

猫狮最显著的特征是有一个肉绒极其发达的头部，而且猫狮的脊背几乎是平直的

猫狮

王字虎头最显著的特征是头顶的肉瘤紧密排列形成一个清晰的“王”字，鱼身通体赤红，闪烁金光，颇显王者之风

王字虎头

2-2-2　兰寿与猫狮、王字虎头的区别

人培育出的一种非常独特的观赏鱼。它起源于普通的“和金”金鱼，但不同的是，它具有四片如孔雀开屏般的X状尾鳍，这是它最引人注目的地方。昭和三十三年（1958），地金被定为日本爱知县天然纪念物，受到政府的保护与扶持。地金金鱼里面有一种花色非常引人注目。这种花色的金鱼全身洁白，只有两鳃、吻和鱼鳍是鲜艳的红色，类似中国的“十二红”，在日本则称作“六鳞”。地金金鱼的饲养和草金鱼差不多，只要保持水体清洁，饵料充足，地金金鱼就能健康成长。饲养地金金鱼水体可以相对深一些。

琉金：18世纪末，中国文鱼经由琉球传入江户日本，得名琉金。经过多年的汰选，琉金发展成现在背部特别隆起的体形。此外，仍保有文鱼之头尖、腹圆、尾长的特质，且特别注重红、白分明的色彩。琉金是俯视、侧视皆宜的鱼种，琉金金鱼的头与背部形成一个近似145°的夹角，高身、峰背、尖头、短尾，形成一个菱形。身体线条张力十足，显得英姿勃勃，红白品种的色泽是金鱼品种中最为鲜艳的，美艳的大红泼洒在银白底色上，给人强烈的视觉冲击。琉金金鱼生性比较凶悍，所以一般不宜和高头、狮头、龙睛类金鱼混养。琉金金鱼游动迅速，适合养在宽大较深的水体中，水中可以点缀些水草假山，形成优美的景观。琉金金鱼不可喂食过饱，以防鱼鳔失调。

第三章

养鱼之乐

古法养金鱼：鱼盆赏养法

我国古法养金鱼，历来讲究盆养，并以此为正宗，故有的地方把金鱼亦称为盆鱼。

闲来读明代张丑撰《朱砂鱼谱》，文中写道：

> 朱砂鱼，独盛于吴中……此种最宜盆蓄，极为鉴赏家所珍。
>
> 大凡蓄朱砂鱼缸，以瓷州所烧白者为第一，杭州、宜兴所烧者亦可用，终是色泽不佳。余尝见好事者，家用一古铜缸蓄鱼数头。其大可容二石，制极古朴，青绿四裹。古人不知何用，今取以蓄朱砂鱼，亦似得所。

又读清代句曲山农撰《金鱼图谱》“缸畜”一章，文中写道：

> 池畜之鱼，其类固易蕃，但鱼近土则色不鲜红，故以缸畜为妙。缸以古沙缸为上，磁缸次之。缸宜底尖口大者，埋其半于土中。一缸只可畜五六尾，鱼少则食可常继，易大而肥。凡新缸未蓄水时，擦以生芋，则注水后便生苔，而水活，且性不燥，不致损鱼之鳞翅。若用古缸，则宜时时去苔，苔多则减鱼色。初春缸宜向阳；入夏宜半阴半阳；立秋后随处安置；冬月将缸斜埋于向阳之地，夜以草覆缸口俾严寒。时常有一二指薄冰，则鱼过岁无疾。鱼恃水为活，凡缸畜者，夏秋暑热时须隔日一换水，则鱼不郁蒸而易大。若天欲雨，则

3-1-1 民国《点石斋画报》中的金鱼缸

3-1-2　瑾妃赏金鱼的照片

缸底水热而有秽气，鱼必浮出水面换气，急宜换水；或鱼翻白及水泛，水更宜频换，迟换则鱼伤。

计成在《园冶》一书“金鱼缸”一条记述：

如理山石池法，用糙缸一只或两只，并排作底。或埋、半埋，将山石周围理其上，仍以油灰抿固缸口。如法养鱼，胜缸中小山。

由此看来，中国古法养金鱼讲究盆养一说，此言不虚。

传统鱼盆：生命的清供

中国传统的鱼盆就是为金鱼而生。鱼盆是中国古老的养金鱼容器，鱼盆用自身

3-1-3 清代赏鱼雅器：鱼浅

的品质，盛装着金鱼之美，而美丽的金鱼又使鱼盆充满灵气。鱼盆与金鱼，美鱼与美器，相得益彰。华夏先人在欣赏金鱼之美的同时，也在追求美鱼美器完美统一的境界。当柔美的金鱼承载着中华民族的创造、审美及文明，在鱼盆中翩翩起舞的时候，鱼盆也从简单的盛鱼容器向艺术品悄然演化。而当我们在欣赏这美器之中的美鱼时，已经感觉不仅仅是在赏鱼，而是在品味着生命的清供。

在清代宫廷之中，还有着这样一种专用作欣赏金鱼的器物，叫作鱼浅。“浅”是北方方言，特指一种底面平、周边矮的器皿。鱼浅瓷质平底，直边矮壁，形似木盆，是一种较浅的鱼缸。瓷制鱼缸不一定用于养鱼。《饮流斋说瓷》记载：“瓷缸大者养鱼，小者置之案头可作为清供之用，不必其定养鱼也。”鱼浅容积小、壁厚，平日不作为养鱼使用。由于饲养用的木海、泥盆粗鄙，自不入帝王法眼，鱼把式将金鱼捞入精美的鱼浅中，再由太监呈给皇帝、嫔妃赏玩，事毕再撤下。鱼浅于康熙初年始创，一直延续至晚清。康熙时绘有五彩加金荷莲纹；雍正、乾隆时喜施木纹釉，并在盆上绘出铁箍等纹饰；道光时多绘木兰围猎和红鱼绿藻纹饰；光绪多绘粉彩花卉。鱼浅直径多在20—40厘米，也有60厘米的巨作。内壁不作图案，为白色或者素色。其中尤以淡青的色彩最佳，衬托得金鱼色彩更加艳丽。鱼浅已成为宫廷金鱼历史的确凿实证。

中国传统金鱼的美，凝聚了中华民族几千年来的审美情趣。金鱼是中国人民通过长期的定向培育而开出的水中之花，它是美的化身。金鱼所表达的美，总体来说，体现了中国古典女性的柔美。看金鱼那长长的尾鳍，似中国古典美人的曳地长裙、飘逸的披帛；那纤纤的腰身，似楚灵王所钟爱的细腰；肥硕丰满的体态，颤动的水泡，是大唐时所欣赏的丰腴妩媚；龙睛金鱼凸出的双目，似古典美女头顶别致

3-1-4 老北京售卖金鱼的行商

黄砂缸
酱缸
瓷缸
荷花缸
木海
故宫石制鱼盆
天津泥瓦缸
岫玉鱼盆
玻璃金鱼缸
清代石制鱼盆
圆明园汉白玉石雕鱼盆
古画中的玻璃金鱼缸

3-1-5 各色鱼盆

的双髻；头戴滚动绒球的绒球金鱼，似簪花的妙龄少女。可以说金鱼是中国古人按照古典美女的标准，选育出来的观赏鱼。正是因为金鱼这种人化的美，所以才能给人带来如此美的享受。

华夏古人做鱼盆的材料，采用石、陶、砂、瓷和木等，制作设计无不奇思巧构，各尽其妙。石质鱼盆，是采用天然石块雕琢而成，根据工匠的才艺，雕琢出各式各样祥和的图案，质朴而天然。清代皇家园林中常点缀青石鱼盆数具，华美古朴异常，柔美的鱼儿在其间舞动，刚柔相济，浑然天成。此外还有用玉石雕刻的鱼盆。据史料记载，宋徽宗曾在书房中用白玉石琢成鱼盆，蓄养红金鱼。如今古玩市场还有用岫玉雕琢成金玉满堂造型的金鱼盆，此中养金鱼颇有金屋藏娇之感，但夸张的玉雕金鱼造型，浅浅的鱼盆，对于金鱼来说，终究不大适宜。陶质鱼盆俗称瓦盆，呈圆形，曾经是老北京养鱼的主要容器，因为渗水或反润的作用，所以更适合在庭院使用。盆的外壁烧制有凸起的虎头纹饰，故又称“虎头盆”。陶质盆的规格称为“套”。砂质鱼盆口大底小，曾经是华东华南地区常用的养鱼容器，砂质盆的规格称为“号”。石质、陶质、砂质鱼盆共同的特点就是有粗糙的内壁，粗糙的内壁是一个大菌床，在没有过滤器辅助的情况下，可以起到净水的作用，故而比内壁光滑的瓷盆更容易养水。而当粗糙的内壁挂满细滑的绿苔时，绿苔映红鱼，无论从观赏还是从金鱼的养护角度看，都是理想境界。而瓷质鱼盆较其他材质的鱼盆质地更细腻，外观也更华丽、精美，可根据陶瓷工艺制作出很多款式的鱼盆，或青花，或粉彩，或茶末，画工精美、工艺精良，是备受青睐的养鱼容器及家居装点的器物。瓷质盆的规格称为“件”。木质鱼盆俗称木海，木盆一般为圆形或椭圆形，用黄柏木制成，可根据需要制作合适的尺寸，木海主要是繁殖金鱼的容器，比起上述

3-1-6　虎头瓦盆养金鱼

材质鱼盆，有体大质轻、盛水量大、不易破碎的优点，在京津地区较为常见。

由于中国古代养金鱼没有过滤一说，故而在长期的实践发展中，鱼盆的形状设计得非常合理。鱼盆的开口很大，鱼盆的直径最大处在水面，宽阔的水面使水中的溶氧量达到最大，即使没有过滤及加氧设备，鱼儿也能悠然其中，自得生态养鱼之精髓。

众所周知，中国古法养金鱼历来以陶盆养最为正宗，老北京则以虎头盆养为最地道，在养法上也颇为讲究。“天棚鱼缸石榴树，先生肥狗胖丫头”是旧时对于京城小康人家的生动写照。夏天在四合院搭起天棚遮阳，院中摆着大金鱼缸，屏风前面是几盆石榴；家中请了老师教孩子功课，养着肥狗，连供使唤的用人都吃得胖胖的。生活虽不富足，但也衣食无忧，自得其乐。

老北京人好养金鱼，但真正能用鱼盆养鱼的必得是小康人家，至少也得是独门独院才有这个条件。院中用来养鱼的鱼盆有黄柏木制的木海，也有素烧的瓦盆，还有精美的陶瓷鱼盆，其中瓦盆是最为常用的养鱼容器。瓦盆通常由东郊的窑场烧制，讲究些的会在鱼盆外壁装饰花纹、文字。鱼盆养鱼是北京养金鱼的传统，水体面积小有利于金鱼保持短圆的体形。旧时鱼盆多是成套贩卖，四只为一套，可以换水轮养。摆在四合院当中，上面用铁丝网做成罩子，以防猫、鸟侵害。鱼盆便于搬运，冬季室外结冰，可将鱼盆搬入室内或放空闲置一旁。旧时养鱼没有人工充氧设备，完全用换水解决溶氧。但由于盆口阔大，和空气接触面积大，增加了水中的溶氧量。只要放养密度合适，院中通风良好，可以长时间不用换水。当然若是要催肥和繁育种鱼就另当别论了。

传统金鱼盆的制作材料是“澄浆泥”，据记载，“澄浆泥”的鱼盆制作最为讲究，仅选土一项就要经过掘、运、晒、推、舂、磨、筛七道工序，再经三次水池的澄清、沉淀、过滤、晾干，经人足踩踏，使其成泥，再用托板、木框、石轮等工具使其成形。置于阴凉处阴干，每日搅动，八个月后才能用来制盆。由于取得这种泥浆要耗费大量人工，因而向来甚少大规模生产，传统上常用于制造砚台、活字印刷的字模、蛐蛐罐等小型器具。而制作成鱼盆这等大物件的还不多见。澄浆泥有着其他材质所不具备的优点：泥质细腻，较少砂眼和杂质。盆壁很薄，一只直径 90 厘米的鱼盆，成年人一只手即可拎起。盆壁越磨越亮，历久弥新。盆中放水不久即可长满青苔，青苔可以保护金鱼在游动中不被擦伤，这一点对于像珍珠鳞这样的金鱼品种来说尤为重要，因为珍珠鳞特有的鳞片脱落后不易再生出。青苔在白天可以通过光合作用产生氧气增加鱼盆水中的含氧量，绿藻还可被金鱼啃食，帮助水中毒素和杂质的分解，保持养鱼水体的水质清新。传统虎头金鱼盆摆在院中颇具气韵，深受老北京人的喜爱。

鱼盆专为养种鱼，而分出的小鱼则养在院中修葺的水泥池中。俗话说“新花盆，旧鱼盆”，说的是新花盆透气，有利于花卉根系生长，而旧鱼盆更易附着青苔，不易漏水，所以越是年代久远的鱼盆越好用。而新买回的鱼盆碱性较大，即所谓“火气”重，对于金鱼有危害。要先放入晾晒过的水，给新瓦盆“退火”，最好等到盆壁长出绿苔，水变绿了再用它来养鱼。瓦盆的质地比较粗，新鱼盆会有少量渗水。若是摆在院中可不用理会，养个把月就不渗了。若是摆在室内或者渗水严重时，可以倒入熬过的米汤浸泡三五天，再换水养鱼。

古法陶盆养金鱼

下面详细介绍一下古法陶盆养金鱼的要诀：

第一讲究的是选盆。养花瓦盆要新，养鱼瓦盆要旧，多年陈盆，里挂绿苔，入水蒙茸浮起，方为好盆。市面上有各种养金鱼的陶盆出售，在选盆时，要选壁薄、广口的浅盆。首先壁薄的盆轻，透气性能好；广口的盆增加了盆口水面与空气的接触面积，增加了水面的溶氧量；浅盆，金鱼上下游动能力不强，水体过深对鱼不利。一般养金鱼，水深控制在 30 厘米左右即可。水浅也能增加水面的氧向盆底的渗透。如果再配一个小气泵，不断充气，使饲水上下对流，溶氧效果就更好。此外，新的陶盆，要用水浸泡一段时间，去火去碱后才能使用。如果直接用新盆盛水，容易引起水质突变，从而影响金鱼的存活。陶盆的缺点就是容易发生渗水。新的陶盆几乎都会渗水，这是因为陶盆是由黏土烧制而成的，盆壁有许多毛细微孔，盆中的水就从这些微孔中渗出。但正是由于这些微孔的存在，空气通过微孔向水体扩散，增强了溶氧作用，所以说陶盆养金鱼透气性好。而且陶盆是热的不良导体，所以保温保暖性能也好，不易引起饲水温度的急剧变化，水温稳定，所以养金鱼颇为理想。对于渗水的解决办法，就是用新的陶盆养一段时间金鱼，使金鱼的排泄物附着在盆壁上，这样一来，盆壁上就慢慢滋生出青苔，就不易渗水了，并且盆中的青苔还有改善稳定水质的作用，也能为金鱼提供一些植物性饵料。盆壁长满青苔后，就变得十分滑腻，保护了鱼体不被盆壁擦伤。绿苔衬红鱼，分外醒目美丽。有的鱼友在新陶盆外壁刷一遍透明的防水涂料，晾干后，陶盆立刻不渗水，不过此法终究不太正宗。

北京金鱼素以陶盆养赏而著称，更讲究用虎头陶盆饲养。这种陶盆是在盆壁上塑有虎头浮雕，古朴而有气势，更具典雅之美，虎头盆年代越久远越值钱。也有的鱼盆是双层底，盆底有许多直径约 1 厘米的小孔，鱼粪可通过这些小孔漏到下层底上，下层底有一排水孔，用木塞子塞牢，换水时拔掉下边的塞子，可将鱼的粪便等污物排出，用这种盆养鱼换水方便。在陶盆饲养条件下，金鱼体形短而圆，鳍宽而大，色泽艳丽，且品种特征突出。陶盆养金鱼还具备便于观察、便于管理、益于精养细作、利于优中选优、便于移动位置的特点，很适合养鱼爱好者居家饲养。

第二讲究的是择地。明媚的阳光是养好金鱼必不可少的条件，所以放置陶盆的地点最好是在庭院中向阳之处，让金鱼常晒到太阳，体色会更加艳丽，而且盆壁也容易长青苔。但也要适度遮阳，不可暴晒，以防引起水温骤变。如果阳光过猛，可用苇帘遮盖鱼缸，以起到遮阳降温的作用。鱼盆最好用砖或木架支起来，

3–1–7　幽雅的四合院

3-1-8 都市中的空中庭院

3-1-9 鱼盆的传统透气、保暖、防晒的方法

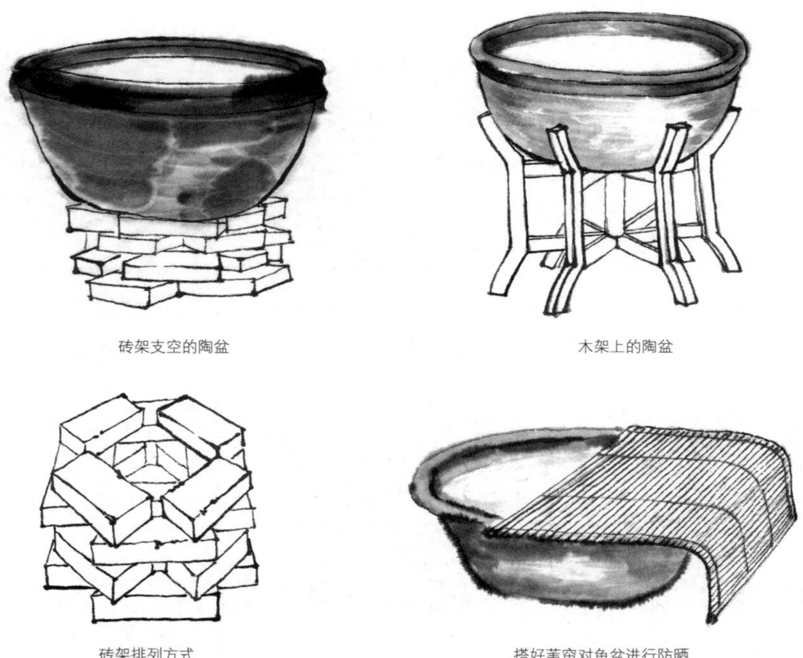

砖架支空的陶盆

木架上的陶盆

砖架排列方式

搭好苇帘对鱼盆进行防晒

离地一段距离，使盆四周空气流通，并防止地面雨水溅入盆中，污染盆水。如果住楼房，最好放置在南向阳台能晒到阳光的地方。陶盆外观比较粗糙，易渗水，放在室内，和室内环境不易协调，放在庭院中，即使有些渗水亦无妨，而且渗水后鱼盆外壁会长出绿苔，四周配以花卉盆景，最为合适。陶盆养金鱼，一般不用过滤，纯生态饲养，如有条件的也可以配上一个小功率气泵，定时充气，效果更佳。

第三讲究的是管理。鱼盆放好后，刷净鱼盆，放入清水，静置一天以上，然后购鱼，过水，放入金鱼。金鱼的密度一定要适当，不可过密，以防引起缺氧。前

一两天，少量喂食，以后每天定时定量投喂两到三次，以金鱼能在十分钟内食尽为宜。每天傍晚时分，用虹吸法抽出鱼粪和部分废水，兑入等量新水。一定要在同样的地点，另备一盆，放入清水暴晒一天以上，作为新水，不可直接用自来水兑入，以防水温水质骤变及金鱼氯气中毒。

陶盆养鱼过程中，如果鱼盆壁上的青苔不茂盛的话，无法靠青苔抑制水中绿藻，所以饲水容易混浊或变绿。这种情况主要靠兑水解决，饲水保持在浅绿色状态为最佳。如果青苔逐渐长出，占据主导地位，则可有效抑制水中绿藻的生长，使饲水保持清澈。这样就不用彻底换水，只要每天抽污、兑水，保持水质就可以了。如果发现水色过于浓绿，绿藻泛滥，水质开始恶化，就要彻底换水。方法是将鱼从鱼盆中捞出，放入盛有晒好的新水的小盆中，将原鱼盆中的饲水彻底倒掉，用清洁器具清洁鱼盆内外。青苔不可全部擦除，要保留部分苔茸。将鱼盆洗净后，换入新水，再将金鱼捞入，以后维持正常的饲养。

《老北京的生活》一书中记录了老北京养金鱼一法："养鱼的鱼盆，向例应分两行摆列，单日由甲行换水，将鱼捞入乙行；双日换乙行的水，再将鱼捞入甲行，彼此倒换。"这种方法，也不失为盆养金鱼的一种相对便捷的方法。可以免除每日的抽污、兑水的麻烦，只要每日用鱼勺配合渔网，把鱼捞到对面的盆中，再把原盆中的污水倒掉，全换上新水，晾晒备用即可。不过用这种方法要求养金鱼的鱼盆容量比较小，容易搬动，可以彻底倾倒污水，每盆养金鱼数量较少，才可实行。如果鱼盆比较大，盆中金鱼数量比较多，搬动困难，还是以每日抽污、兑水，定时换水比较合适。

总之，陶盆养金鱼是中国古法养金鱼的代表。陶盆盆壁上的微孔，可以增加

3-1-10 鱼把式

水体的溶氧；陶制盆壁容易长青苔，而青苔能稳定净化水质，抑制饲水中绿藻的生长；此外盆壁长出的青苔还是金鱼的一种天然饵料。因此陶盆养金鱼不失为一种传统的生态养金鱼法。

陶盆养金鱼一般不用过滤系统，试想在一圆圆的陶盆上，架上一个过滤系统，那将是多么不协调，而且影响观赏。不过要每天抽污、兑水，劳动量还是比较大的。时间长了容易使人感到疲乏，所以为了达到更佳的养鱼效果，也有不少金鱼爱好者尝试在陶盆上配过滤系统，减少抽污、兑水的劳动量，使陶盆养鱼变得轻松。陶盆配备过滤系统，一定要美观、隐蔽，因为陶盆内养鱼空间本身较小，因此过滤系统应尽量不占盆内空间。陶盆常年放置在室外，不建议在陶盆底部开孔，因为室外热胀冷缩比较厉害，底部开孔很容易导致漏水，建议在鱼盆上口处开孔做溢流过滤，这样比较保险。陶盆外过滤的设计可参考下面要介绍的瓷盆过滤系统的设计，这种外过滤方式比较合理美观，读者可以尝试，以减少养鱼的劳动量。

盆养金鱼，一般只能俯视，不能尽显金鱼的美丽，此外用陶盆养金鱼，只能用少许水草奇石点缀，无法进行复杂的造景，亦是美中不足。

瓷盆养鱼的方法

陶盆养金鱼虽对于金鱼生长十分适宜，但毕竟盆体粗糙，只宜点缀庭院，不

宜放在居室观赏。而精美典雅的瓷盆就完全不同，瓷质如玉，放在紫檀架子上，盛一泓清水，养数尾游鱼，置于室内，尽显金鱼之美，极具观赏价值。但瓷盆缺乏陶盆的透气性，内壁极为光滑，不易着生菌藻类，水质不如陶盆容易控制，故瓷盆养金鱼还是有其不同于陶盆之处，所以下面以瓷质鱼盆为例，谈谈瓷盆养金鱼的方法。

先谈养水。用清水彻底刷洗新盆，注入自来水。当盆内自来水放置过滤两天以后，可选择健康金鱼入盆，称为开缸。同时往盆内加入适量消化细菌，此时进入养水阶段。注意一定要选择健康的鱼入盆，只有健康的鱼才能帮助把水养好，而不健康的鱼不但不能起到养好水的作用，还会破坏水质。所谓养水，很多人以为放置或

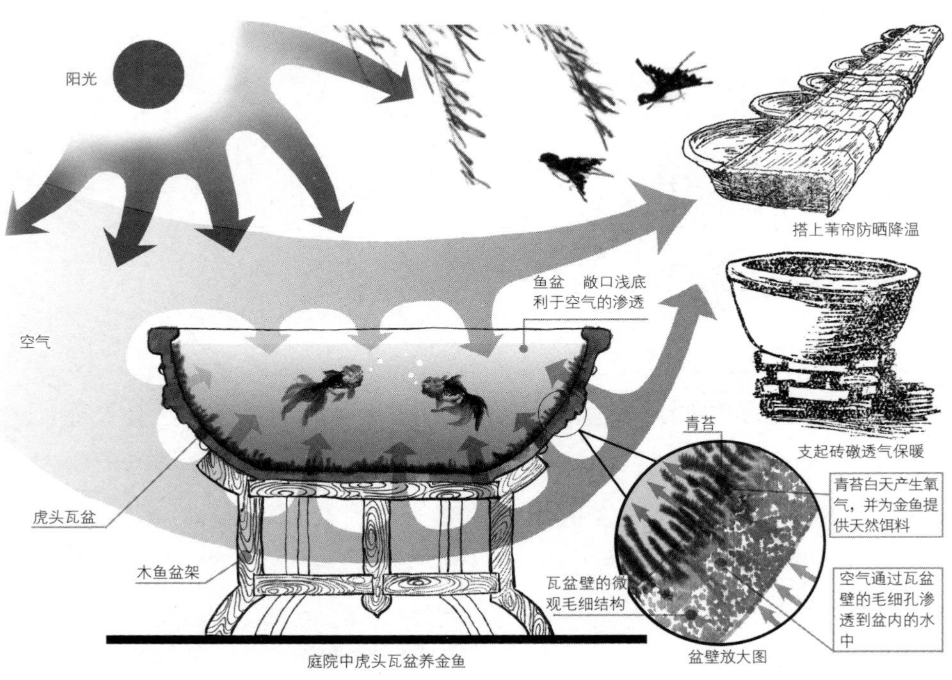

3-1-12　**中国传统生态养金鱼法**

晾晒了几天的自来水就是养好的水，这种认识是不对的。所谓养好的水，是当鱼入盆，依靠水中有益的细菌，把水里有害的物质逐级分解，建立起生物过滤系统，这个建立过程就是养水。注意，养好的水是清亮的，而这种清亮与自来水的清亮相比，多了几分油亮。鱼入盆后的第二、第三天，盆水会出现不同程度的奶白色，如果方法得当，大概在 7 天到 10 天，水就会养至清澈。建议开缸选择少量而健康的鱼，鱼越少奶白色的程度就会越轻。另外开缸的鱼应该正常投喂，但投喂量应该适度减少。接下来就是日常养护。

再谈换水。瓷盆养金鱼建议配置过滤系统，瓷盆配置了过滤系统，才能弥补瓷盆不透气、不挂苔的缺点。市场上目前有带过滤系统的瓷盆出售，设计隐蔽，造型颇为美观，就是过滤槽较小，净水能力不强，若鱼友能自己设计则更好。不管何种过滤系统都要注意功率与盆内水体的匹配，出水方式和缓，使盆内水体保持平和宁静，这样金鱼会很舒服，观赏的人也会有份悠然的心境。设置了过滤系统而盆内不点缀奇石水草，优点是省事，水质容易管理，缺点是不够美观。

当金鱼的密度合适，并投喂适度的时候，排泄物随着金鱼游动便会被过滤器吸纳并处理，这样每周只需更换一次水，每次换水不少于 1/4 且不多于 1/3 即可。过滤器内的过滤棉不要清洗太频繁，当过滤棉上布满脏物的时候再清洗，清洗时用清水即可，不要用热水，不要用消毒水或杀菌水，最好是用盆内换出的水清洗。盆里也可点缀一些奇石和水草，会更有观赏性，水草应选用适应性较强而金鱼不喜食用的为佳，如水榕等。盆内有石头，石头会藏污纳垢，所以两三天要用吸管把藏匿在石头缝隙里的粪便清理干净，并加注等量水入盆。一周累计换水不要少于 1/4，不要多于 1/3。

❶ 水芙蓉
叶片具有茸质感，为漂浮类水草，可遮阴避阳，长根须可以用来作为金鱼繁殖时的鱼巢。

❷ 铁皇冠
一种生命力非常强的水草，因水草外观类似皇冠草而得名。这种水草质地坚韧，金鱼不喜食用。铁皇冠是金鱼缸中很好的点景材料，它的根能攀附于流木或岩石上生长，有特殊的营造效果。

❸ 浮萍
漂浮类水草，不加限制的话，会迅速蔓延并覆盖整个水面。浮萍是金鱼喜欢食用的植物性饵料，在鱼缸中放置一些，不仅可以美化水面，而且可以作为金鱼饵料的补充。

❹ 水兰
俗称日本矮灯芯草。在凉爽环境中，这种水草长得很好，生长速度也比较缓慢。金鱼不喜食用。

❺ 莫丝
为阴生水草，在漫射光条件下也会生长良好，这种水草通过侧叶生长繁殖，可随意捆绑及漂浮，与水榕、铁皇冠这类水草共生关系非常良好。莫丝很容易在水中形成美观的绿地毯。金鱼不喜食用。

❻ 水榕
非常有韧性且易于栽植的水草，低光照下水榕仍能生长，充足的光线中生长更茁壮。在造景上，水榕的绝佳搭档是流木。将水榕栽培在陶罐中，用小卵石固定，效果也很好。水榕叶质坚韧，金鱼不喜啃食，是金鱼缸点景的最佳选择。

3-1-13　金鱼缸常用点景水草（一）

❶ 水车前

沉水草本植物。茎短或无，叶聚生基部，叶形多变，沉水生者狭矩圆形，浮于水面的为阔卵圆形。花两性，白或浅蓝色。花期 7—9 月。金鱼不喜食水车前，可用水车前点缀鱼缸，但必须有充足的光照，否则生长不良。

❷ 水葫芦

水葫芦正式名为凤眼蓝，也叫水浮莲。水葫芦茎叶悬垂于水上，蘖枝匍匐于水面。花为多棱喇叭状，花色艳丽美观。叶色翠绿偏深。叶全缘，光滑有质感。须根发达，分蘖繁殖快，管理粗放，是美化环境、净化水质的良好植物。水葫芦发达的根系是金鱼繁殖时良好的鱼巢，水葫芦姿色优美，花朵迷人，是绝佳的金鱼缸水面点缀材料。

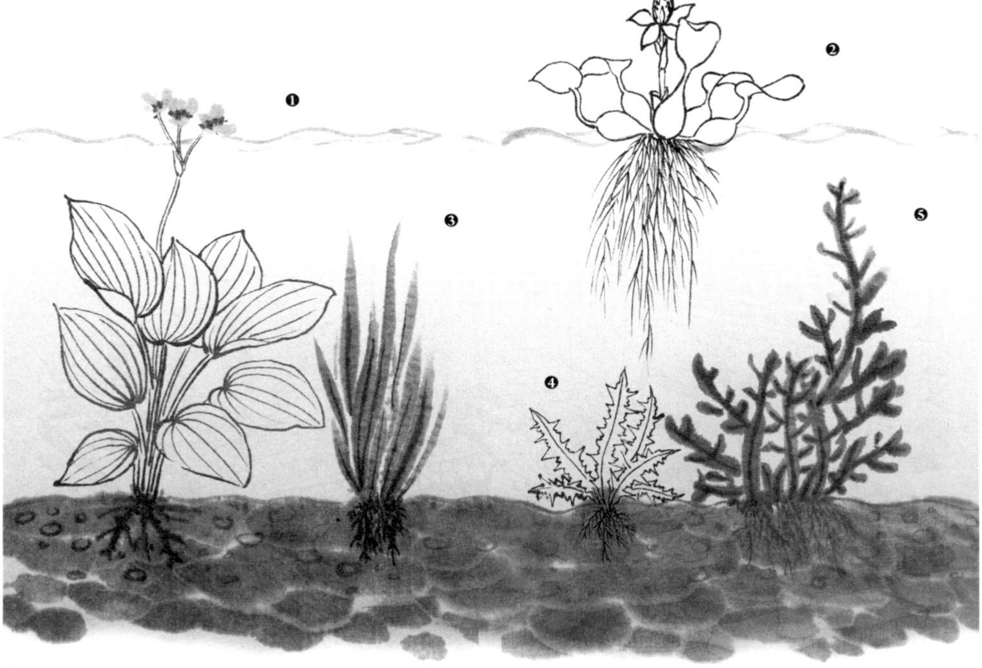

❸ 细叶铁皇冠

一种完全水生的蕨类，非常耐阴的水草，它的习性和铁皇冠非常相似，但在水中表现出来的效果比铁皇冠柔软。金鱼不喜食用，与金鱼配合造景，效果非常好。

❹ 锯齿铁皇冠

比较珍稀的水草，具有条状根茎，长着黑色或黑褐色的不定根，叶片宽大，外形为裂齿状，可长到 30—40 厘米，是一种容易栽培的水草。这种水草金鱼不喜食用，可用于金鱼缸点缀之用。

❺ 黑木蕨

黑木蕨根茎长着互生的羽状叶，绿色，普通为全裂或深裂叶，根茎能长出黑褐色的根。能攀附于流木及岩石上生长，草姿优雅，颇受一般人喜爱。金鱼不喜食用。

3-1-14 金鱼缸常用点景水草（二）

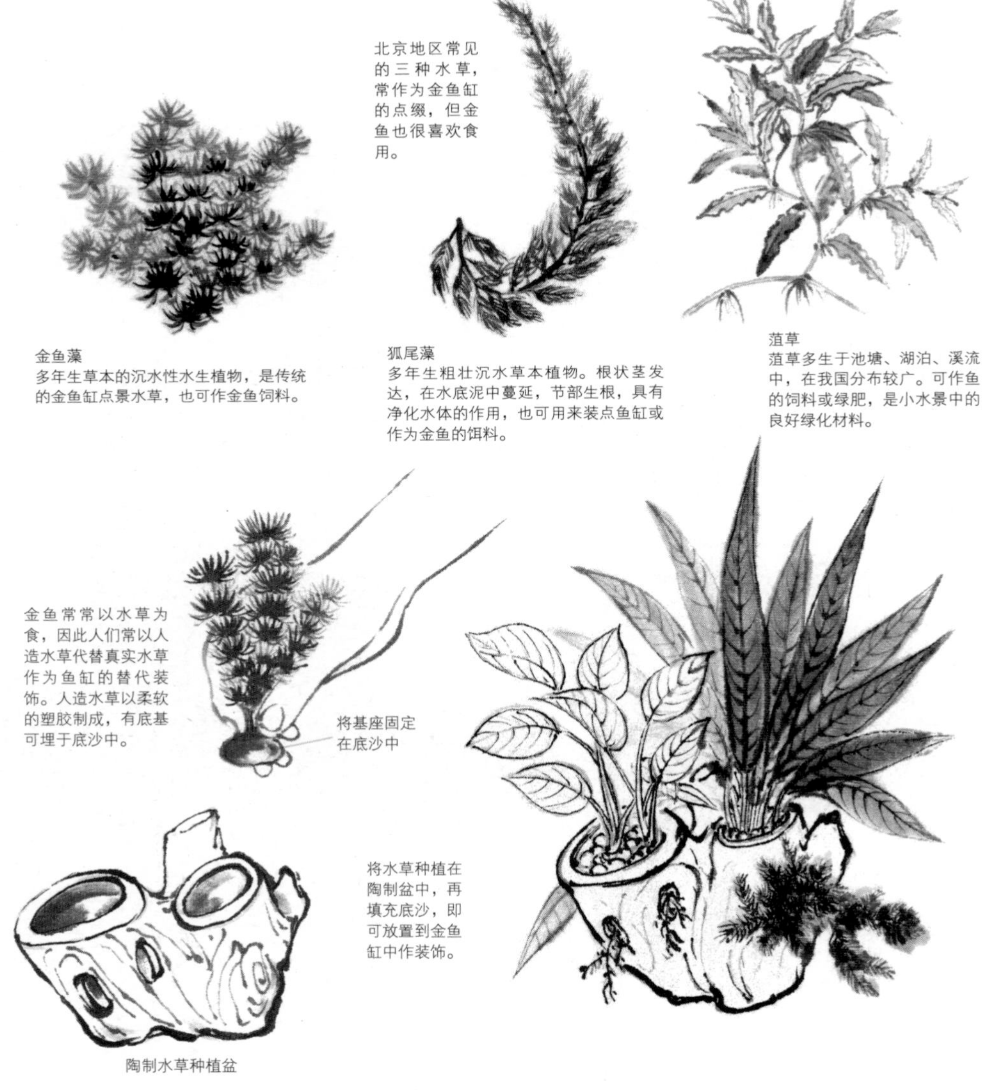

3-1-15　**水草与鱼缸装饰**

葫芦造型金鱼缸
枯树根部隐藏潜水泵，葫芦层层叠水，可以过滤和增氧。

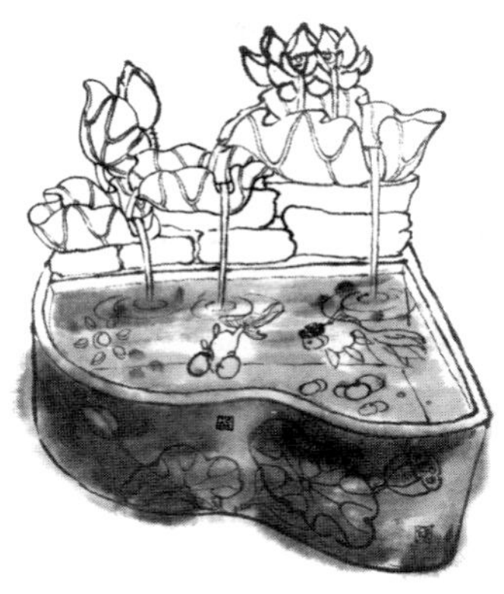
荷花造型金鱼缸
此缸为角缸，侧过滤，适合放置在书桌一角。

荷花造型金鱼缸
荷叶下隐藏过滤系统及潜水泵，层层荷叶叠水，有增氧作用。

云盆造型金鱼缸
天然云石雕成，过滤系统隐蔽在鱼缸一侧，沿缸壁设计一条水道，过滤后的净水沿水道泻于缸中，起点缀景观和增氧作用。

3-1-16　各色带过滤系统的景观金鱼缸

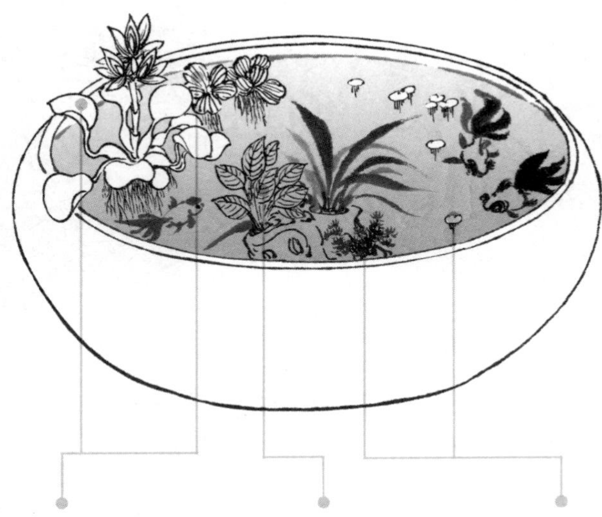

水葫芦和水芙蓉是非常优美的漂浮类水草，水葫芦还能开出颇为美丽的蓝紫色花朵。在金鱼缸的水面上点缀两三丛这类漂浮类水草，不仅能很好地点缀盆面，而且还能净化水体。

用陶制景观盆种植几株金鱼不喜欢啃食的沉水性水草，放置在金鱼缸中，能起到很好的装饰点景作用。而且水草白天能产生氧气，吸收水中的有害物质，有利于金鱼的生长。

在金鱼缸中放置一些金鱼喜食的浮萍和金鱼藻之类的水草，不仅为金鱼提供植物性饵料，而且也能美化水体。

3-1-17　点缀水草的金鱼缸

最后谈投喂。投喂的原则要考虑两点：一个是鱼儿的食量，另一个要考虑的是水体对排泄物的承载能力。瓷盆养鱼通常一天只喂一次，最多上下午各喂一次，每次依照鱼的大小、水体大小及有无过滤系统来决定多少。鱼饵要洁净，定时定量。

瓷盆养鱼需注意以下几点。首先注意鱼的密度。密度过大不利于养水，并且也不利于观赏。通常缸口直径在60厘米左右、高在40厘米左右的鱼缸，适合养15厘米左右的金鱼四尾。其次注意鱼的大小与缸的大小的比例，如果过小的水体养殖大鱼，很难养好，并且从观赏的角度会觉得不舒畅。最后注意投食，鱼盆养鱼一天投喂一次，要养成定时定量的养殖习惯。因为水体过小，过滤能力有限，太多的排泄物会导致水质变坏。换水最忌讳整缸换。瓷盆中养鱼，不仅仅是满足人们养鱼的兴趣，同时也是要满足人们观赏的兴致，为此在瓷盆中合理地搭配草、石头会营造出别有洞天的意境。盆中可以搭配的草通常有：水榕、铁皇冠及蜈蚣草等，这些草皮实且好养护。草的摆放要注意草的高度和水体的高度、草的数量与水体体积的协调，草如果过高或过多，会使观赏者有拥挤和压抑的感觉，并且也会争夺鱼的生存空间。如果草太矮或者太少，又会有零落的感觉，达不到美化鱼盆的目的。瓷质鱼盆内色有白、黑、黄等颜色，配置鱼时，要注意尽量挑选与盆内色反差较大的金鱼入盆，才能交相辉映，衬托出金鱼之美。

中国古老的盆养金鱼法，是中国代代传承的经典养金鱼的方法，在当代仍然不失为一种别具特色的赏养金鱼的方法。搭配得好，可以让鱼器与金鱼之间相得益彰，盆养金鱼不光能陶冶情操，更是一种中国古老文明的传承和发展。

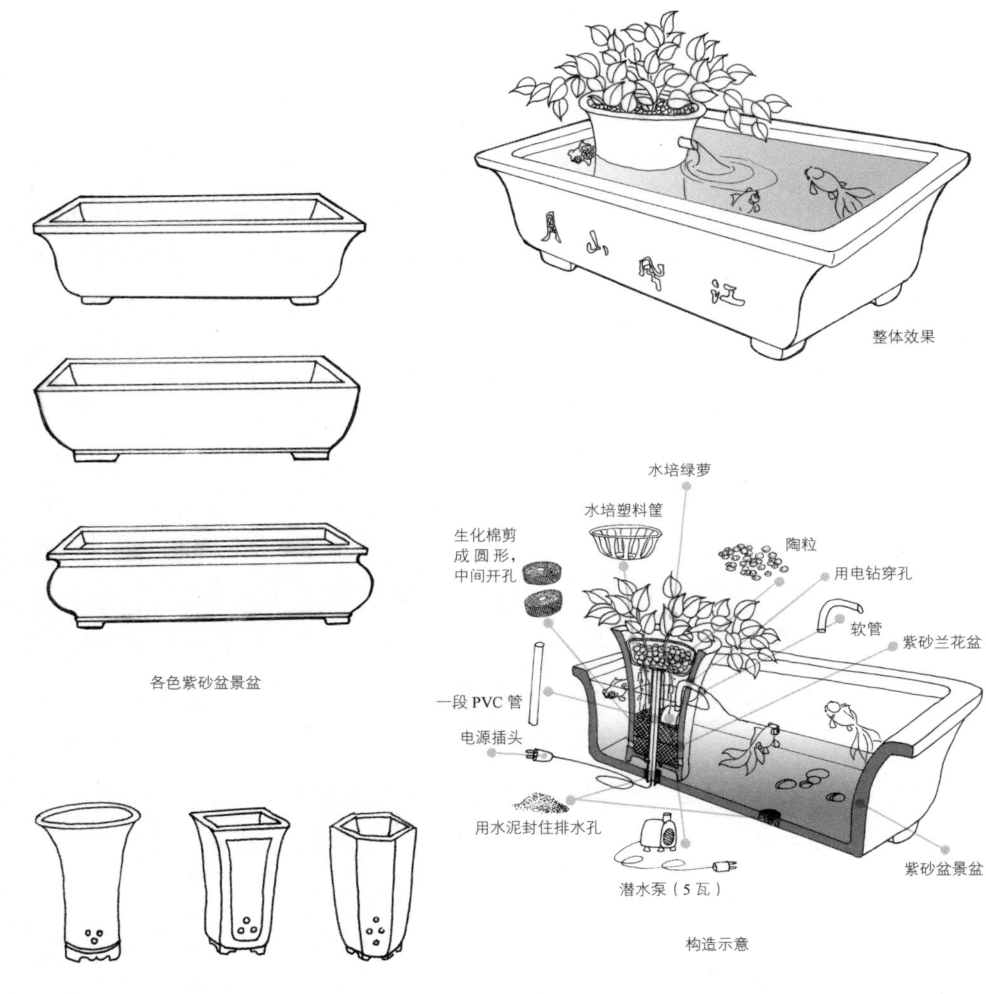

各色紫砂盆景盆

整体效果

构造示意

各色紫砂兰花盆

3-1-18 **自制紫砂金鱼台盆**

下过滤式金鱼缸室内装修效果图

3-1-19 下过滤式金鱼缸

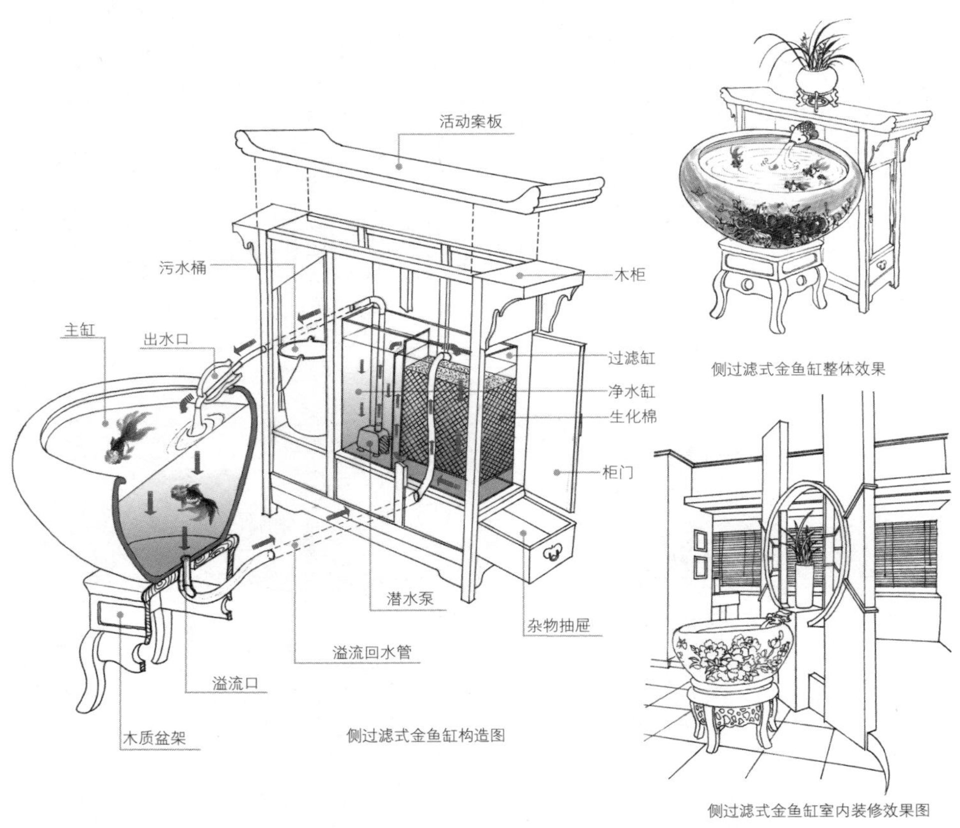

侧过滤式金鱼缸构造图

侧过滤式金鱼缸整体效果

侧过滤式金鱼缸室内装修效果图

3-1-20 **侧过滤式金鱼缸**

实物照片

实物照片

金鱼造型出水口

潜水泵

过滤缸

生化棉

主缸

进水口

陶瓷球

木质支架

电源插头

优点：
过滤缸中生化棉清洗方便；潜水泵扬程小，省电。

缺点：
过滤缸占据了主缸一部分面积，需定期检查；主缸水面位置不得低于潜水泵顶部。

内过滤式景德镇景观金鱼缸构造示意图

3-1-21 内过滤式景德镇景观金鱼缸

此外，盆养金鱼还有用圆玻璃缸、石盆、木盆、塑料盆等容器，甚至还有用日本兰寿鱼专用的玻璃钢水槽的。特别要说明的是，用透明的圆玻璃缸养金鱼时，因为玻璃和水体的折射作用，从侧面看去，金鱼会变形夸张，从而别有一番趣味。这些鱼盆的饲养方法与上述陶盆、瓷盆饲养方法相似，就不一一尽述了。

水晶世界碧藻红鱼：水族箱赏养法

中国古代养金鱼，历来讲究用盆，而用玻璃水族箱养金鱼则是现代兴起的养鱼方法。水族箱通体晶莹透明，鱼游其中，如入水晶琉璃世界，又如仙女半空起舞，配以绿草奇石，分外养眼。

玻璃水族箱本是舶来品，是国外用来饲养热带鱼和海水鱼的。水族箱的概念最早来自德国。20世纪初期，德国经济飞速发展，许多人将饲养热带鱼作为工作之余的休闲，并将当时先进的科学技术应用于热带鱼的饲养之中，将传统的玻璃鱼缸、过滤系统、恒温系统和光照系统有机地融合在一起，从而形成了现代水族箱的理念。不过中国历史上也曾出现过类似水族箱饲养金鱼的例子，最早见于王象晋所著《群芳谱》，文中记载：

> 元时燕帖木儿奢侈无度，于第中起水晶亭。亭四壁水晶镂空，贮水养五色鱼其中，剪彩为白苹红蓝等花置水上。壁内置珊瑚栏杆，镶以八宝奇石，红白掩映，光彩玲珑，前代无有也。

3-2-1 维多利亚时代版画中的私人水族箱

家庭室内观赏鱼的饲养流行于19世纪的欧洲，早期的水族箱用铸铁和玻璃制作，通常装饰华美。上图中的水族箱置于暖房中央，用以饲养淡水冷水性鱼类

3-2-2 颐和园乐寿堂内清代金鱼水族箱桌

由此推测，早在元代，就有了类似今日园林中金鱼亭之类的建筑了，只是在当时，透过玻璃水晶观赏“五色鱼”受到玻璃制造的限制，属于极少数贵族才有的奢华享受。紫禁城延禧宫内的主要建筑——灵沼轩，就是清宣统年间皇家在水池中所建的水族箱式的建筑，站在灵沼轩中透过四周的玻璃，就能欣赏到在环绕的水池中游动的金鱼，后来清政府倒台，这座建筑一直未能完工。

在中国传统的庭院中，绿树花影下，散置鱼盆数具，用各种陶盆饲养金鱼，是一件十分悠闲惬意的事情。但时代变迁，随着中国城镇化进程的展开，越来越多的城市居民告别了平房，住进了楼房。楼房的居住空间设计是紧凑的，唯一亲近自然的所在是每户的阳台。因此在现代居室中，不太可能像过去居住在四合院中那样，在宽敞的庭院中，阔绰地摆上几个大陶盆或大木海来养金鱼。因此，现代居家欣赏金鱼，多选择用水族箱。

用水族箱来饲养观赏金鱼，自有其他方式所无法比拟的优点。例如，陶盆和木海养金鱼，只能俯视，无法看到金鱼的侧面，而用水族箱来养金鱼，因为水族箱的侧壁是玻璃的，则可以完美地展现金鱼各个角度的美态，可以获得最佳的观赏效果。此外，水族箱晶莹剔透的造型容易和现代室内空间风格相协调，营造良好的室内景观环境。用水族箱也容易利用各种造景素材（水草、奇石、沉木、陶罐）创造出绮丽的水下风光。水族箱放在室内，没有自然界的风吹、日晒、雨淋，避免了室外温度剧变对于金鱼的伤害，容易为金鱼营造出一个稳定的生存环境。所以说，用水族箱养赏金鱼，是目前居家饲养观赏金鱼的主流。

水族箱养金鱼的注意事项

那么用水族箱养金鱼，应该注意哪几点，才能把金鱼养好呢?

首先是水族箱的位置。水族箱放置的最佳位置是阳台，其次是客厅，再次是书房、餐厅、玄关。放置的位置应该光线明亮，以便于观赏，最好能接受到一定的阳光照射。此外水族箱放置的地点宜安静，避免金鱼受到噪声惊扰。放置地点的温度不能发生突变。如果水族箱放置的位置光照不足，可以在水族箱上设计人工照明来弥补。特别要说明的是，水族箱不宜放在卧室中，因为水族箱的过滤系统，哪怕设计得再静音，也总是会有低频的噪声存在，尤其在夜深人静的时候。它会干扰人的睡眠，影响人的健康，而且水族箱能散发出水汽，长期放在卧室内，对人体健康也是不利的。

其次，饲养金鱼的水族箱的造型，与养热带鱼的水族箱很不同，这一点常常被人忽视。养金鱼的水族箱不宜过深，一般水深 30 厘米即可，太深金鱼游动不便，反而不美；水族箱不宜过窄，一般宽度至少也应在 30 厘米，因此养金鱼的水族箱应该浅宽，这是由金鱼本身的特性所决定的。此外水族箱的距地高度应该适宜，以便于人们从侧部和顶部的不同角度来观赏金鱼的美。目前市面上所出售的各种成品水族箱，多数都比较高深，适合热带鱼的饲养，因此要想养好金鱼，水族箱最好自己设计定做。

最后，养金鱼的水族箱，一定要做好过滤系统，这是用水族箱养好金鱼的关

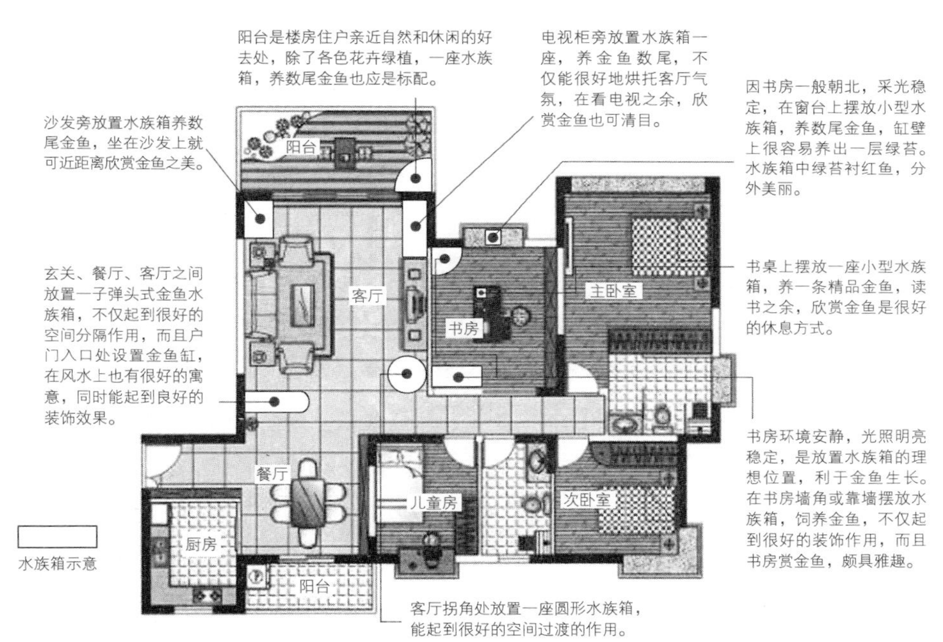

3-2-4 居室中适合放置水族箱的位置示意图

键。水族箱没有陶盆的透气性，保暖性也差，适合室内养金鱼，不适合室外。目前市面上出售的成品水族箱，大多过滤系统太小，而养过金鱼的人都知道，金鱼是一种高污染的观赏鱼，吃得多，排泄得也多。如果没有强有力的过滤系统做支撑，很难保持水质的稳定和清澈。现在许多金鱼爱好者之所以在养金鱼的过程中面临鱼病频发、饲水混浊的处境，很关键的一点是过滤系统没有做好，从而导致水质恶化，引发鱼病。过滤系统做得好的话，饲养水会似水晶般晶莹、清澈、透明而油亮。市面所售成品水族箱，过滤系统多半比较简单，过滤箱较小，过滤能力有限，养小型热带鱼尚可，养金鱼就不行了，所以用水族箱来养金鱼，一定要根据饲养缸的大小和养金鱼的数量，自行设计合适的过滤系统。过滤缸的容积以饲养缸的 1/4 至 1/3 较为合适。

水族箱的过滤形式主要有三种：上过滤、下过滤和侧过滤。饲养者可以根据自己摆放水族箱的地点、操作管理的方便程度来选用。上过滤因为过滤系统位于水族箱上部，不够隐蔽，故观赏效果较差，一般资深养家多不采用。如果水族箱一面靠墙，则在靠墙一侧设计侧过滤，安全性高，清理简便。如果一定要求水族箱四面临空，独立设置，那就非下过滤不可了。

水族箱的种类

养金鱼的水族箱，可分为两种。

一种是独立可搬动的水族箱，包括成品水族箱和鱼友自己设计的独立水族箱。虽然目前市面上有各种成品水族箱出售，有普通水族箱、全自动水族箱和半自动水族箱，造型有直角水族箱、弧形水族箱和多边形水族箱，材质有玻璃、有机玻璃和亚克力等，可谓琳琅满目，造型多样。但是正如前文所述，真正适合家庭养金鱼的水族箱并不多见，所以金鱼玩家多是根据自己养金鱼的地点来因地制宜地自己设计制作水族箱。一般这样的水族箱由三部分组成：饲养箱、过滤箱和支架。关于水族箱的做法，后文会详细介绍。

另一种是与室内装修同步完成的固定一体式水族箱。这样的水族箱，常和家庭装修相协调，设计施工与装修同步进行，统筹考虑，一般配有上下水。设计合理

3-2-5　马岩松设计的金鱼水族箱

著名建筑师马岩松将方形水族箱重新设计，减去那些金鱼不去的空间，最后呈现的作品是一种正负空间的感觉，金鱼看上去在里面游得相当惬意

的话，与室内装修风格融为一体，观赏效果好，且养金鱼省时省力，能使水族箱成为居家观赏点，是居家养金鱼的最佳选择。一体式水族箱可以设计放置在玄关、客厅、阳台等处。

［玄关］客厅面积较大时，为增加空间层次，在入口处可设计一个玄关。玄关造型十分简洁，只是一个台面，上面安放的水族箱，如屏风般分隔空间，真可谓神来之笔。客人一进屋，就见一池碧水，几尾游鱼，清凉之感，顿时扑面而来。

［客厅］在客厅的一面墙上，设计一个夹壁间，内置一个大型的水族箱。而在墙壁面向客厅的一面，设计一别致的画框，从客厅一面看，水族箱如一幅活动的图画。而水族箱的过滤和照明系统，都隐在夹壁墙内的隔间中。

［阳台］在阳台的一隅，设计一个半开放式水景的生态水族箱是再合适不过的了。玻璃敞口的水槽中，各色水生植物竞相生长，清水中数尾锦鳞嬉戏，再摆上一把摇椅、数盆鲜花、一个鸟笼，真是一个绝佳的休闲之处。

负压式水族箱利用大气压使水位升高，在水族箱的水面上形成一个高出来的水体。负压箱与水族箱水体相连，金鱼可以自如地从水族箱游进负压箱，游到高于水族箱的水面之上，形成鱼在空中游的奇妙观赏效果。
负压箱清洗也很方便，只要把负压箱横过来，将内部水排空，取出清洗干净即可

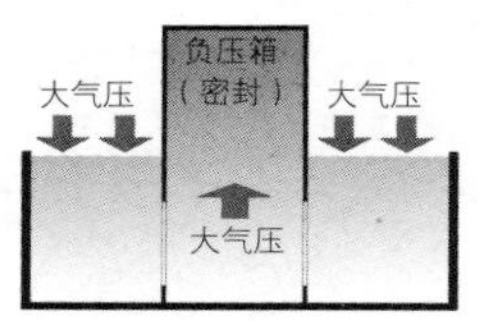

负压式水族箱原理图
（利用大气压将密闭的负压箱中的水体支撑高出水族箱水面）

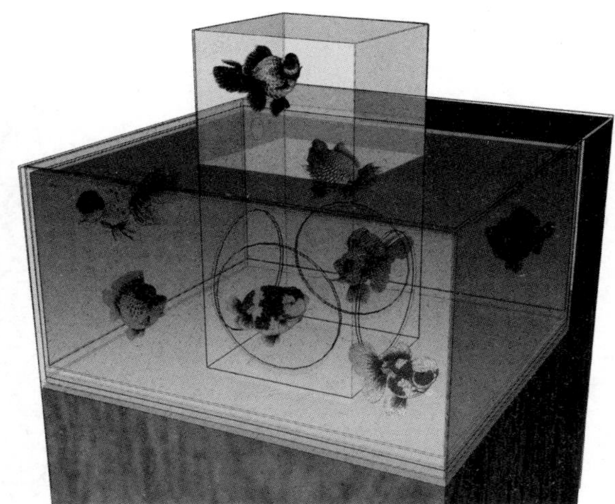

负压式水族箱观赏效果图

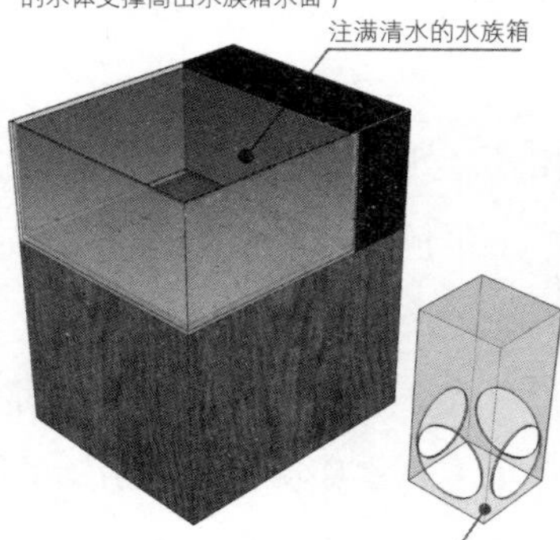

（1）将水族箱注满清水。

（2）将负压观赏箱横放在水族箱内，使水充满负压观赏箱。

（3）将负压观赏箱缓缓立起（注意不要将空气漏进负压箱内），大气压会支撑住负压箱内的水体，形成一个与水族箱相连而又高出水族箱水面的观赏性水体。放入金鱼后，金鱼游进负压箱，可欣赏到金鱼在水族箱水面之上畅游的奇特效果。

3-2-6　负压式水族箱

客厅与玄关之间放置金鱼水族箱效果图

客厅与玄关之间放置一座子弹头造型的金鱼水族箱，可以起到很好的空间分隔的作用，游动的金鱼是盛开的水中之花，活的艺术品，是客厅和玄关之间的趣味中心和点睛之笔。客厅与玄关之间的水族箱宜长方造型，一侧可设计成半圆形的子弹头式，观赏效果较佳，这种造型可以起到屏风的作用。水族箱可在靠墙一侧设置侧过滤，打理方便，也可设计成下过滤，造型更为简洁大方

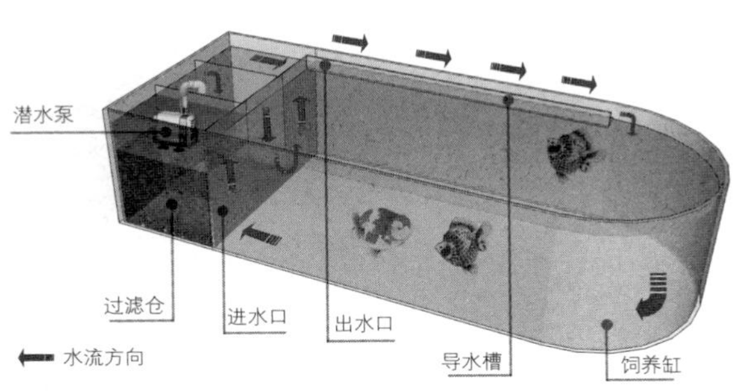

3-2-7 客厅与玄关之间的金鱼水族箱

客厅一角放置金鱼水族箱效果图

客厅的一角放置一座弧形金鱼水族箱，坐在客厅沙发上就可以欣赏到金鱼的美丽。水族箱弧面造型很好地柔化了客厅拐角，也为客厅拐角增添一抹亮丽的风景线。水族箱靠拐角处设置侧过滤，日常维护方便，侧过滤仓面向饲养缸一侧可作装饰遮掩，装饰材料可用岩石造型的景观装饰板，使水族箱内形成良好的景观效果

金鱼水族箱构造图

3-2-8 客厅拐角处的金鱼水族箱

方形侧过滤水族箱，非常适合放在书房静谧的一角。过滤槽靠墙设计，不遮挡观赏视线，过滤槽盖板上可放置装饰性摆件。侧过滤清洗方便，潜水泵功率小，省电静音，水族箱中养金鱼数尾，点缀水草几株，摆放卵石数粒，观赏效果颇佳

方形侧过滤金鱼水族箱

书房中放置金鱼水族箱效果图

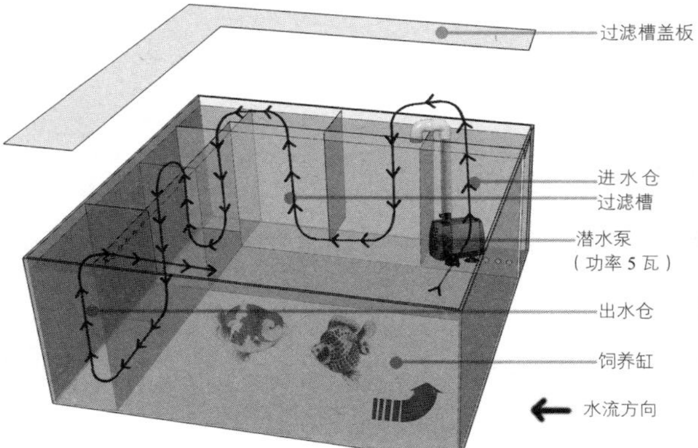

方形侧过滤金鱼水族箱构造示意图

实景照片

3-2-9 书房中的金鱼水族箱

光养鱼而无景，常使观赏金鱼的效果大打折扣，红花还需绿叶衬托，尤其是用水族箱养金鱼，优美而富于诗意的置景，更能衬托出金鱼的美丽。若能把中国盆景、中国国画等美学元素融合进来，则可以营造出一种诗情画意的带有东方情趣的室内景观来。但是不管怎样，水族箱中的置景都须少而精，不应喧宾夺主，不放置可能污染水质的摆件，还应便于日常的管理和清洗。

水族箱赏鱼佳处

国内多数观赏金鱼的展区，都把水族箱设计成游廊的形式，结合中国古典园林的设计理念，在游廊的壁上开出一个个水族箱的展示窗口。人在游廊中，似在观赏一幅幅活着的金鱼画卷。

北京和香港就有两处观赏金鱼的佳处。北京的是在中山公园，社稷坛中山堂东侧有一个“愉园”，“愉”和“鱼”谐音，“愉园”就是“鱼园”了。在愉园北面是一条古香古色的小长廊，墙壁上镶嵌着各色配有照明的水箱，这样游客可以平视各种嬉游其间的名贵金鱼，即使在冬天，由于有加热设备，照样可以观赏。长廊的下面放置几座架空的大木盆，有的养着金鱼，有的晒水。这种古法养鱼，可供游客居高临下观赏。而南边石栏围绕的大方水池子里，还有许多红色的小草金鱼。水池旁石雕的螭首不断给水池补充活水，引来无数的金鱼嬉戏。

香港海洋公园的金鱼大观园久负盛名。绕过几座金鱼造型的花灯，迎面就看见金鱼宝殿牌坊式的大门。进入展室，中央展台是中国传统的蝙蝠造型，设计颇具特色，蝙蝠如风车般伸出四翼，镶嵌四个水族箱。其中展出的是龙睛、望天、水泡、蝶尾这四种适合俯视欣赏的金鱼品种。展室四周，满墙满壁都是依墙打就的博

3-2-10 北京中山公园愉园金鱼长廊

3-2-11　香港海洋公园金鱼大观园宫灯造型水族箱

古架。架上或长或方，镶嵌着各色水族箱。箱中白沙铺底，点缀各色奇石水草，养着各色品种的金鱼。一一细看去，有琉金、虎头、兰寿、珍珠鳞、狮头等，稀奇古怪，各具特色。更有创意的是，配合金鱼的展出，博古架上还穿插点缀各色金鱼工艺品。有金鱼样式的扇坠，有绘有金鱼的屏风，有刻有金鱼的玉雕，有写有《鱼藻》的花瓶，各色精巧，与缸中活的艺术品——金鱼，交相辉映。博古架上还配有注解用的灯箱，暖黄的灯光，更添雅意。博古架的其余地方都做成抽屉的样式，配上古铜金鱼拉手，古意盎然。更值得一提的是，两侧博古架下还特意设计了一个突出的水平展台，玻璃罩顶，可以俯视缸中金鱼，与中央展台形成空间上的联系，使整个展室的设计浑然一体，而整个展室内水族箱的过滤系统全部为隐蔽设计，不留一丝痕迹。流连于这个精心构制的展室，沉浸在金鱼的倩影中，让人久久不忍离去。金鱼大观园水族箱的设计可谓奇思巧构，独具匠心，完美的设计彰显出金鱼永恒的魅力。

传统黄泥缸、陶盆、木海或是体积庞大，难以在室内摆放；或是外形粗糙，不适宜现代居室的陈列。并且传统养殖金鱼的器具，不具备过滤循环装置，完全依靠换水，难以长期保持水质，不仅增加了养殖者的劳作强度，而且浪费都市里宝贵的水资源。水族箱成为家庭饲养金鱼的更优选择。水族箱固然具有观赏效果好、造型多样的特点，但是一般水族箱水位较深，金鱼经常上下游动，容易造成鱼鳔失调的毛病。同时大多数金鱼品种都适于俯视观赏，如望天、水泡、鹤顶红、珍珠鳞、蝶尾、虎头等，但由于一般水族箱顶置的灯具和过滤器的遮挡，失去了最佳的观赏角度。对于金鱼爱好者而言，在居室内玩赏金鱼的水族箱必须具备以下几个特点。

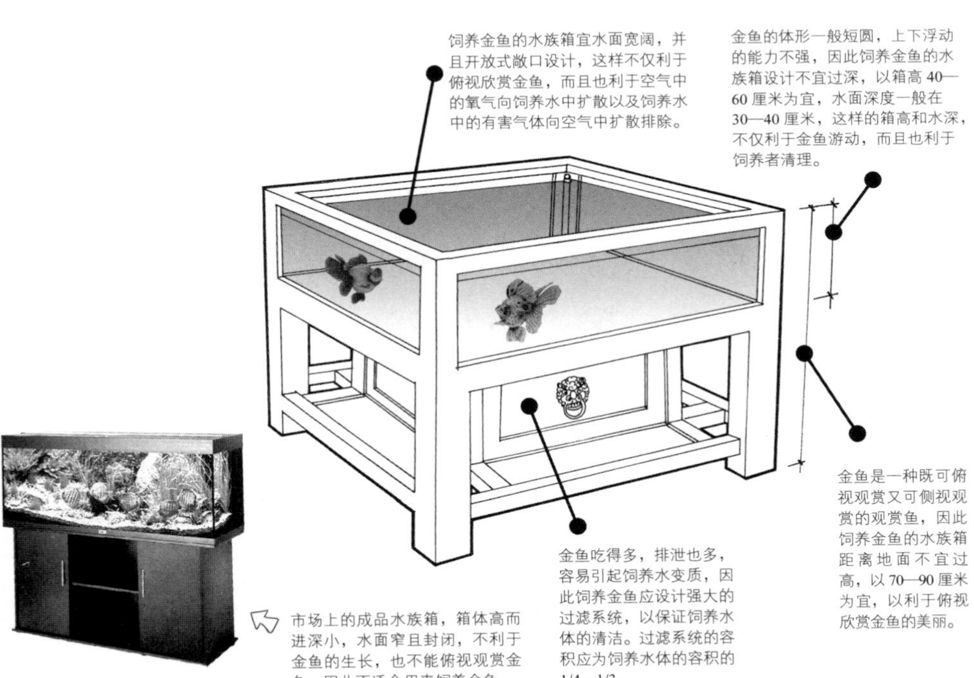

3-2-12 饲养金鱼的水族箱的几个特点

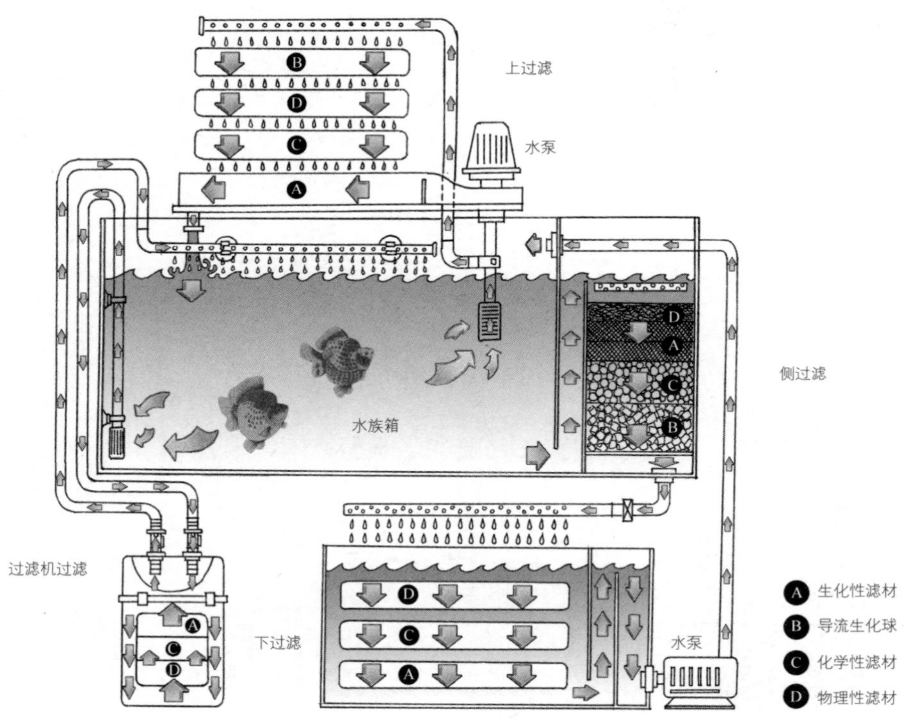

3-2-13 水族箱的各种过滤支撑系统

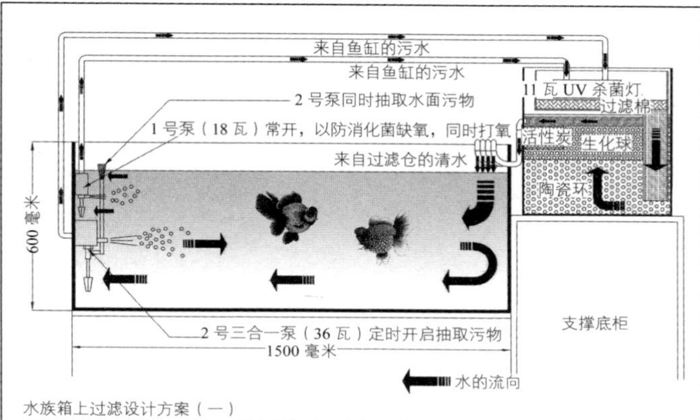

水族箱上过滤设计方案（一）
过滤仓设置在饲养缸一侧，不占饲养缸上部空间，利于俯视观赏金鱼，但需在饲养缸一侧设置一个支撑过滤仓的底柜。

上部循环过滤放在水族箱上面，整个过滤仓露在水族箱的外面，通过潜水泵将水抽出进入过滤仓，再经由过滤仓底部的出水管流回到水族箱内，在过滤仓内可以放置过滤棉、活性炭、生化石等。

上部过滤器的最大优点是清洗方便，在过滤材料污染时，可以很方便地取出进行清洗。

最大的缺点是体积比较大，占的空间也相对要大。

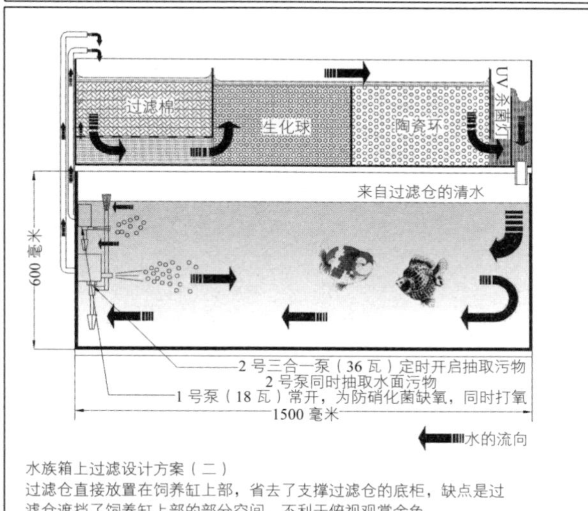

水族箱上过滤设计方案（二）
过滤仓直接放置在饲养缸上部，省去了支撑过滤仓的底柜，缺点是过滤仓遮挡了饲养缸上部的部分空间，不利于俯视观赏金鱼。

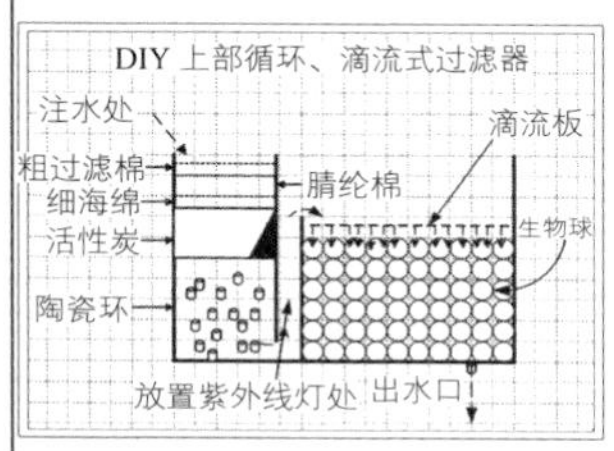

过滤仓中的滤材设置有各种不同的组合，饲养者可以根据过滤仓放置的空间的具体情况及过滤需求自己进行设计制作。

此款过滤仓为滤材层过滤和溢流、滴流相组合，滤材层过滤滤除水中杂质，分解水中有害物质，溢流、滴流过滤则起到增氧和净水的作用。

3-2-14 水族箱上部循环过滤设计方案图

在鱼缸的背部或侧部用玻璃隔出一部分做过滤，其内部分成几小格用于放置滤材（或过滤设备）和循环泵。水泵把水从饲养缸抽出时，鱼缸溢出的水通过溢流口流入过滤格，在隔板的引导下“从上到下”或“从下到上”流经各种滤材。水从最后一格溢流回饲养缸，或水从鱼缸溢流进过滤格，流经各种滤材，最后由水泵把水抽回饲养缸，如此循环。以前一种方式为优，不容易烧泵。

优点：滤材清洗方便，水泵扬程小，省电节能。

缺点：观赏角度受一定限制，过滤仓需遮挡美化，并占饲养缸一定空间。

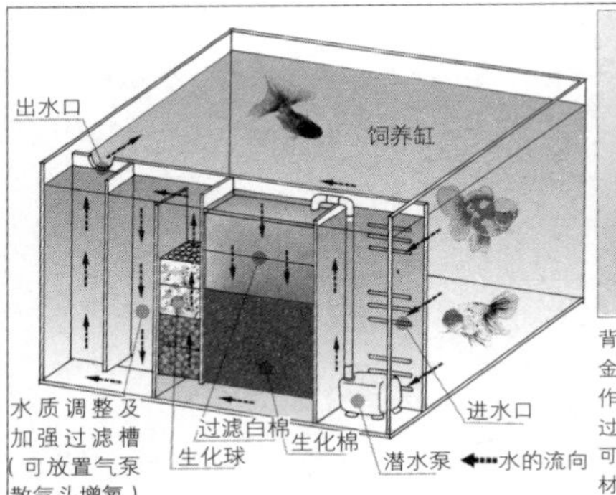

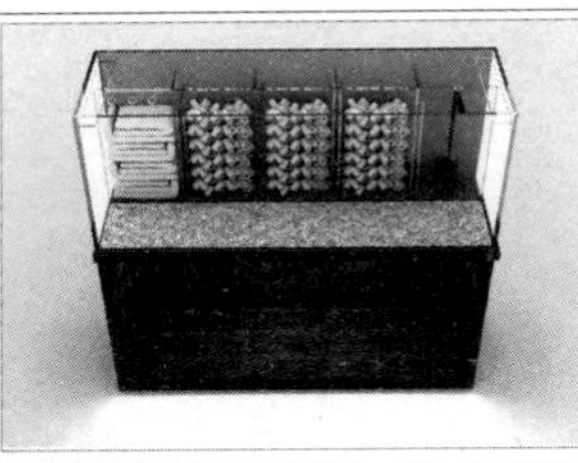

背过滤是侧过滤的一种形式，适合于方形的金鱼水族箱，即将水族箱一侧整个隔出一块作为过滤仓，分出若干格，放置各种滤材，过滤能力较强。过滤仓与饲养缸之间的隔板可做成不透明的，以遮挡过滤仓中的各种滤材，水族箱靠墙放置，观赏效果好。

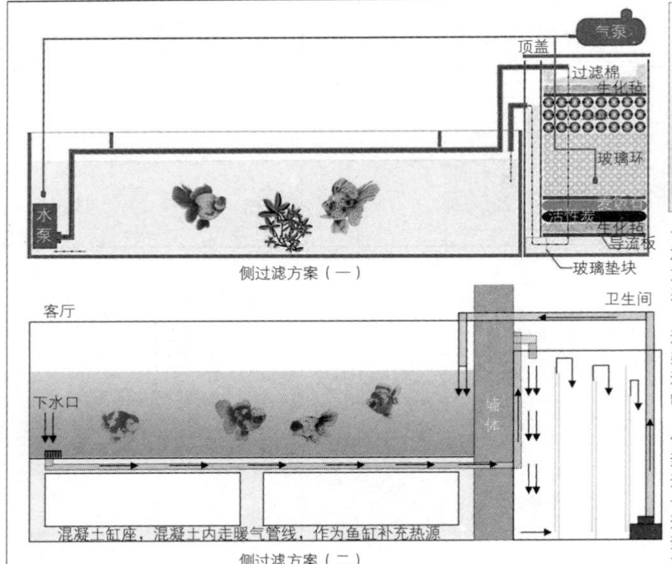

长方形的饲养金鱼的水族箱适合把过滤仓放置在水族箱的窄边一侧，过滤仓的过滤方式可采用直流式过滤（如方案一），也可采用溢流式过滤（如方案二）。

过滤仓可直接放置在饲养缸一侧，但为了美观，需作遮挡和美化（如方案一）。
过滤仓也可放置在另一个房间内，与饲养缸之间靠管道连接（如方案二）。

侧过滤的水动力方式也有两种，一种是将水泵设置在饲养缸中，水泵将水抽进过滤仓，进行过滤后，水再溢流回饲养缸（如方案一）。另一种方式是饲养缸中的水通过溢流进入过滤仓，完成过滤后，在最后一格用水泵将过滤好的净水抽回饲养缸（如方案二），不过这种方式需经常检查水面，以防烧泵。

3-2-15　水族箱侧部循环过滤设计方案图

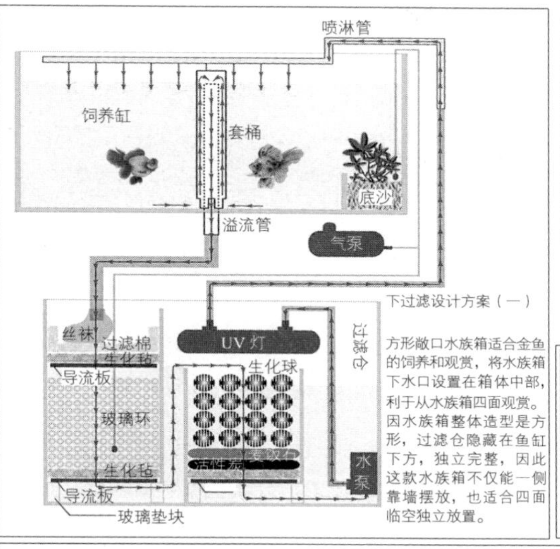

下过滤设计方案（一）

方形敞口水族箱适合金鱼的饲养和观赏，将水族箱下水口设置在箱体中部，利于从水族箱四面观赏。因水族箱整体造型是方形，过滤仓隐藏在鱼缸下方，独立完整，因此这款水族箱不仅能一侧靠墙摆放，也适合四面临空独立放置。

水族箱下过滤是鱼缸过滤方式的一种，可以为滤材提供的空间最大，有利于硝化细菌的培养。过滤仓设置在饲养缸的下部，通常设有物理过滤区、生物过滤区、器材区、沉淀仓。优点：底滤仓常隐藏在底柜里，整体看起来美观整洁，换水等操作可以在底柜进行，能明显地减少对箱内鱼只造成的影响。

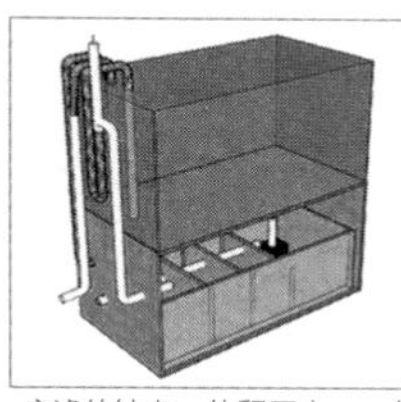

底滤的缺点：体积巨大，一般得占用水族箱底柜空间，并且对水泵要求比较高，功耗比较大，水泵必须和溢流配合妥当，否则有可能水漫金山或水泵干烧！所以，对技术水平要求略高。

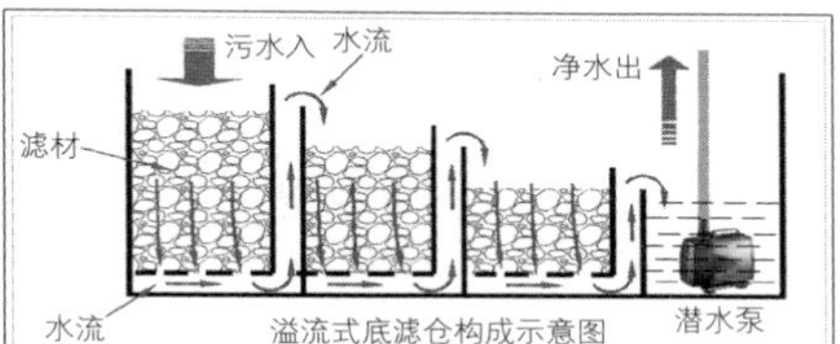

溢流式底滤仓构成示意图

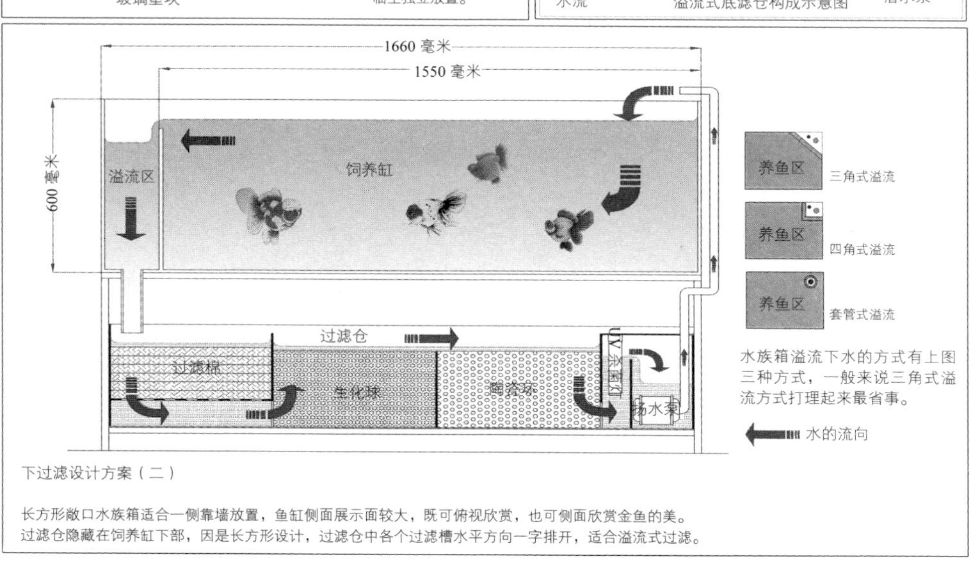

水族箱溢流下水的方式有上图三种方式，一般来说三角式溢流方式打理起来最省事。

下过滤设计方案（二）

长方形敞口水族箱适合一侧靠墙放置，鱼缸侧面展示面较大，既可俯视欣赏，也可侧面欣赏金鱼的美。过滤仓隐藏在饲养缸下部，因是长方形设计，过滤仓中各个过滤槽水平方向一字排开，适合溢流式过滤。

3-2-16 水族箱下部循环过滤设计方案图

3-2-17　**侧过滤成品水族箱**

工厂出品的成品水族箱，精致时尚，侧过滤设计合理，饲养两三尾精品金鱼，点缀水草奇石若干效果颇佳，是现代家居室内点景的佳品

池清如许活水来：池塘赏养法

当中国古人在自然界中发现红色的鲫鱼时，便以为是天赐神物，捕获后放养于寺院的放生池中，作为神物来供养。所以，中国古代最早的金鱼都是养在池塘中的。至今许多园林池塘中，还饲养着红金鱼作为点景。

例如在北京，有个地方叫作金鱼池。金鱼池位于东城区天坛之北，最早形成于金代，因大兴土木取土烧砖，窑坑积水形成许多池塘。《明一统志》载："池上旧有瑶池殿。"因为风景秀丽，金鱼池一带过去有不少达官贵人的园亭楼阁，金鱼池垂柳依依，池水荡漾，游人玩鱼观景的热闹景象，宛如江浦鱼市，颇有一番情趣。因为此处是金、元、明、清直至民国时期的饲养金鱼之地，故俗称为"金鱼池"。附近居户以培育金鱼为业，数十亩池塘星罗棋布，养鱼人家各自经营自己的鱼池，培育出许多优良的金鱼品种，然后在市场上出售。

在金鱼的故乡杭州西湖湖畔，更有一处观鱼赏鱼的胜地"花港观鱼"。这里叠石为山，凿地为池，畜养异色鱼，谓之观鱼。游人萃集，雅士题咏，乾隆帝曾题诗赞道："花家山下流花港，花着鱼身鱼嘬花。"谢觉哉同志赋诗道："鱼国群鳞乐有余，观鱼才觉我非鱼。虞诈两忘欣共处，鱼犹如此况人乎！"此园以数量取胜，池中放养数万尾金鳞朱鱼，游人观鱼投饵，群鱼踊跃，鱼跃人欢，纵情鱼趣。

清代句曲山农在其著作《金鱼图谱》的"池畜"一章中对于池养有着这样的论述："旧时石城卖鱼为业者多畜之池，池以土池为佳，水土相和，萍藻易茂。鱼得水土气，性适易长，出没萍藻，自成天趣。池旁植梅竹金橘，影沁池中，青翠交

3-3-1 北京金鱼池和杭州西湖的花港观鱼

映，亦园林之佳境也。树芭蕉可治鱼泛；树葡桃（萄）可免鸟雀粪，并且可遮日色；树芙蓉可辟水獭。惟忌种菖蒲。池畜之鱼，鲤鲫类耳，佳品不入池也。”

池养金鱼一般是粗养金鱼，名贵品种不宜选用，不过许多金鱼养殖场，也大多采用水泥池来繁殖饲养金鱼。现代家居，如果面积宽敞，有露台或小花园或庭院的，不妨在露台一角、花园一隅、庭院之中，筑一小池，放养各色金鱼数尾，点缀其间，也自成绝佳的园林小景，足以使人忘却尘世喧嚣，驻步其间，流连忘返。

居家筑池养金鱼，和室内用水族箱饲养金鱼是一个道理，应根据饲养金鱼的地点、饲养金鱼的品种，专门设计建造。金鱼养殖场一般都是用水泥池来养殖金鱼，金鱼池方正，成行排列，便于管理和操作。而家庭养金鱼多为观赏，所以从外形上来说，家庭小型的金鱼池造型应该是千变万化，风格多样，情趣各异，方能引人入胜。设计巧妙美观的家庭小型金鱼景观池，完全能够成为家中一景，可以取得很好的观景效果。

3-3-2 静园观鱼

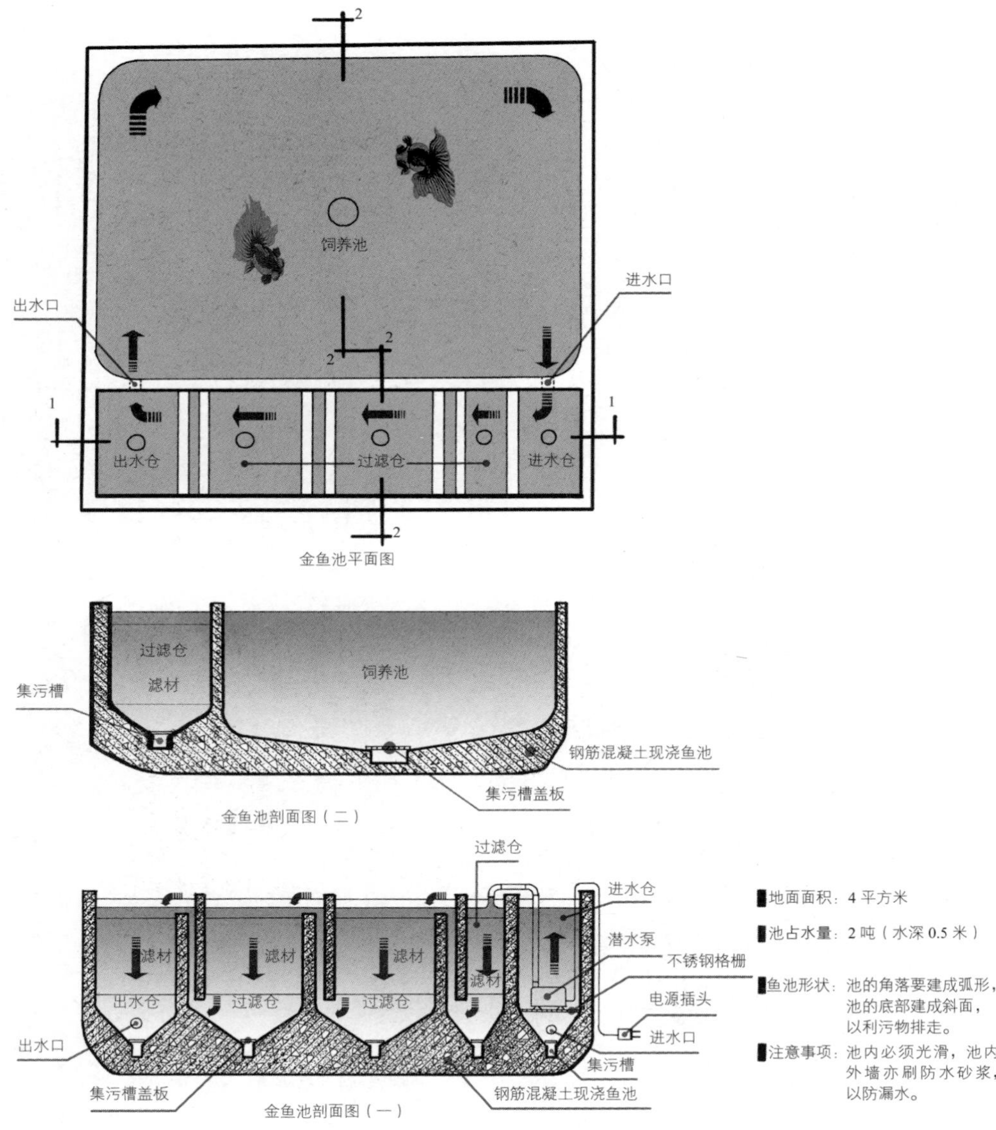

金鱼池平面图

金鱼池剖面图（二）

金鱼池剖面图（一）

▌地面面积：4 平方米

▌池占水量：2 吨（水深 0.5 米）

▌鱼池形状：池的角落要建成弧形，池的底部建成斜面，以利污物排走。

▌注意事项：池内必须光滑，池内外墙亦刷防水砂浆，以防漏水。

3-3-3 **建池基本法**

金鱼池宜采用钢筋混凝土浇筑，并做外防水，这样建造的鱼池坚固耐用，不易漏水。家庭饲养观赏金鱼的鱼池不宜过大，以 2—4 平方米为宜，并最好设计有过滤系统，有利于保持水质的长期清洁，减少养鱼人的劳动量。鱼池的过滤系统以侧过滤为最佳，日常维护较为方便，也可做上过滤，一般不做下过滤

3-3-4 金鱼池过滤系统（一）：水泵供水式

这种形式的金鱼池实际上就是上过滤系统的金鱼池。在这一系统中，池水经水泵作用，经过过滤系统。潜水泵需要较大的功率才能将池水提升到较高的位置。因为是上过滤系统，打理方便。这种供水方式的金鱼池很适合设置在院落或露台的一个角落，并设计成高台叠水的形式，能取得很好的景观效果

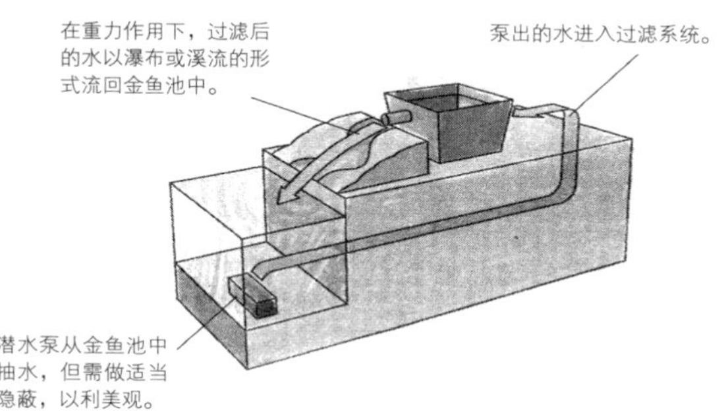

过滤原理图

水泵供水式金鱼池效果图

瀑布

第三章 养鱼之乐

重力供水式金鱼池效果图

喷泉

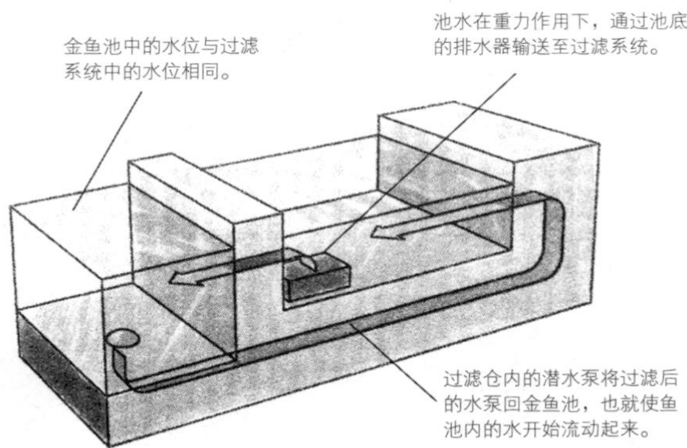

重力供水式金鱼池原理图

3-3-5 金鱼池过滤系统（二）：重力供水式

在这一系统中，金鱼池的水位与过滤系统中的水位是相同的，利用连通器原理，金鱼池中的池水在重力作用下流入过滤系统，过滤仓内的潜水泵使过滤后的水返回金鱼池内

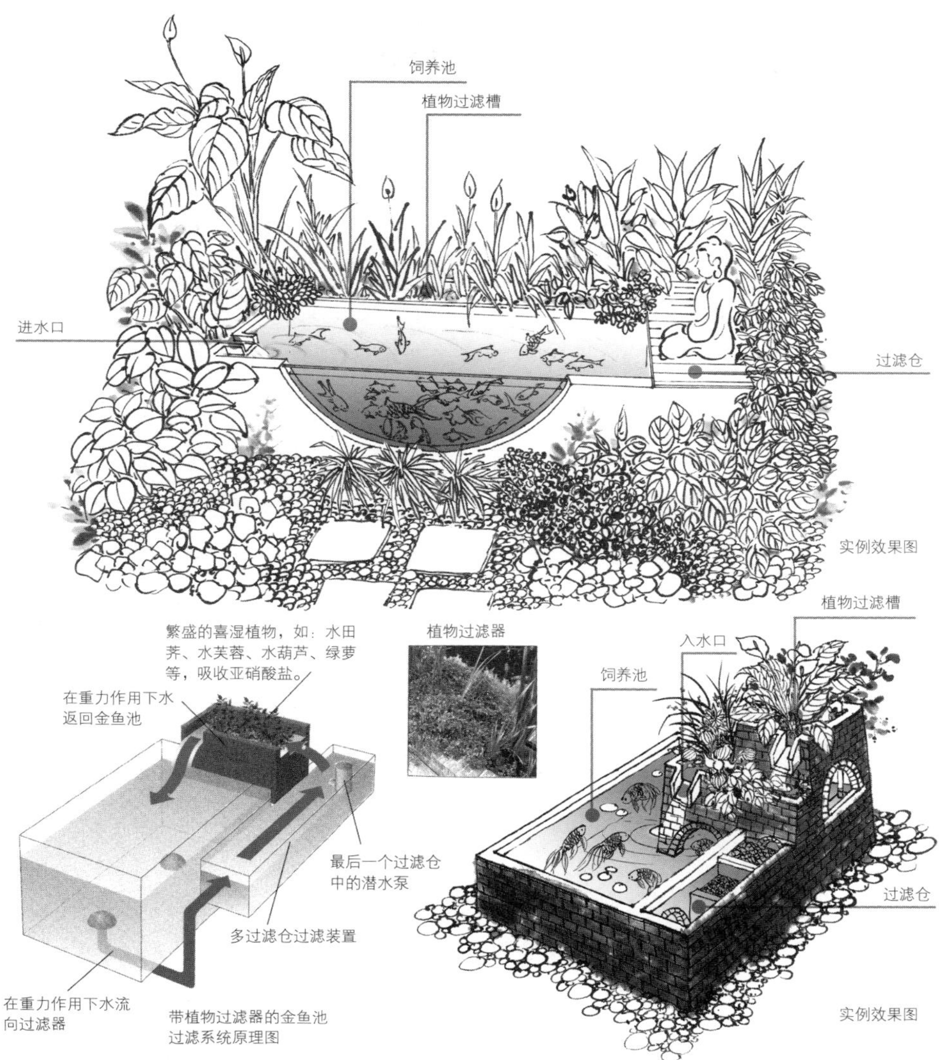

带植物过滤器的金鱼池过滤系统原理图

3-3-6　金鱼池过滤系统（三）：植物过滤器

金鱼池中的水通过多仓过滤装置过滤后，再流经一条种满各种喜湿植物的水道，水道中的植物进一步吸收水中的亚硝酸盐，使得水体得到更好的净化

家庭金鱼池造型多样，但究其原理却是相同的。其基本构造，主要由观赏池和过滤池两部分组成。而设计得成功与否，主要在于观赏池的造型和过滤池的隐蔽性这两个方面。金鱼池建池最好采用钢筋混凝土现浇整体式，一次浇筑而成最好，砖砌也可以，不过要做好防水和防裂。在建造时，最好引入给水管，以方便日后补充新水。观赏池和过滤池的每个过滤仓底均应设有底排，以方便日后的清理和排出池中废水。池的角落要采用圆弧形，不易藏污纳垢，便于清洗。池的底部采用斜面，以利于污物聚集和排走。

一般来说，养金鱼的池面积不应该过大，也不宜过深，这和养锦鲤的池不同。养金鱼的水池要求小巧别致，充满情趣。因为金鱼本身体形就不大，如果池体过大，不利于观赏。一般在1—2平方米为宜，最大的也不要超过4平方米。池深50厘米，水深以30厘米左右为宜。小型金鱼观赏池的设计风格，主要分两大类：几何式和自然式。几何式的水池以几何造型为主，适合现代风格的空间环境，造型简洁明快。自然式的水池，常设计成林间溪流、山岩瀑布和水潭的组合，适合自然风格的园林空间。这两种风格各有千秋，读者可以根据自己的空间特点，以及上面所说的建池基本法的原则，因地制宜，灵活掌握。

金鱼池的设计，关键在于精巧，要做到因地制宜，巧于构思。结合不同的空间特点，可以在池的一侧设置玻璃，利于从侧面观赏金鱼，或将池壁设计成山石造型，野趣横生。精心设计，才能取得赏心悦目的效果，才能为环境添彩。金鱼池若是处于家庭室外的院落中，容易受到鸟类和猫的袭击，所以最好能在池上加一个网，平时不观赏时盖上，以保护金鱼。此外，也可以只建造金鱼观赏池，另外购买成品过滤槽进行组装，这样清洗起来比较方便。

过去筑金鱼池，只是简单地砌一方小池子，堆点儿假山，大多没有设计过滤系统。这样的池子，水质容易浑浊，时间一长，常呈现一池绿水，甚至看不清游鱼，影响观赏。现代理念下筑池养鱼时，为了保持水质的清澈透明，在设计水池阶段就应该把过滤系统、上下水系统统筹考虑进去。过滤池的设计应该隐蔽而且有足够的容积。过滤池的过滤顺序为：沉淀池—毛刷过滤池—生物滤池—清水池，也可简化为一个过滤池。过滤池的面积应该相当于鱼池面积的 1/3。金鱼池过滤系统通常采用的是侧过滤的过滤方式，过滤池一般位于金鱼饲养池一侧。过滤池的进水方式有泵进式和重力式两种。饲养水从金鱼池中抽出后，可以经过一个滴流塔进行增氧和过滤，效果更佳；而饲养水从金鱼池流出到过滤池中，也可在口部设计一个集污器，先搜集一部分污物，以减轻过滤系统的压力。有效的过滤系统，能遏制水中绿藻的生长，稳定水质，保持水质长期清澈透明，有利于取得最佳的观赏效果。这里可以参考日本室外锦鲤池设计的成功经验，不过养金鱼的水池，不必像锦鲤池那么大、那么深，过滤系统也相对简单一些为好。

此外还有一种轻体鱼池，即用木方、不锈钢等材料搭好小型鱼池的骨架，内部精致布设粘接三元乙丙卷材，形成池体，放水就可以养金鱼了。此种做法可以极大减轻鱼池重量，空水时可在室内搬动。做得好还是很美观的。

谁知鱼之乐

赏鱼，人鱼相乐，自为雅趣。庄子知鱼之乐，今谁知鱼之乐？

自古养鱼人多有鱼癖。古人云人无癖不可交。盆中朱红乌墨，自为心头一味禅

3-4-1 金鱼梅花画意（金章）

话；诗情画意，皆可随心胸之化机。享金鱼之美，爱金鱼之深，知金鱼之乐，故其心随鱼舞，灵性挥洒之间，自有一份超越于世间的禅意精神。四月芳菲，桃花流水，乃生此花。金鱼游水中，在那转身低头的一瞬间，那一段猝然而逝的曲线，美极了。金鱼的美是静态的美，是颜色纯正，是体态匀称；金鱼的美是动态的美，是凌波仙子，是水中翩翩。金鱼长期与人亲近，领会了人的温情，人于盆旁观鱼，金鱼悠然处之，逐人乞食，憨态可掬，那份“处乱不惊”的娴雅，方显金鱼的高贵品质。

这是人知鱼，也是鱼知人。

晚明张丑写过一段极美的赏鱼文字：

赏鉴朱砂鱼，宜早起。阳谷初升，霞锦未散，荡漾于清泉碧藻之间，若武陵落英，点点扑人眉睫；宜月夜，圆魄当天，倒影插波时，惊鳞拨刺，自觉目境为醒；宜微风，为披为拂，琮琮成韵，游鱼出听，致极可人；宜细雨，蒙蒙霏霏，縠波成纹，且飞且跃，竞吸天浆，观者逗弗肯去。

张丑是爱鱼之人，在清晨月夜之时、和风细雨之下，立在自家院落中观金鱼游于水中的种种生趣，并将此当成一件醒神、怡情之事，这可是人与鱼最文雅的相知相乐。

清代拙园老人在其《虫鱼雅集》开篇，也有一段精辟的赏鱼心得，他写道：

> 余髫龄时，即性喜秋虫文鱼……稍长至成年，课举子业，终日攻苦，昕夕不遑，读书未成。迨入仕途，已将而立之年，风尘劳碌，宦游卅余载，何暇及此。然每见此二物，必留连玩赏，亦性之所好耳。岁庚子，因疾告退，闲居无可消遣，遂凿池园里，引水石间，各处购求物色，得文鱼若干种，于盆池蓄养。日日早起，为渠供驱使，年来滋生甚夥。凤尾龙睛，五色灿烂。观其唼花游泳、映水澄鲜，不惟清目，兼可清心。倏值金风飒爽，蟋蟀清吟，助三径之诗情，添九秋之逸兴。当疏篱雨过，开满豆花，小院月明，照彻桐叶，闻唧唧之声，得悠然之趣，故日以虫鱼为闲中一乐也。

人与鱼的相知相乐，使拙园老人忘却了宦海的烦恼，沉浸在自然的趣味中。

缘于这种相知相乐，文人们的诗意文采，也纷纷流淌而下。自宋以来，有关金鱼的诗、词、画，将山水之意点缀出另一番生趣。

清末民初京华才女金章写连鳃红金鱼戏，以梅花补景：“横斜已见早梅芳，淑气舒鳞濯野塘。疑是含章宫内种，额黄犹作寿阳妆。”画上题曰：“胆瓶插红梅一

3-4-2　周瘦鹃

枝，琉璃缸中朱砂鱼三两尾，此吾家岁朝景色也。”最得金鱼之妙。

现代作家周瘦鹃先生认为前人为金鱼取名太俗，故借用词牌、曲牌做它们的代名词。

朝天龙之“喜朝天”，水泡眼之“眼儿媚”，翻鳃之“珠帘卷”，堆肉之“玲珑玉”，珍珠之“一斛珠”，银蛋之“瑶台月”，红蛋之“小桃红”，红龙之“水龙吟”，紫龙之“紫玉箫”，乌龙之“乌夜啼”，青龙之“青玉案”，绒球之“抛球乐”，红头之“一萼红”，燕尾之“燕归梁”，五色小兰花之“多丽”，五色绒球之“五彩结同心”，蛤蟆头之“丑奴儿”，铁龙之“黑漆弩”，五花绒球之“拂霓裳”，大红色金鱼之“满江红”，金黄色金鱼之“金缕衣”，蓝色金鱼之“天仙子”，白色金鱼之“玉堂春”，墨色金鱼之“混江龙”，帽子鱼之“玉印头”（全身红色，头顶生有白色肉瘤，方正如同白玉印）及“印章红”（全身洁白，头顶生有红色薄方块肉瘤，方正如同红玉印）等，如此雅名一时风行沪上。

品茶、赏兰、观鱼，蔚然成风。这三者虽然对象不同，却都能使人获得心灵的宁静。茶是对春天记忆的收藏，任何季节饮茶，都可感受到春日那慵懒的阳光；兰是崇高情操的象征，空谷溪畔的一丛幽兰，清风中浮动的暗香耐人寻味；鱼是对自由境界的追求，上下天光，一碧万顷，沙鸥翔集，锦鳞游泳，此乐何极。

有一种意境总让人心驰神往：巴山夜雨，红泥小炉，雨打芭蕉，幽室独处。煮上一壶沸水，倒上一盏绿茶，嗅着空气中弥散开来的淡淡的茶香，其中又夹杂着幽兰的气息，看着盆中金鱼静游，自然会生出许多感慨：茶要经沸水才有浓香；人生要历经磨砺才能坦然；兰花要经过风雨的洗礼，才能吐露芬芳；鱼性喜逆流而上，

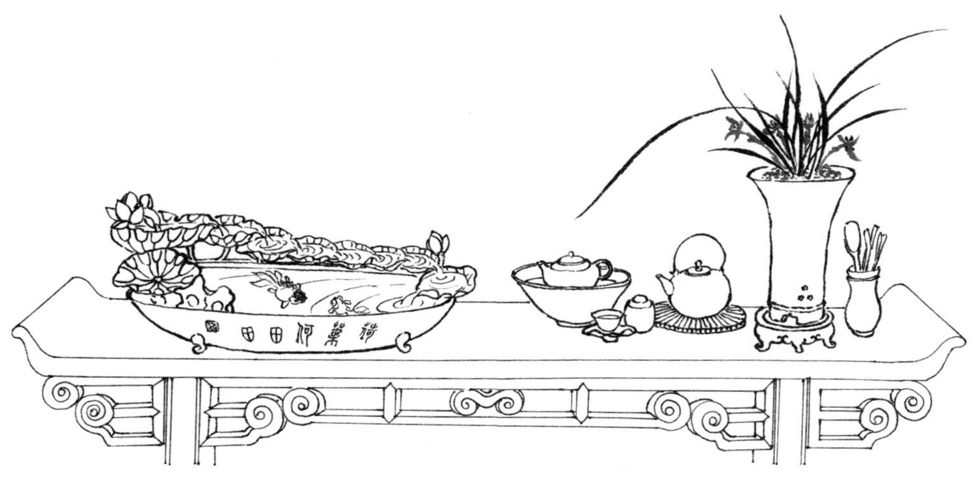

3-4-3　室内的文人雅趣：观鱼、品茶、赏兰

3-4-4　苏州园林中的金鱼缸

天性中自有不羁的灵魂。临盆观鱼，心随鱼泳，闲适之情油然而生。呷一小口茶，一任清清浅浅的苦涩在舌间荡漾开来，充满齿喉；之后，深吸一口气，兰香盈腮，慢慢在肺腑间蔓延开来，涤尽了一切疲惫冷漠，只留下一片安详宁静。一种欲语还休的沉默，一种欲笑还颦的忧伤，一种繁华消尽后的落寞，一种万境俱空的禅意。是夜，兰香满室，杯中茶色由浅变浓，盆中金鱼沉浮聚散，慢慢有所感悟：人生如此，浮生如斯。

江南水乡，烟雨迷蒙，鸟语花香，风景如画。古典园林，隐于红尘闹市之中，或小巧精致，或大气磅礴，无不因其间的花草树木、飞鸟池鱼，营造出移天缩地、步移景异的自然山水的风情。园林中常于流泉之下、石峰假山低处，或砌筑一方小小的金鱼池，或摆放一具布满古朴纹饰的石雕鱼盆，涓涓一泓清泉，内有锦鳞数尾，清意幽新。春日里，玉兰花下，流莺滑过，芳草花间，彩蝶纷飞。人置身于山石、树木、清泉、花鸟、鱼虫所环绕的庭院中，足不出户，而能坐观林泉之美，尽享山野之趣。暮春三月的江南，笑不散的是春风中的江南佳人，读不完的是春光中的江南园林，阅不尽的是春雨中含羞浅笑的奇花异卉，看不尽的是春水中的锦鳞朱砂。

古都北京，青砖灰瓦，碧瓦红墙，沧桑古朴的东西城蕴藏着波飞云涌的中国历史，静谧安详的胡同深处有绵延数百年哀婉壮丽的故事传奇。四合院里，“天棚鱼缸石榴树，先生肥狗胖丫头”，夏日炎炎，立于石榴树荫下，看着缸中自在游水、姿态活泼的金鱼，直如置身清凉世界，此景已成老北京人的生活缩影。随手撒一把鱼食，看着金鱼上下翻腾觅食，兴趣盎然。夜晚纳凉，人们可以把天棚卷起，上看天上星斗，下品香茶小饮，闲看金鱼，别有一番风味。紫藤架下，一家人摆上小桌或茶几，沏上香茶，看着榴开百子，鱼缸中金鱼弄影，眼前膝下儿孙环绕，享尽天伦。

金鱼作为中国传统文化的精髓之一，纯粹为了人的审美，而在体态上发生了极大变化。它有着千年的历史，传递着中国传统文化的韵味。它蕴含了中国文人对于美的理解和追求，同时它也是中国古人对于天人合一、逍遥无我的人生意境的向往。鱼游碧水间，悠然无羁，飘然出尘，观鱼而知鱼之乐，正是中国传统思想中心逸神飞、无为自由的精神象征。

金鱼必将以其雍容华贵、雅艳兼收的气质，弄姿作态、长尾曼舞的泳姿，博得世人的青睐；金鱼必将以其独特的魅力，在历史的长河中留下它美丽的倩影。

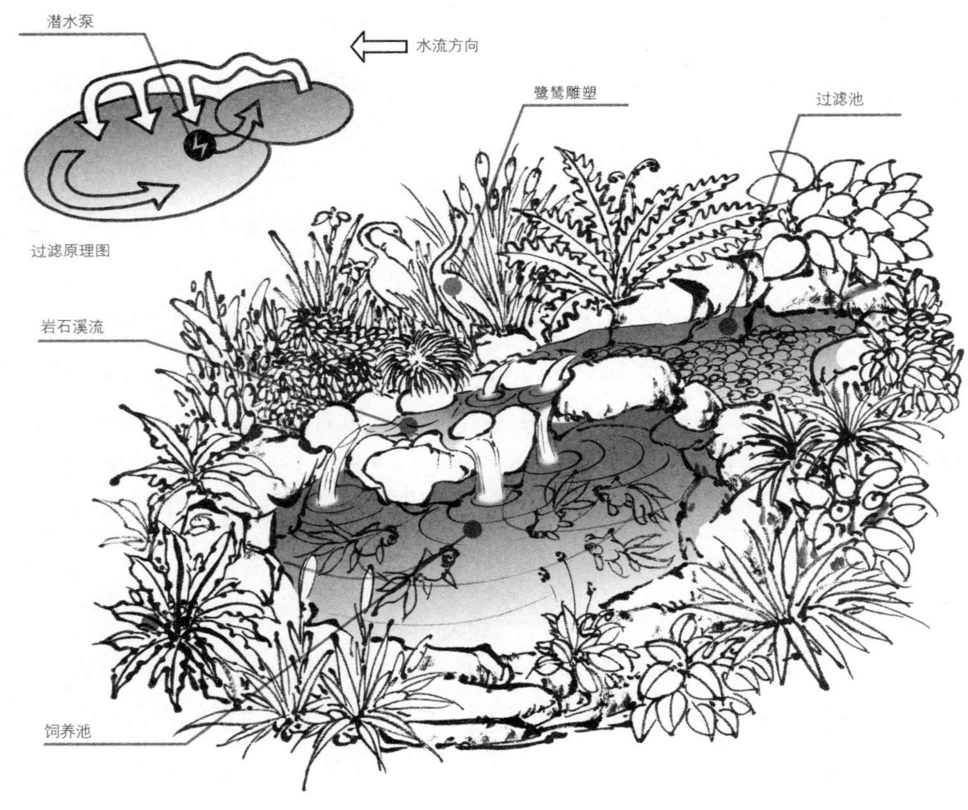

3-4-5 **创意金鱼池：溪流花园（水泵供水式）**

花园的一角，池水清清，一条花木掩映的溪流从岩石的缝隙中缓缓流下，溪水层层跌落形成奇妙效果。过滤池覆盖着一层沙砾和小鹅卵石，看起来更加自然悦目。溪流在浓密的花木掩映下，透露着一种神秘的色彩。而精心放置在溪流一侧花木之中的一对鹭鸶雕塑，更是这迷人的溪流金鱼池的趣味焦点

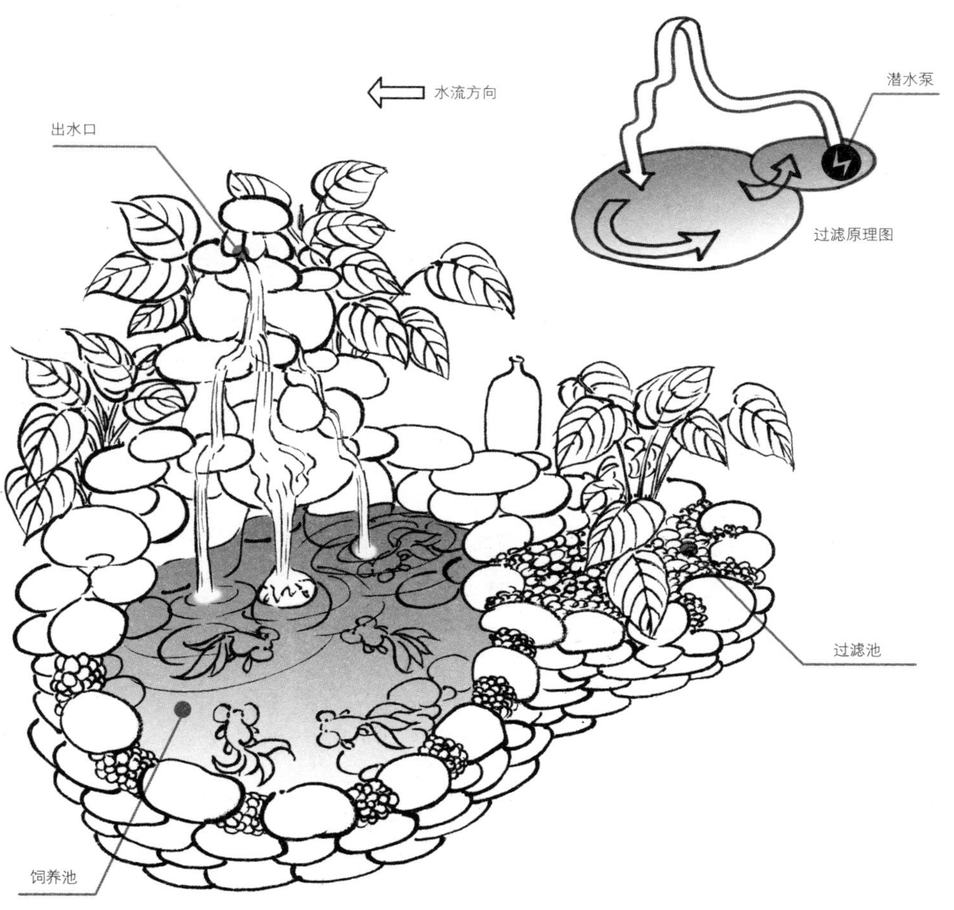

3-4-6　**创意金鱼池：卵石瀑布（重力供水式）**

用圆圆的卵石叠起假山、筑成鱼池，潺潺的溪流从卵石上飞流而下，池中水泡金鱼翩翩起舞。瀑布、宁静的鱼池和青葱的绿植，创造出一派迷人的自然美景

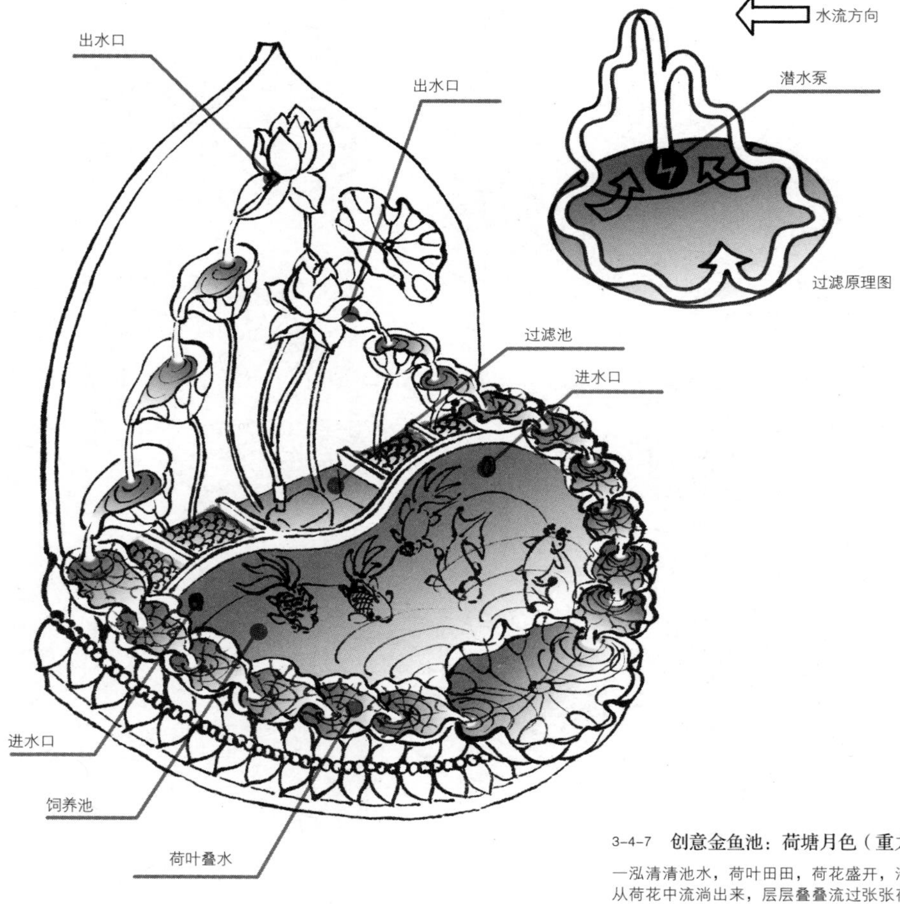

3-4-7　创意金鱼池：荷塘月色（重力供水式）

一泓清清池水，荷叶田田，荷花盛开，清清的溪流从荷花中流淌出来，层层叠叠流过张张荷叶，最后汇入池中，如同梵婀玲（小提琴）上演奏的一首美妙的乐曲。

这款附壁式金鱼池非常适合作为屏风，成为花园入口或露台的景观焦点和趣味中心

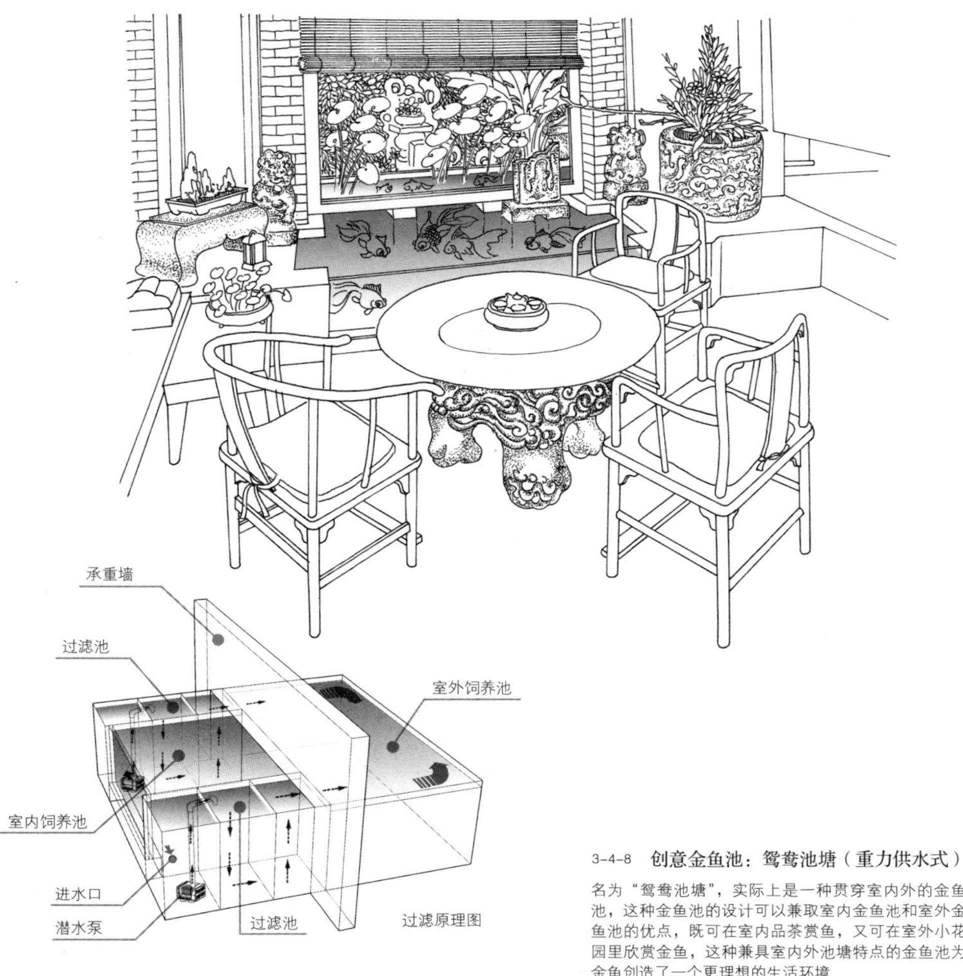

3-4-8 **创意金鱼池：鸳鸯池塘（重力供水式）**

名为“鸳鸯池塘”，实际上是一种贯穿室内外的金鱼池，这种金鱼池的设计可以兼取室内金鱼池和室外金鱼池的优点，既可在室内品茶赏鱼，又可在室外小花园里欣赏金鱼，这种兼具室内外池塘特点的金鱼池为金鱼创造了一个更理想的生活环境

第四章

活鱼之法

养鱼容器

古人云："工欲善其事，必先利其器。"有了高效的辅助工具，才能养好金鱼。

养鱼器材细分起来，可以分为以下四大类：盛水容器、过滤器材、照明设备、辅助用具。实际上金鱼爱好者饲养金鱼，这些器材并不一定全要用到，可根据自己的饲养方式、兴趣爱好，选择其中的一些使用。

盛水容器

养金鱼首先要有盛水的容器。养金鱼的容器分为盆、箱、池三种。

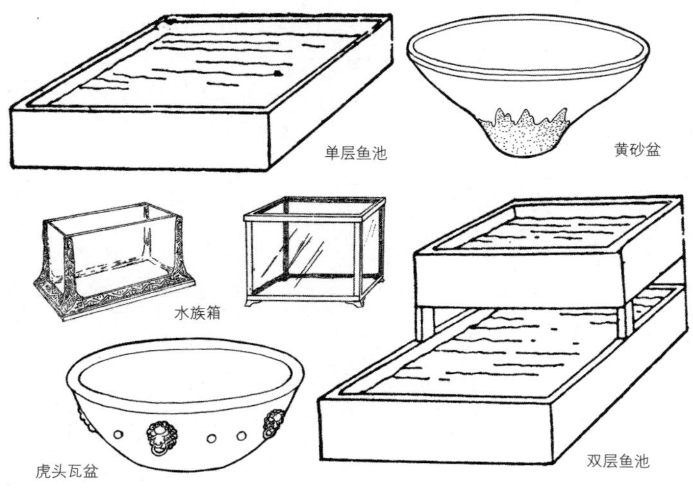

4-1-1 养殖容器

中国传统养金鱼讲究盆养，就是用各种鱼盆来饲养金鱼，如各种泥盆、陶盆、瓷盆、木盆。例如过去老北京养金鱼，就以“大八套”“大瓦套”“直边”三种瓦盆为主。现代人养金鱼多用透明的水族箱，有成品的水族箱，也可以根据需要，自己设计定制。水族箱多用玻璃制成，也有用有机玻璃或亚克力材料制作的，比玻璃水族箱轻，不过与玻璃比较起来，表面容易磨毛，透明度稍差。如果居住面积宽敞，养鱼较多，也可在屋顶露台、室外庭院、阳台一角，筑一小池，饲养金鱼。以上三类养鱼容器，前文已经做过介绍，兹不赘述。

过滤器材

现代养金鱼特别讲究配备过滤系统，以减少养金鱼的劳动强度，保持饲养水水质的清澈。过滤系统可以根据需要自己设计组装，也可以购买成品过滤器。一般来说，目前市场上出售的成品过滤器，主要是针对养热带鱼设计，滤材较少，养金鱼过滤效果欠佳。要想拥有一个高效能的过滤系统，最好根据饲养缸的大小、养鱼的多少，自己设计组装，不但过滤效果好，而且相对来说便宜实用，还可增加养金鱼的乐趣。

1．成品过滤器

就是厂家生产，集过滤泵、过滤盒、滤材于一体的过滤器，包括内置式过滤器和外置式过滤桶。过滤器买来按要求放置好，接上电源就能使用，不必自己再单配器材。目前成品过滤器净水能力有限，不太适合养金鱼使用，高品质的成品过滤器价格昂贵，性价比不高。

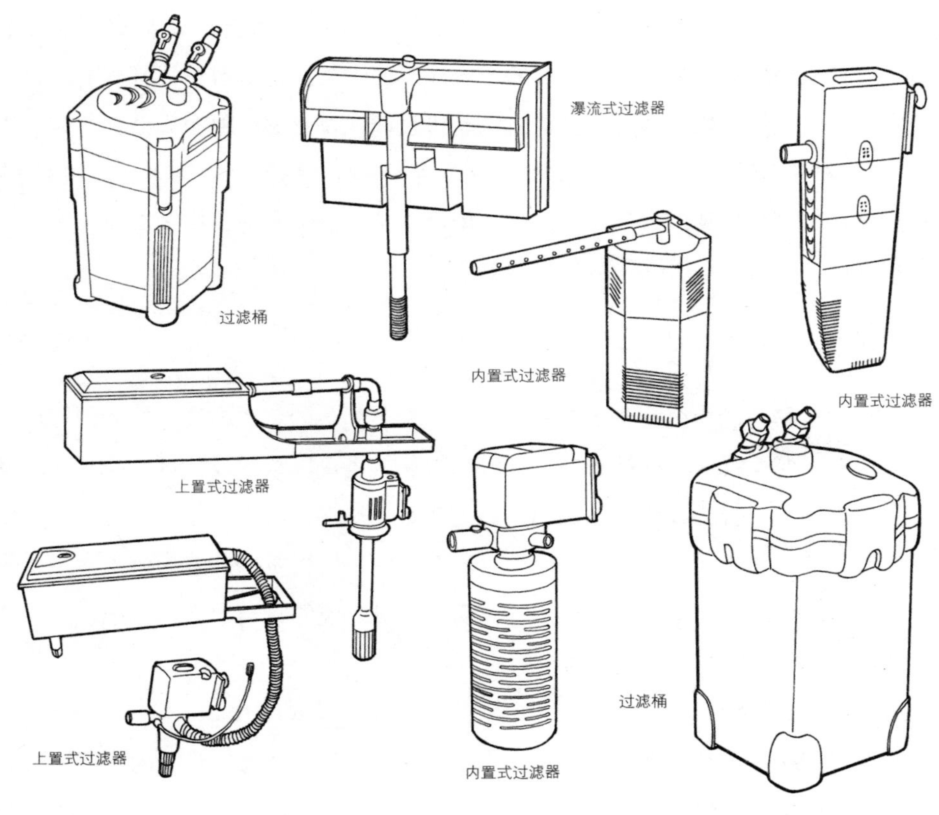

4-1-2 **成品过滤器**

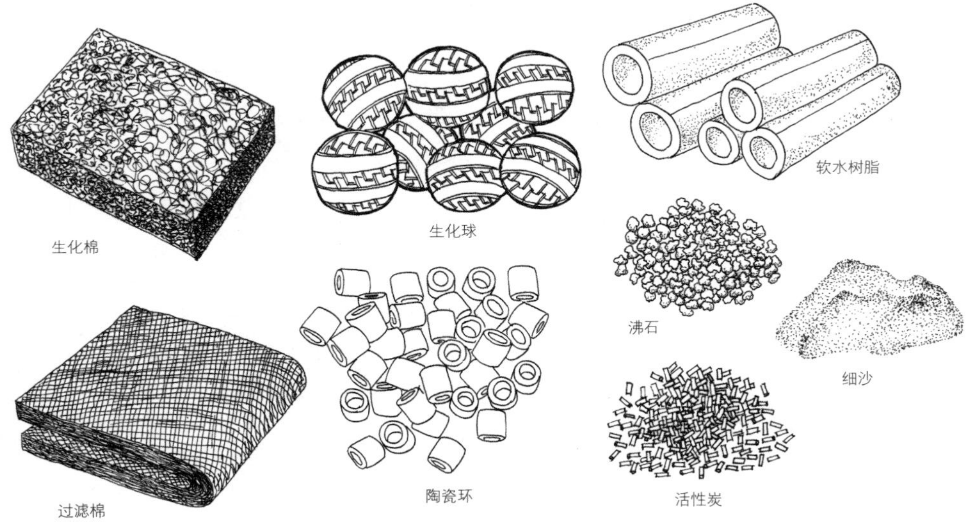

4-1-3 常用滤材

2．常用滤材

滤材是放置在过滤器中起过滤作用的材料。下面详细介绍一些常用的滤材：

（1）过滤棉：有多种过滤棉，一般是亲水性较强的棉织物组织，有绿色、白色等多种颜色，是物理过滤的基础材质。

（2）生化棉：外观更像海绵，孔隙较大，多为黑色、绿色及黄色，是硝化菌培养床，起到载体的作用，为生化过滤的基础材质。

（3）生化球：塑料制成的、承载硝化菌的载体，有球形、方形两种形状，有的内部有生化棉内芯，主要用来增大与水体的接触面积，少量使用效果不大。

4-1-4　过滤泵

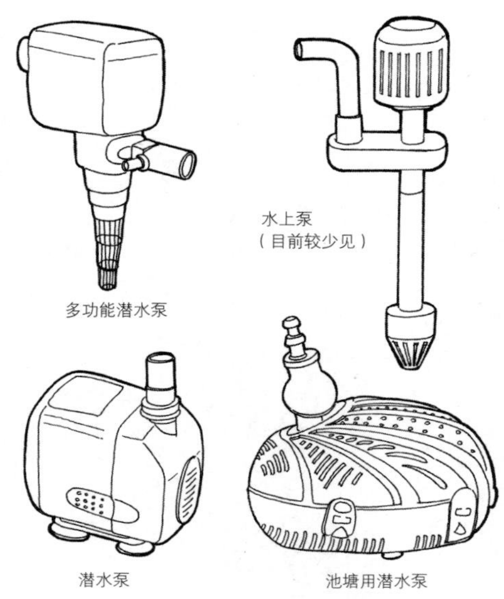

多功能潜水泵
潜水泵
池塘用潜水泵

（4）陶瓷 / 玻璃环：是由陶瓷或玻璃材质制成的圆柱状或六角形柱体，透气性强，孔隙多，用于培养承载硝化菌，过滤效果好。

（5）活性炭：颗粒状黑色固体，活性炭具有强大的“物理吸附”能力，可吸附某些有机化合物而达到去除效果。利用这个原理，我们就能快速而有效地去除水族箱水质中的有害物质、臭味以及色素等，使水质获得直接而迅速的改善，还能改善水体的 pH 值。活性炭需要定期更换。

（6）珊瑚砂：为海中珊瑚虫形成的钙化碎片，可使水质碱性增强，影响水的硬度。金鱼喜欢弱碱性的水质，珊瑚砂可以调节饲养水的 pH 值。

其他不常见的滤材还有：细沙、沸石、软水树脂、泥炭土、吸氨石（俗称麦饭石）、水晶净矿石、清藻过滤石等。

虽然滤材的种类五花八门、多种多样，实际上养金鱼常用的也就是过滤棉、生化棉、生化球等，有时仅用几块生化棉就足够了。这些滤材在水族市场都能方便买到，并有许多品牌可供选择。

3．过滤泵

是电动力系统，通过电力带动马达来抽水。过滤泵是过滤系统的心脏，没有了过滤泵，就没有了动力系统，整个过滤系统就无法工作。从使用的方法上可将

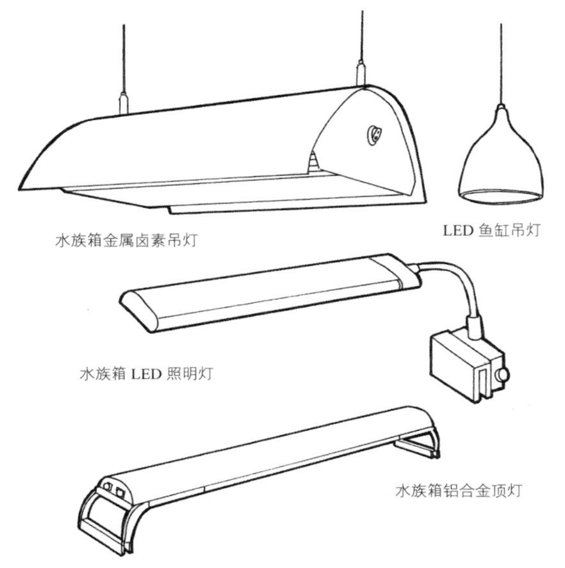

过滤泵分为“干式”和“湿式”两种。

（1）干式水泵：又叫水上泵。这种水泵是通过马达带动叶轮，叶轮从垂入水中的管道将水抽出并进入出水管道，达到抽水的目的。这种泵噪声大、寿命短，且不能进水，目前已经很少运用在水族箱的过滤系统里了。

（2）湿式水泵：又叫潜水泵。此种水泵的马达与叶轮结合为一体，完全密封，可直接放在水里，通过叶轮将水抽进管道。水泵功率可自由选择，扬程大、省电耐用、噪声小，此种泵在业界被大量使用。

照明设备

为了取得最佳的观赏金鱼的效果，也可以在金鱼缸的上面配备照明灯具，在光线较弱时，开灯赏鱼、喂鱼。或者因为水族箱放置在光线较弱的位置，开灯来弥补光照的不足。也可以利用灯光效果，创造出水族箱内的景致。水族箱上面使用的照明灯具品种繁多，总的来说，不外乎有支架式和吊挂式两种，支架式的灯管常用荧光灯，吊挂式的灯管常用金属卤素灯、水银吊灯等。如果要求不高，在鱼缸上设置一般的灯具照明也行，但一定要注意防水防潮，不能漏电。

4-1-6　清污用具

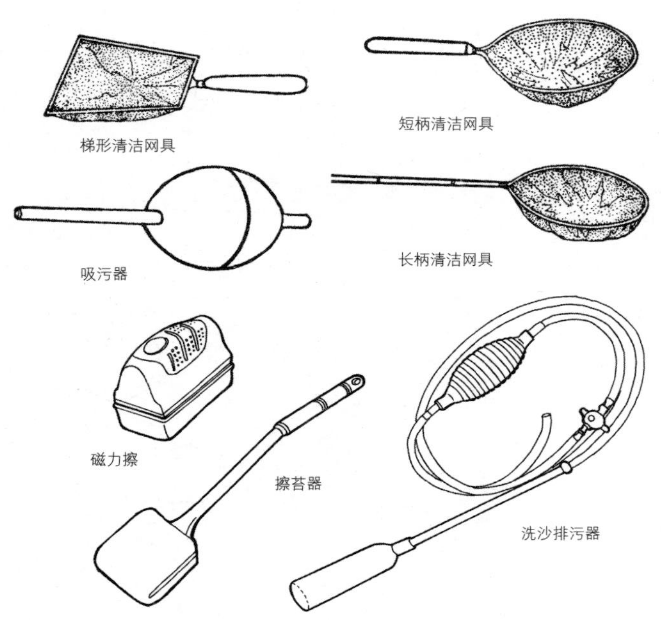

辅助用具

用于养好金鱼的辅助器材和装饰点景的材料，种类繁多，各有其妙，是一些方便的养鱼小工具，如果养金鱼时能用得得心应手，可以起到事半功倍的效果。按种类可分为清污用具、喂食用具、捕捞用具、充氧设备、保温设备、检测用具、装饰材料七大类。下面逐一介绍。

1. 清污用具

养鱼容器中一旦养了金鱼，金鱼的排泄物就开始污染饲养水和养鱼容器了。这就需要靠过滤器材和清污用具来保持水质和容器的清洁卫生。

（1）吸污器是利用虹吸原理吸除缸底的污水和鱼便残饵的工具。简单的就用一

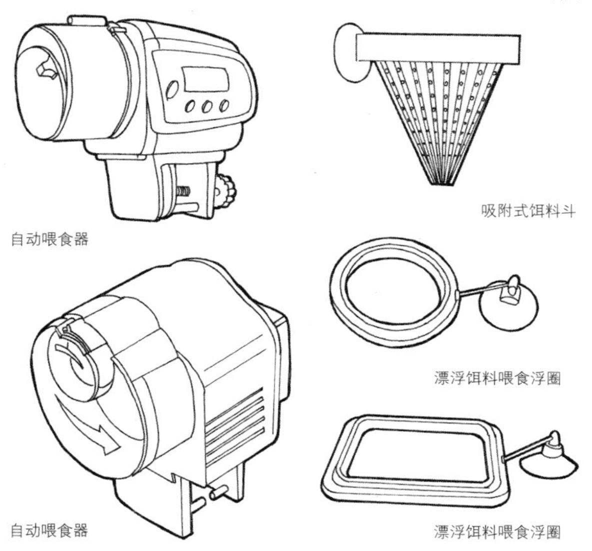

根皮管，灌满水后，两头捏紧，一头插入饲养水中，另一头放在低于鱼缸的桶里，放开两头，缸中的饲养水就会因虹吸原理被抽出来。有的鱼友不用灌水法，而是把皮管一头插入缸中，另一头用口吸，不过这种方法不太卫生。现在市场上有成品吸污器，不用那么麻烦，一头插入饲养水中，捏几下吸水气囊，水就被抽吸出来了，十分方便，有的还兼顾洗沙功能，此工具换水时常用，最好必备。

（2）磁力擦。玻璃水族箱养金鱼，透明的玻璃壁会因为水中污物的黏附而变得不透明，也可能长上藻类，如绿藻、褐藻而影响观赏。清除这些污物，可用专用的长柄刷子擦除。不过近年来，一种磁力擦十分流行，这是利用磁力的原理，把两个擦子分别吸附在水族箱内外，移动缸外的擦子，缸内的擦子也同时移动，这样缸内外玻璃就都擦干净了。

（3）清洁网具是网眼细密的捞鱼网，既可捞鱼又可用来捞取水中的杂物。

4-1-8 捕捞用具

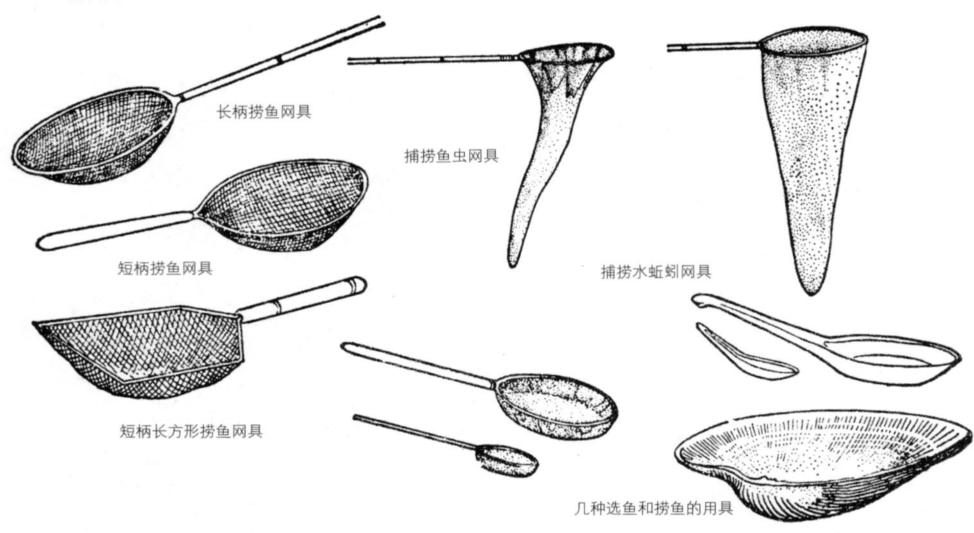

2. 喂食用具

金鱼食性很广，属于动物性饵料为主的杂食性鱼类。一般家庭饲养金鱼，去鱼店购买饵料最为方便。目前食市出售的金鱼饵料有人工合成饵料、水蚯蚓、血红虫、面包虫这几种。传统的活鱼虫因储存不便，已罕见。一般家庭饲养金鱼不做繁殖之用，以投喂人工合成饵料最为方便省事。此外水蚯蚓和血红虫这类活饵，营养丰富，金鱼喜食，但应洗净后才能投喂。水蚯蚓和血红虫放置于清水中，每天更换清水，也可长时间保持鲜活。用面包虫投喂金鱼，也颇为方便，面包虫家庭繁殖也很简单，这里就不赘述了。

一般喂养金鱼，只需定时定量即可，不需要特别的喂食用具，如果不能保证做到定时定量，则可买一个自动喂食器，就能达到要求。

自动喂食器：根据时间控制，定时定量地喂食。市场有成品出售，有时控器、饵料盒，一天喂几次、多少量，都可根据需要设置，饵料为人工合成的颗粒饲料。

漂浮饵料圈：用来防止上浮型饵料在水族箱的水面上漂开来，实际上就是一个漂在水面上的塑料圈。

吸附式饵料斗：用来喂水蚯蚓的用具，以防止水蚯蚓沉入水底，钻入底沙中。它是一个吸附在玻璃壁上的塑料斗，斗上开有许多孔，水蚯蚓可以从孔中探出，供鱼食用。

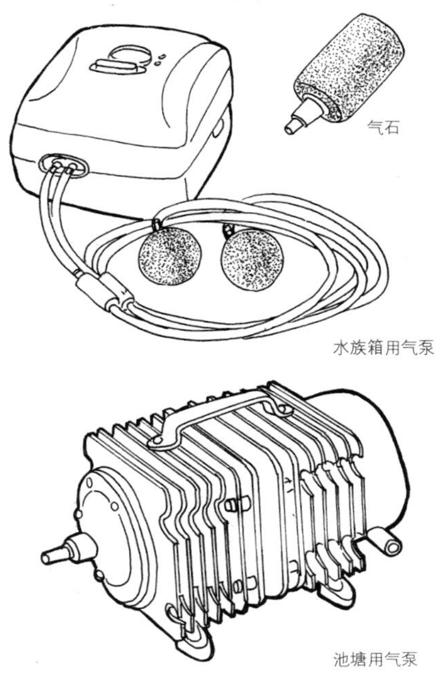

气石

水族箱用气泵

池塘用气泵

3．捕捞用具

有渔网（鱼市上有成品出售，用于脱水捞鱼）和鱼勺（塑料勺，用于带水搬运金鱼，不伤鱼，适用于搬运名贵金鱼，例如珍珠鳞、水泡类），此外还有专门用于捕捞鱼虫的鱼虫网。

4．充氧设备

金鱼养在饲养水中，不断地进行着呼吸作用，消耗水中的氧气。家庭养金鱼，水少盆窄，金鱼容易发生缺氧的问题，要是有一个充氧设备，不断地往饲养水中充氧，就可以有效地解决金鱼缺氧的问题。

气泵：充氧的设备，市场上有成品出售，一般开动起来噪声较大。选购时应选品牌好、噪声小的产品。目前市场上已推出一种用 USB 供电的静音气泵，新品既省电又几近无声，颇适合家庭鱼缸充氧之用。

气石：充氧设备的端头，用来将空气打散为许多微小气泡的设施，加大空气和饲养水的接触以增加溶氧量。

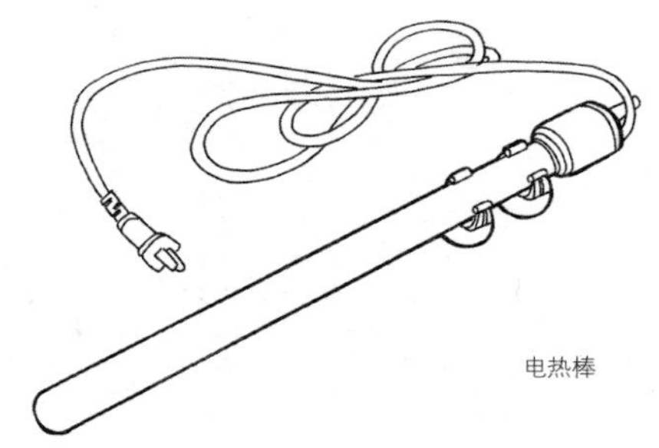

电热棒

5．保温设备

金鱼是变温动物，水温对于金鱼的发育生长有着密切的关系，金鱼的体温随着水温的升降而升降，水温过高或过低，都不适宜金鱼的生长。一般金鱼适宜生活的水温是 20—30℃，最佳生长的温度是 22—25℃。金鱼最高能忍耐 34℃，最低能忍耐 0℃的水温，在水温降到 5℃以下时，金鱼就处于静止状态。从以上分析可见，金鱼适温的范围还是比较广的，一般养金鱼不用恒温器。不过金鱼不耐水温突变，新旧水温差，成鱼不得超过 4℃，鱼苗不得超过 2℃。因此为了养好金鱼，保证水温的恒定和适宜，也可以使用恒温器。

常用的恒温器是电热恒温器。电热恒温器就是常说的电热棒，由感应器、电子控温器、石英加热管组成，直接放在饲养水中，给水加热，到达规定温度时，自动断电，低于规定温度时，又自动通电加热。

6．检测用具（就是用于检测水质水温的用具）

pH 计：金鱼适合在中性水质或偏弱碱性的水质中生活。用 pH 计测试饲养水的水质的酸碱性，可以及时发现水质的酸碱性变化，避免水质过酸，引发鱼病。

温度计：适合金鱼生活的水温在 25℃左右，饲养水中设置温度计，可以及时发现水温的变化，以避免水温过高或过低。

7．装饰材料

传统养金鱼，一般讲究“裸缸养鱼”，鱼缸中一般不铺设装饰材料。倒不是因为金鱼喜欢裸缸，而是因为金鱼的排泄量较大，而且喜欢啃噬水草，如果在缸中铺

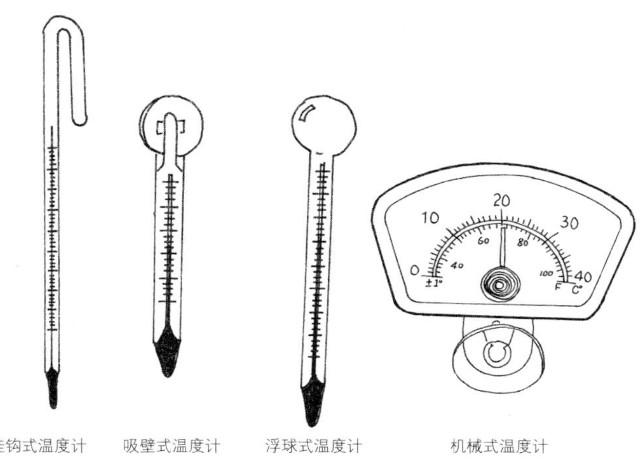

挂钩式温度计　吸壁式温度计　浮球式温度计　机械式温度计

设了底沙，鱼便等污物常聚集在沙中，难以清除，污染饲养水。如果在养有金鱼的缸中种植水草，水草常被金鱼啃噬得体无完肤，生长不良，而且养有金鱼的水体中的理化指标，也常常不太适合水草的生长。所以一般养鱼的缸不种水草。但光是裸缸，观赏效果常常不佳，不能很好地衬托金鱼的魅力，而且金鱼在裸缸中游动也比较呆板无趣，金鱼生活在有置景的鱼缸中，常常会四处觅食，游动活泼、自然、多变。所以折中的方法是在金鱼缸中，少量设置石材、水草点缀其间，不要满铺。例如在金鱼缸中点缀一两块奇石，石旁种上一株水草就能取得以少胜多的效果。注意金鱼缸用的石材，一定要事先清洗、浸泡、消毒，不能溶解出有害物质，污染水质。石材要光滑没有棱角，不能擦伤鱼体，水草要选择金鱼不爱吃的水草品种。如果嫌种真水草麻烦，点缀一些仿真水草也是一个不错的选择，仿真水草打理方便，但要注意柔软，以防蹭伤鱼体表。具体的置景手法和材料，前文已有述及。

8. 一些有用的小贴士

（1）水泵减噪小妙招：作为过滤系统的泵常有两种，即水上泵和潜水泵。一般

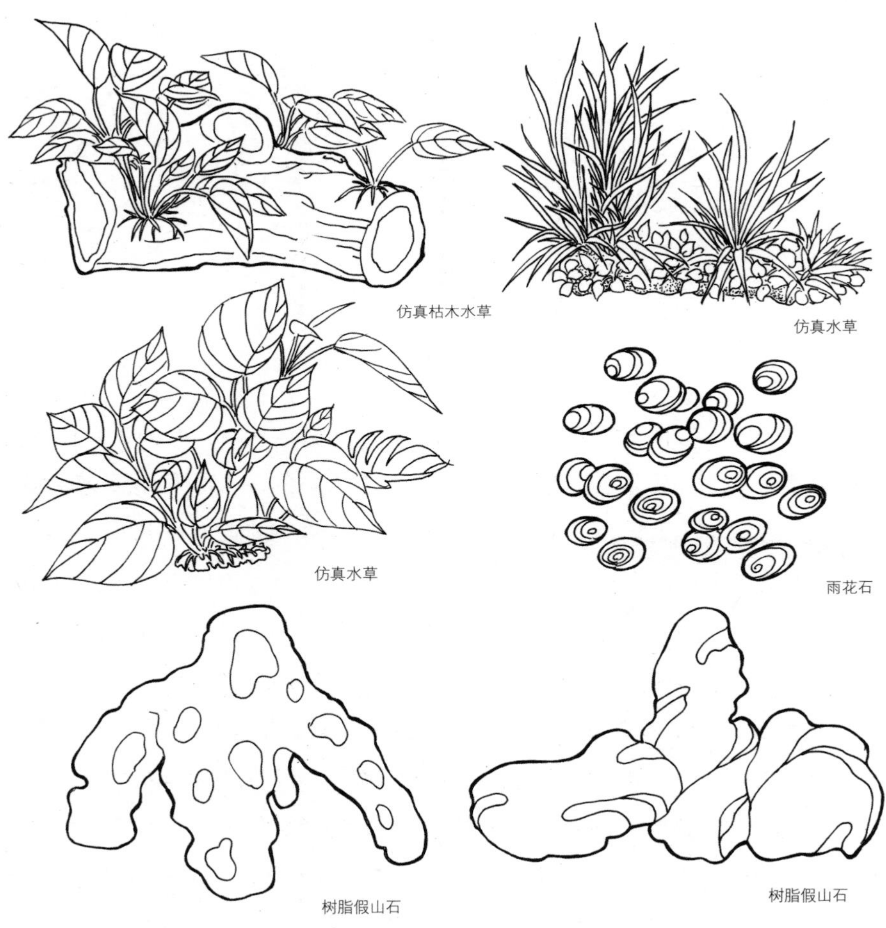

4-1-12 **装饰材料**

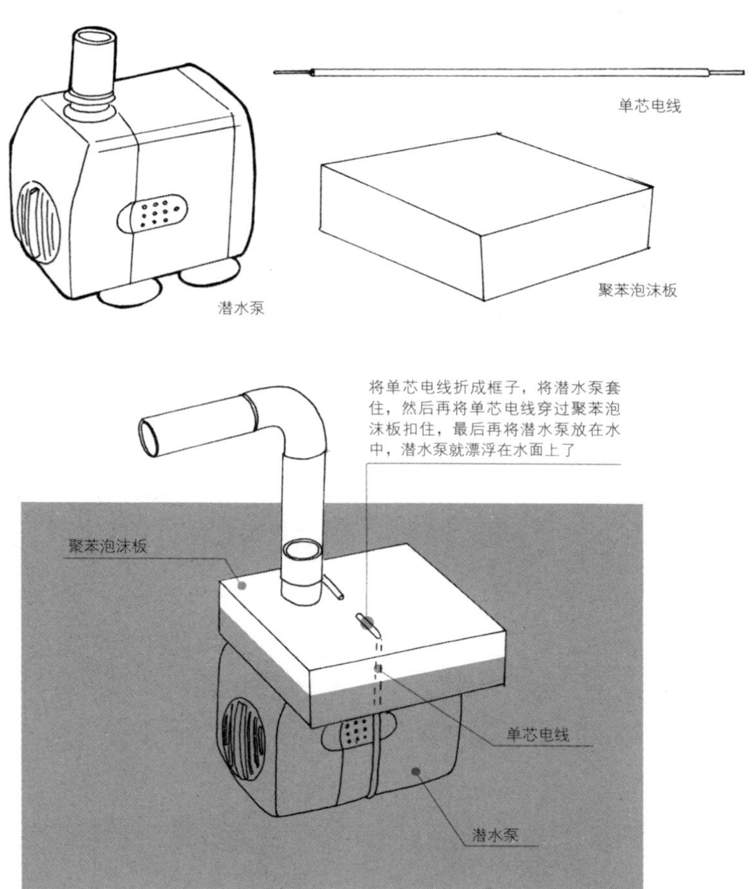
单芯电线
聚苯泡沫板
潜水泵
将单芯电线折成框子，将潜水泵套住，然后再将单芯电线穿过聚苯泡沫板扣住，最后再将潜水泵放在水中，潜水泵就漂浮在水面上了
聚苯泡沫板
单芯电线
潜水泵

4-1-13 水泵减震法

来说，潜水泵的噪声比水上泵要小得多。而且放置在水中，不用担心像水上泵那样掉入水中，引发漏电。所以过滤系统常用潜水泵。无论是哪种类型的泵，开动起来都有嗡嗡的噪声，噪声虽小，但在安静的环境中，也足以扰乱人的精神，使人烦躁。这里介绍一种有效减少潜水泵噪声的方法，可以达到几乎静音的效果，不妨一试。

首先来分析一下潜水泵产生噪声的原因。潜水泵产生噪声，主要源于潜水泵的震动。由于潜水泵是吸附在水族箱壁上的，所以就带动了水族箱壁的震动。水族箱壁的震动引起水族箱周围空气的震动，从而产生了噪声。所以减少噪声的关键就是隔断这种震动的传递。有的鱼友用绳把潜水泵吊起来。这种方法可以让潜水泵在水中悬空，通过水这种柔性物质阻断潜水泵和玻璃壁之间的接触，大大地降低了噪声。但这种方法的不足之处在于，用绳悬挂潜水泵不够美观，而且挂潜水泵的绳一般也要固定在玻璃壁上，所以还有一些震动的传递。因此笔者介绍一种改进后的方法：用一根单芯电线把潜水泵和一块聚苯泡沫板绑在一起，聚苯泡沫板的大小以能轻松浮起潜水泵为宜。这样潜水泵就能轻易浮在水中了，而且可以在水中任意位置摆放。聚苯泡沫板上还可以装饰一些塑料睡莲来掩盖，装饰效果和减震效果都很好，几乎可以达到静音。而且这样一来，阻断了潜水泵传导到鱼缸玻璃壁的震动，使玻璃之间的黏结不会因为长期受潜水泵的震动而老化，延长了鱼缸的使用寿命。

（2）巧用丝袜过滤：用潜水泵把缸中的饲养水抽到过滤槽中，如果在这一过程中能加一道物理过滤，先滤掉一部分杂质，可以减少过滤槽的负担。鱼友常在潜水泵的出水口上套一只女式尼龙丝袜，让饲养水先通过丝袜的过滤再流出，可以很好地滤掉一部分水中的杂质。丝袜一般网眼比较细密，不会腐败，不仅容易得到，日常护理也很方便，只要定期取下来清洗一下就可以了。需要注意的是，一般尼龙丝袜套在出水口部，在丝袜和出水口之间要留有一定空隙，一旦丝袜污物满了，堵塞丝袜，水可以从空隙溢流出来，当然丝袜也要定期检查、及时清洗。

养鱼先养水

养水是养金鱼的关键之关键。好的水应该是清澈透明而晶莹剔透的，似水晶般有一种润泽感，这就是活水。只有真正养过好水的鱼友，才会有深切的体会。这种水和直接从自来水龙头中放出来的生水，虽然同是清水，但感觉上是不同的。

下面详细谈谈“养水”。洁净的水中养上了金鱼，随着金鱼的呼吸作用和新陈代谢，不断地向水中排泄废物，水质就开始恶化，需要靠调水来维持水质的清新洁净，使饲养水能长期适合金鱼的生存。

传统的方法养金鱼，靠晒、兑、换水来维持水质，是一项枯燥、艰苦的活儿，难以长期坚持。而现代的养水方法是依靠电力驱动的过滤系统，进行饲养水的生物净化，再加上定期局部换水来维持水质，节省大量人力，从而使养金鱼成为一件轻松愉快的事情。

下面就这两种养水的方法，详细加以介绍。

传统养水法——“兑、换水法”

兑、换水的目的不仅在于清除水中污物，包括残饵、粪便等，以保持水质良好，还可以调节水温，增加溶氧量，从而刺激金鱼快速生长发育。将晾晒好的新水和旧水兑换，具体的方法分为两种：

4-2-1 晒水示意图

1. 部分换水：利用虹吸的原理，用吸管吸去池中的粪便、残饵及其他污物等，吸水量依水质情况而定，一般不超过 1/3，然后沿池壁缓缓注入等量经过晾晒的新水。此法在饲养幼鱼时经常使用，特别是发现金鱼有缺氧等征兆时，可用这种方法急救。

2. 彻底换水：彻底换水常用在水质严重败坏或池中青苔过盛的时候，往往与挑鱼、分盆或分池同时进行，它能彻底清除金鱼池中的有害物质。若有空闲池，可提前 3—5 天在池中注入生水进行晾晒，这样换水时，两水池的水温相差不多，而新水池的水质却是清洁的，溶氧量也很丰富，把老水池中的金鱼全部捞出，进行分类挑选后，移入新水池，然后将老水池中的陈水放掉，刷洗干净，注入生水，几天后就又可形成新水池，如此循环利用。若没有空闲池，就要将金鱼捞到大盆内或用网箱放入邻池中暂养，在盆内放入增氧头用气泵增氧。然后，将原池水中的陈水放掉，刷洗干净，放入等量等温的新水，之后将金鱼捞回池中。

4-2-2　换水示意图

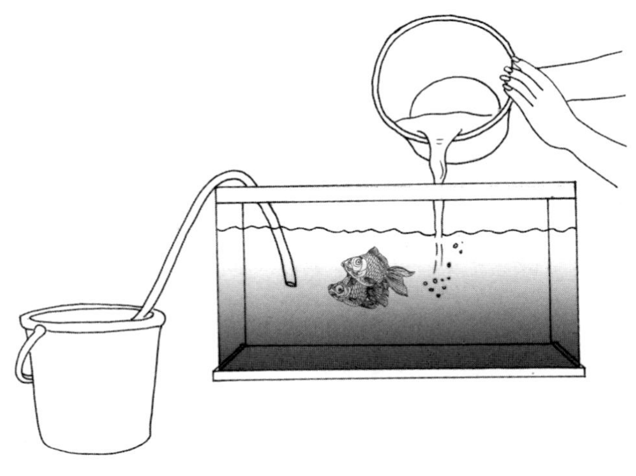

兑、换水应该注意的事项是：

1. 换水时间：选择一个晴朗的天气进行，时间多在上午太阳出来后，7—8 时为好。这时各地水温、溶氧量等相差不多，对金鱼影响小。如遇特殊情况，也要选择在下午 3—4 时太阳偏西时进行。严禁中午换水，因为中午时分，新老水的水温、溶氧量差异最大，金鱼很难适应。

2. 换水次数：换水导致水质变化对金鱼也有不良影响。所以，只要水质能保持清爽，溶氧量丰富，还是少换水为好。夏天，天气炎热，水温高，鱼食量大，粪便多，鱼池内水藻大量繁殖，如果养鱼密度大，水质很容易败坏。所以换水要勤些，一般每隔 5—7 天就要彻底换水一次，而在冬季鱼类活动缓慢，几乎不吃东西，水质能长时间保持清爽，只要部分换水就可以了。春秋季节，依鱼类的活动、吃食及水质变化情况，一般每 7—10 天换水一次，何时换水要依水质而定。

3. 注意温差：换水时要注意新陈水之间的温差，水温最好保持一致，不能过大，否则金鱼易患病死亡。夏秋季节，新水的温度可比陈水低0.5—1℃；冬季，新水的温度可比陈水高出0.5—1℃。

4. 配合消毒：换水时，要将金鱼集中捞入大盆中，此时是为金鱼消毒的最好机会，在大盆中按水体的2%—3%放入食盐，金鱼在盐水中浸泡一段时间后，即可达到去虫消毒的目的。

现代养水法——“过滤系统法”

现代养水法就是依靠电力驱动的过滤系统，清除和降解水中金鱼排泄的废物，设计合理、高效的过滤系统是现代养好水的关键。定期清洗更换滤材，定期兑水，就能够维持饲养水的清澈稳定和水中的溶氧量。与传统的兑、换水相比，清洗更换滤材的劳动强度和频率大为降低，一般是两个星期到一个月才清洗一次，兑水频率也如此，完全没有必要每天清污，劳动强度大大降低，养金鱼变成一件很轻松的事。有的鱼商宣传他们的过滤产品时，称用此过滤产品，则完全可以不用兑、换水，从原理上讲，这是不可能的。过滤系统只能清除部分有害物质，把剩余的有害物质转化成无害物质，但此无害物质仍在饲养水中，随着养鱼时间的延长，仍会不断增多。当这些无害物质达到一定量时，仍会危害鱼体，所以必须靠兑、换水来稀释清除，以维持水质的平衡。有过滤系统的鱼缸仍然少不了兑、换水，只是频率大大降低了。

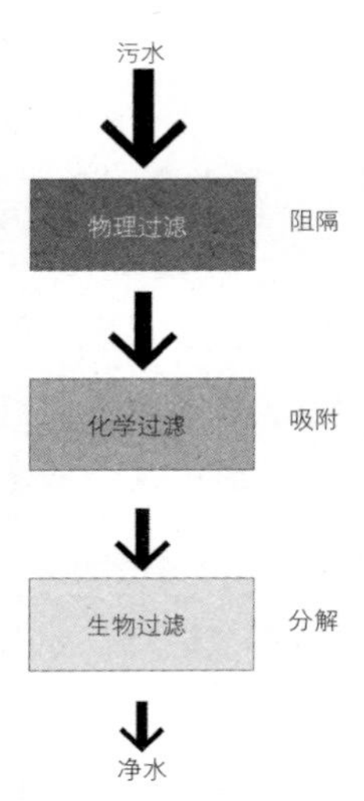

4-2-3 过滤流程图

过滤有两个方面的作用，即净水和增氧。首先是净水。

我们知道，饲养水中一旦养鱼，鱼体表面的分泌物和鱼体本身的排泄物等有机废物都会排泄到水中，势必造成饲养水的污染，污染物不断增加，达到一定量时，就会危害金鱼的生存。如何清除这些有害物质，减少其对于金鱼的伤害，就要靠过滤系统。通过过滤系统的物理、化学和生物这三层过滤，可以阻隔、吸附、分解水中的有害物质，维持水质。过滤系统的第二个作用是增氧。就是通过泵的作用，使饲养缸中的水体不断上下对流。如果饲养水是静止的，那么水中的溶氧量，从水面到水底，就会逐级减少，水面的溶氧很难通过扩散作用到达水底，因此金鱼在水底容易出现缺氧的情况。而过滤系统使水体表面和底层对流，大大地增加了水与空气的接触，不仅加强了水中鱼类呼吸所产生的二氧化碳向空气中扩散，更方便了空气中氧气向水中扩散，使饲养水中的溶氧量均匀、充足。从某种角度来说，过滤器也是一种“水质稳定器”。

过滤系统的原理

下面就来详细谈谈现代养水法“过滤系统法”中的核心技术——过滤系统。过滤系统分为三个部分：物理过滤、化学过滤和生物过滤。

物理过滤的作用是阻隔，主要用于阻隔固体悬浮物。物理过滤法又称机械过滤法。它的操作原理，是利用具有微小孔隙结构的滤材，来阻隔循环水中的固体悬浮物，使水质逐渐恢复澄清。滤棉和滤布，甚至丝袜都可以用作物理过滤的滤材。将此类滤材放置在过滤系统的进水口，或将丝袜套在进水口，依靠滤材本身的筛孔结构可以阻隔固体悬浮物，滤材使用日久，容易藏污纳垢，必须定期换洗才能继续使用。

化学过滤的作用是吸附和中和，以消除水体中特殊的化学物质，维持酸碱平衡。这些化学物质通常有溶解性，无法被物理滤材除去，同时多属于无害毒物，不

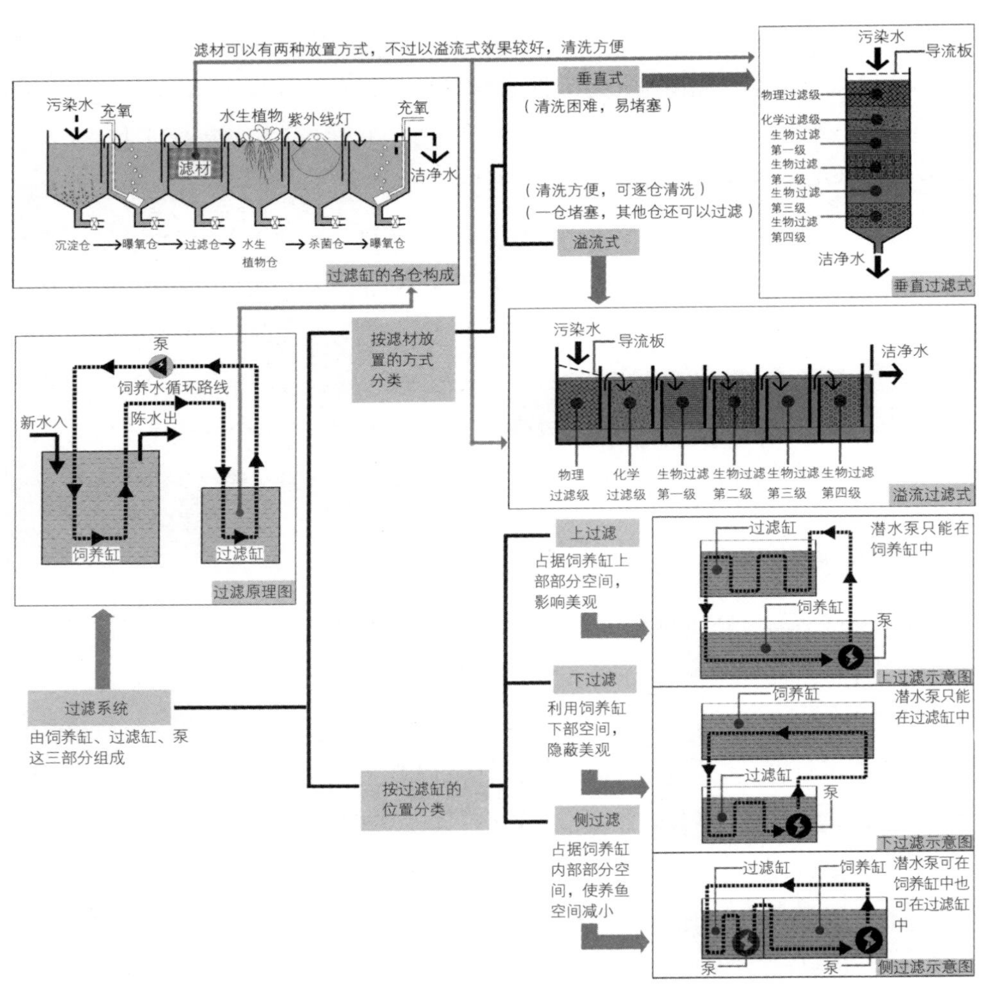

4-2-4 过滤系统简明分析图

过却可能影响水的色度、硬度或有机污染指数等。本法所用之滤材，主要是活性炭或离子交换树脂。这类滤材因具有强大的表面吸附能力（活性炭），或离子交换能力（离子交换树脂），所以能“选择性”地消除或减少某些化学物质的存在，而达到改善水质的目的。化学滤材会有失效问题，所以必须适时更换，才能达到预期效果。

在水族箱里，生物的生长过程会产生大量的氮代谢产物，其中对鱼类有毒害作用的有氨和亚硝酸盐，必须将其清除或转化成无毒成分，但光靠物理和化学过滤都无法达到要求，只有应用生态平衡原理，通过生物过滤将有毒废物降解，才是最有效的方法。生物过滤的目标是分解消除氨，有一种硝化菌可以承担这个工作。硝化菌靠氧化氨以获得化学能维生，如果能提供疏松多孔的生物滤材，例如生化棉、生化球、陶瓷环等，让硝化菌有“落脚”之处，它就能“定居”下来，并且逐渐繁殖出大量的子孙，形成一个强大的族群，构筑出最自然也最有力的屏障。刚从物理过滤流出的循环水，含氨的浓度指数最高，绝对是硝化菌截获氨源的好地方，饲养水流过这些生物滤材表面后，水中的氨就被硝化菌分解成无机物而毒性降解。生物滤材通常可以永久使用，定期清洗，不必换新。特别要提到的是，生物过滤的重要性越来越受到人们的重视，也是各国研究与开发的重点。

全套过滤流程是物理过滤→化学过滤→生物过滤。饲养水通过滤材上的细密网格，阻隔掉一部分较大的污染物；然后让饲养水再流过活性炭和离子交换树脂，通过物理吸附和化学吸附以清除部分有害污染物，以减轻生物过滤的负担；最后是生物过滤，就是利用生活于滤材上的微生物，来分解饲养水中的有机物质，化有害为无害。一个有效的过滤系统，在滤材上生长着众多的微生物，如厌氧菌、硝化菌等。它们是过滤系统的关键。

那么养金鱼究竟是用过滤系统还是不用过滤系统?

首先从溶氧量的角度来考虑。金鱼生活在水中，依靠溶解在水中的氧来维持生存，水是一种介质。如果你是用大的水泥池或宽口的大陶缸养金鱼，那就可以不用过滤系统，这些容器面阔水浅，使水面能最大限度地与空气接触，以满足金鱼对溶氧量的需要；如果你是用水族箱这类容器来养金鱼，因为摆放室内，缺乏光合作用，水中溶氧量低，再加上这类容器水深口小，水面接触空气的面积较小，水面的溶氧很难到达缸底，那最好配备过滤增氧（气泵）系统。

其次从废物分解的角度来考虑。金鱼生活在水中，不断地向水中排泄有机废物。如果你是用大的水泥池或宽口的大陶缸养金鱼，这类容器水体大，可以利用水体的生态系统来分解金鱼排泄到水中的废物，水体自洁能力强，那就可以不用过滤系统；如果你是用水族箱这类容器来养金鱼，因为这类容器水深口小，鱼体排泄的有机物质不容易分解，水体的自洁能力较弱，那就最好用过滤系统。

此外要说明的是，养金鱼的过滤系统，水流不宜过急，以缓缓的水流为宜。因为金鱼的游动能力比较弱，不适合在激流中游动生活。所以笔者认为，能用过滤系统，那最好就用。过滤系统的用电量毕竟是有限的，电价也较便宜，却能大大减轻劳动量，保证水质的清澈，把金鱼养得更好。因此，无论是盆养、箱养、池养，最好能设计配备过滤系统，以维持水质的洁净、清澈、稳定。

过滤系统的设置

下面我们来看看过滤系统的基本构成。现在市面上的成品过滤器和用于过滤的器材，可谓五花八门，再加上鱼友自己设计的过滤系统，更使人眼花缭乱，无所适

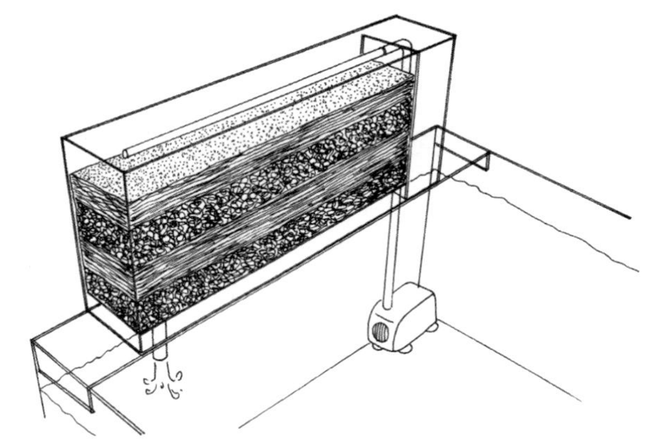

4-2-5　位于水族箱上的过滤缸

从。实际上，如果我们抛开这些五花八门的外在形式，探究其本质，它们的基本原理都是一样的。

从图4-2-5上，我们可以看出，所谓的过滤系统，实际上就是使饲养缸中的水，通过一个动力系统（电泵），抽到过滤缸中，使其流过滤材，进行过滤，再使过滤后的净水，流回饲养缸中，由此完成了水的增氧净化过程。这就是过滤系统的基本原理。

根据放置过滤缸的位置，可将过滤系统分为上过滤系统、下过滤系统、侧过滤系统。

上过滤系统：过滤缸位于饲养缸上，水泵可以是水上泵或潜水泵，水被泵抽上来，流入过滤缸，过滤结束后，再通过重力作用，流回到饲养缸中。

这种过滤方式原来常用水上泵，目前多用潜水泵，潜水泵只能放在饲养缸中。上过滤系统的优点是过滤缸在饲养缸上，清洗滤材方便。缺点是过滤缸不够隐蔽，整体效果不佳，且挡住一部分水面，不便于从上面观赏金鱼，并且过滤缸一旦堵塞，容易使水从过滤缸中漫流出来。

下过滤系统：过滤缸位于饲养缸下，水泵位于过滤缸内，水通过重力作用流入过滤缸，过滤后通过泵抽回到饲养缸。这种过滤方式如果用潜水泵，潜水泵只能放在过滤缸中。下过滤系统的优点是过滤缸在饲养缸下，比较隐蔽，整体效果简洁完美。缺点是饲养缸容水应比较多，一旦饲养缸亏水，容易引起过滤缸抽空。必须时

4-2-6 位于底柜中的过滤缸

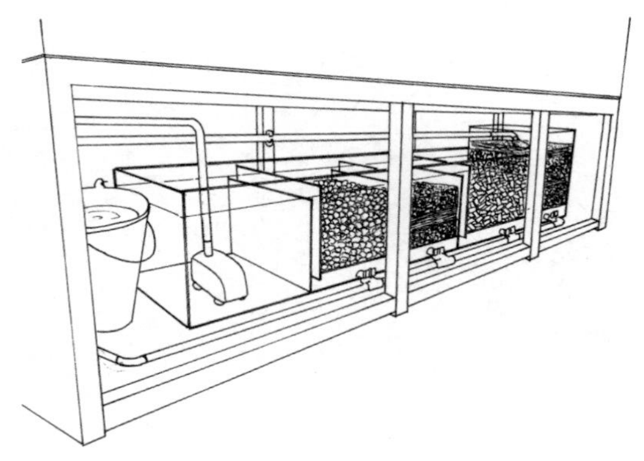

常检查，及时补充蒸发的水分。

侧过滤系统：过滤缸位于饲养缸内，通过泵的动力作用，使饲养水流过滤材，完成过滤。这种过滤方式如果用潜水泵，潜水泵可以放在过滤缸中，也可以放在饲养缸中。可以用潜水泵把过滤缸中的水抽入饲养缸，饲养缸中的水自流到过滤缸中；也可以用潜水泵把饲养缸中的水抽入过滤缸，过滤缸中的水自流回饲养缸中；后者的安全性高。优点是过滤缸在饲养缸中，潜水泵扬程小，效率高，且不会"水漫金山"。缺点是过滤缸在饲养缸中，占用了饲养缸内的一部分容积。目前很多水族店的水族箱采用的都是侧过滤。

下面我们来仔细分析一下过滤系统的三个组成部分：饲养缸、过滤缸、泵。

（一）饲养缸：可以是鱼盆、水族箱、观赏池等各种类型，金鱼就生活在这个容器中。按养金鱼的方式的不同，可分为盆养、箱养和池养三种类型。具体的种类，前文已经详细介绍，兹不赘述。

（二）过滤缸：拥有不同过滤功能的仓体有机地组合在一起即为过滤缸。一般按功能的不同，过滤缸可分为曝氧仓、沉淀仓、过滤仓、杀菌仓、水生植物仓五种功能仓，其中放置物理、化学、生物过滤滤材的过滤仓是过滤缸的主体。

曝氧仓：在仓中放置充氧头，开动气泵，以达到给饲养水充氧的效果；也可以像滴流过滤那样，让饲养水从上面滴淋流过过滤球，来达到充氧的效果。

沉淀仓：饲养水缓缓地流过一个长长的水道，从而让饲养水中的杂质沉淀下来。

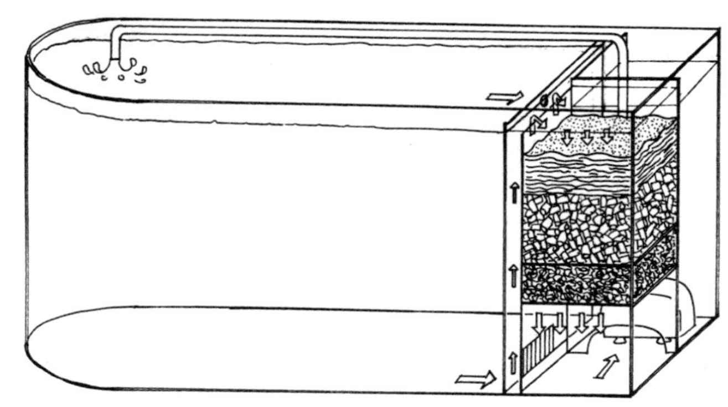

过滤仓：在仓体中放置各种滤材，通过物理阻隔、化学吸附和生物分解这三大过滤方式来净水。物理过滤就是通过极细的滤材来阻隔饲养水中的固态污染物，一般是过滤的第一道防线，滤材要经常清洗，防止堵塞。化学过滤是利用特殊材料来吸附饲养水中的污染物，中和 pH 值，一般是过滤的第二道防线，滤材要经常更换。生物过滤是在滤材上培养微生物，利用微生物来分解饲养水中物理、化学过滤比较难去除的污染物，一般是过滤的第三道防线，滤材要经常清洗。

杀菌仓：是在仓体中设置紫外线杀菌灯，来杀灭水中的藻类和细菌。

水生植物仓：在仓体中养殖各种净水植物，通过生物方式来净水。

一般一个完整的过滤缸的净水流程为：沉淀仓→曝氧仓→过滤仓→水生植物仓→杀菌仓→曝氧仓。其中除过滤仓必不可少外，其他的可根据需要选用。第一个曝氧仓是为了增加饲养水中的氧气含量，提高硝化作用。最后一个曝氧仓是为了增加过滤后的水中的氧气含量，以增加饲养水的溶氧量。沉淀仓是利用物理沉淀作用，先沉淀一部分污染物，减轻过滤仓的负担。需要说明的是，如果过滤系统做得比较好，完全可以不用紫外线杀菌仓，就能防止饲养水变绿，保持水质的清澈。水生植

4-2-8 过滤仓各仓设置图

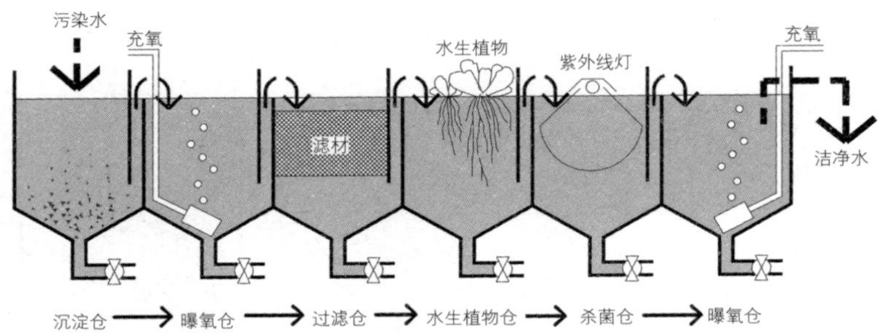

物仓的设计，一定要注意水生植物需要一定的温度和光照才能正常生长，所以在设计水生植物仓时，不仅要选用合适的植物，还要营造好的植物生长环境。保证植物的正常生长，才能让植物发挥正常的净水作用，否则反而会导致植物腐烂，污染水质。水生植物仓常用的净水植物有绿萝、吊兰、水葫芦、大漂等。

这里再详细说说过滤仓中滤材的设置。过滤仓中滤材的设置分以下几级。第一级：物理过滤级，放置纤维棉（可以在出水管口套上丝袜用于滤出悬浮物且清洗方便）；第二级：化学过滤级，放置活性炭、吸氨石、沸石、软水树脂等化学性吸附滤材（该类滤材的吸附效果一般只能维持三个月，到期一定要换）；第三级：生物过滤第一级，放置生化棉（要选孔径大小合适、强度高、弹性好的）；第四级：生物过滤第二级，放置陶瓷环（陶瓷环的吸水率越高越好，表面粗糙度越高越好）；第五级：生物过滤第三级，放置黄化煤或水草沙；第六级：生物过滤第四级，放置生化球（该级的容量要大，生化球的数量尽可能多）；第七级：水平衡槽，放置潜水泵将已过滤后的水输送回鱼缸（如果是上部过滤可以取消此级，让水自然流回饲养缸）。

上面是一个完整的滤材放置构成，实际上如果养鱼较少，可以减去一些，只放置过滤棉或生化球即可。物理过滤滤材需经常清洗，生物过滤滤材也需定期清洗，清洗时只用清水洗净即可，不要用任何消毒洗涤剂，以免滤材上的硝化菌被杀灭。根据滤材的设置方式，过滤仓可分为直流过滤式和溢流过滤式两种方式。直流过滤式清洗较麻烦，如果中间层要清洗，需把上面的滤材全去除；溢流过滤式清洗就比较简单，清洗某个仓中的滤材，并不影响其他仓中的滤材。

不过一般养金鱼的过滤缸，设置一两个放置生化棉的滤仓就可以了。上面说的如此复杂的过滤仓设置，是为了维持高品质的水质而设计的。

（三）泵：是整个过滤系统循环的动力，如人的心脏对于血液循环系统。目前常用潜水泵，这种泵性能可靠，噪声低，功率高，故目前水族箱的过滤设计一般都首选潜水泵。

过滤系统的清洗：过滤缸使用一段时间后，滤材会因一些较细的污物造成阻塞，过滤缸内的通水性变差，水的流量变小。此时，因为无法供应充足的氧气，微生物的活动力降低，过滤的功用也大打折扣，因此定期清洗过滤缸是必要的。当发现过滤水流变弱时最好施行清理，但是在清洗时，要特别注意不可破坏生物系统（避免杀死繁殖良好的微生物）。在清洗过滤缸时，将滤材取出后，如使用自来水（其中含有氯等杀菌物）、冰水或热水清洗，会将滤材中的有益微生物杀死，因此在清洗时必须使用晾晒过的新水，轻轻冲洗，去掉滤材间隙的污物，但必须避免洗掉微生物，否则会破坏好不容易建立起来的生物过滤系统。此处再三强调的生物过滤系统，建立的时间约一个月，金鱼缸的设缸成败，也会在一个月后见分晓。此一时期的维护及之后水质的管理，会决定金鱼生长好坏与否。

过滤系统的设计是整个养鱼系统设计的精髓和灵魂所在，也最有意思，常常是鱼友喜欢费心思琢磨的地方。一个好的过滤系统，因其高效、完美的设计，可以大大减轻养金鱼的劳动量，长期保持水质的洁净稳定，给养金鱼带来无穷乐趣。

还有一点要补充说明的就是鱼缸生态过滤系统的建立过程的初始阶段，即开缸与闯缸。所谓“开缸”，就是准备好养金鱼的鱼缸和过滤系统。先将鱼缸用消毒液擦拭，再用清水冲洗干净，泡上清水，然后打开过滤系统，24 小时不间断地过滤一到两个星期，这就是养水的开始。但光开缸还不行，因为缸中有机废物少，硝化菌还没有大量繁殖，贸然放进好品种金鱼，水质还是容易突变的，所以在放入名贵金鱼之前，还要进行一个“闯缸”的缓冲过程。所谓“闯缸”，就是先在缸中放养几条比较皮实的草金鱼，让它们先试水，它们的排泄物把硝化菌系统建立起来后，这时再放入名贵金鱼，水的稳定性就比较强，不容易引起水质突变，名贵金鱼就容易成活了。

此外，在养金鱼的过程中，鱼友常常会遇到水体中绿藻泛滥的情况，原本一缸清水逐渐变成了一缸混浊的绿水，连鱼都看不清楚。其实出现这种情况，最主要的原因是过滤系统没有做好，使得水中有害物质不断积累，导致藻类旺盛繁殖，解决问题的根本途径还是要做好过滤系统，在养鱼的过程中逐渐把硝化菌系统建立起来，使过滤系统能够正常发挥作用，及时地分解水中的有害物质，只有这样，才能有效地遏制绿藻的繁殖，保持养鱼水体长期的清澈洁净。

自动换水设计

虽然有了强大的过滤系统，能大大减轻养鱼人的劳动强度，但定期兑、换水仍然是免不了的，是否有一个更好的方法使养水更加自动化呢？其实实现这一目标的方法很简单，就是在设置了过滤系统的鱼缸中再设计一套自动进水和排水装置。在

4-2-9 自动换水示意图

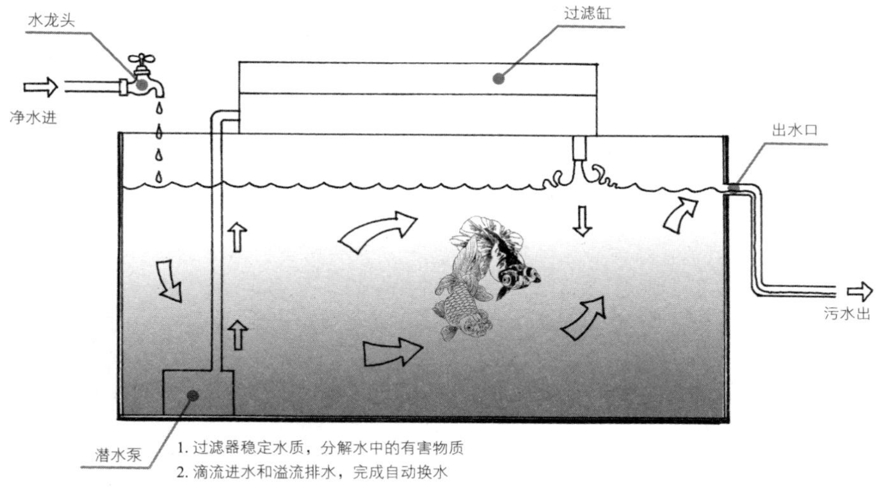

鱼缸上拉一根自来水管，然后把水龙头开到最小，让水一滴滴地滴流到鱼缸中，这样就能实现自动进水。因为新鲜的自来水是靠滴流的方式缓缓地流入鱼缸的，所以不会造成鱼缸中水质的突变，而且也省去了晾水的步骤。至于自动排水措施，最简单的方法就是在鱼缸或池壁上开个溢流排水孔，靠溢流的方式排出废水，若是成品鱼缸，不易开孔，也可以设置一个溢流器来排废水，有了这套系统，则养金鱼的劳动量大为减少，只要隔几个月清洗一下滤材即可，平时只要用刷子刷刷池壁的青苔。至于喂鱼，若也想自动化，很简单，买个自动喂食器就能实现。

上面是笔者所介绍的关于养金鱼的核心基本知识，即养水与过滤系统的基本方法，这也是养好金鱼的灵魂所在。俗话说“水养好了，鱼就养好了”，正是这个道理。掌握这一基本原理，并在养鱼实践中正确运用，才能真正达到省时、省力，轻松养好金鱼。

4-2-10 阳台全自动生态金鱼水族箱（一）

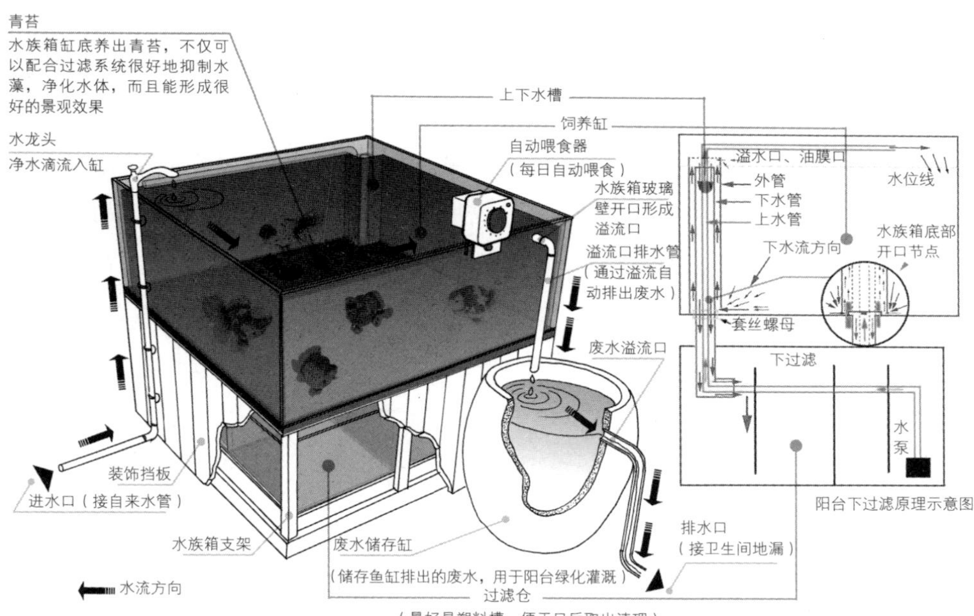

阳台全自动生态金鱼水族箱四大特点：

1. 自动进水和溢流排水，以及下过滤系统维持水族箱内水质稳定
2. 水族箱放置在阳台，采光充足，培养青苔，能有效抑制水中绿藻生长，保持水质清澈
3. 自动喂食器，免除每日喂食的劳作
4. 废水缸储存水族箱排出的废水，可用于阳台花草浇灌，变废为宝

4-2-11 阳台全自动生态金鱼水族箱（二）

家庭金鱼繁殖情事

对于普通的金鱼爱好者来说，一般不在家中繁殖金鱼。因为自己繁殖金鱼，除了要花费更多的精力和时间之外，还需要更多的场地设施来饲养这些繁殖出来的小金鱼。普通的金鱼爱好者，一般都是去鱼店挑选、购买鱼商的成品金鱼。如果金鱼爱好者有兴趣，也不妨自己繁殖一些金鱼。就目前的金鱼饲养技术来说，在自己家里的鱼缸繁殖金鱼，不再是什么了不起的事了，但是要想自己培育出优质的金鱼，还是要具备一定的硬件条件的——宽敞的场地、充足的阳光和水源、清新的空气，能在这样的地方修建金鱼繁殖的水池，非常不错，要是能拥有一个玻璃暖房，那就更理想了。

一、鉴别金鱼雌雄

区别金鱼的雌雄主要看金鱼的性征，雄性鱼会出现副性征“追星”，即在鱼鳃盖和胸鳍第一根鳍条上出现若干白色小凸起，而雌鱼无此特征。清代郭柏苍《闽产录异·盆鱼》中记述“盆鱼雄者，冬末则两鳃发白点”，“白点”就是我们现在讲的“追星”。此外还可以用手抚摸鱼腹部，手感软的是雌鱼，手感较硬的是雄鱼。雌鱼的泄殖孔呈梨形，微向外突；雄鱼的泄殖孔呈瘦枣核形，两端较尖，中间微膨大。雄鱼游动活泼，常主动追逐其他金鱼；雌鱼游动较慢，反应不如雄鱼灵敏。不过这只是一般的情况，有些品种的金鱼，雌雄的特点并不明显，如虎头、水泡金鱼等。

金鱼养殖场场景之一

金鱼养殖场场景之二

金鱼养殖场场景之三

设置遮阳罩的金鱼养殖池

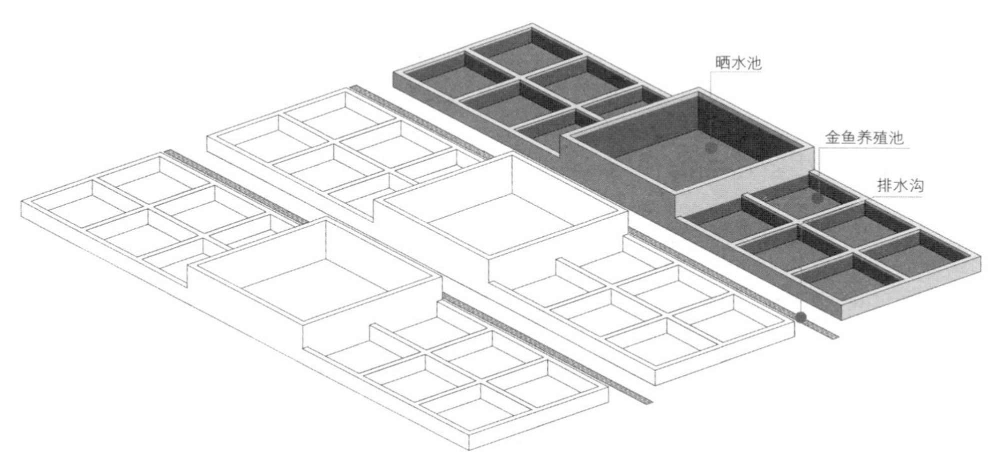

4-3-1 金鱼养殖场养殖池的设计

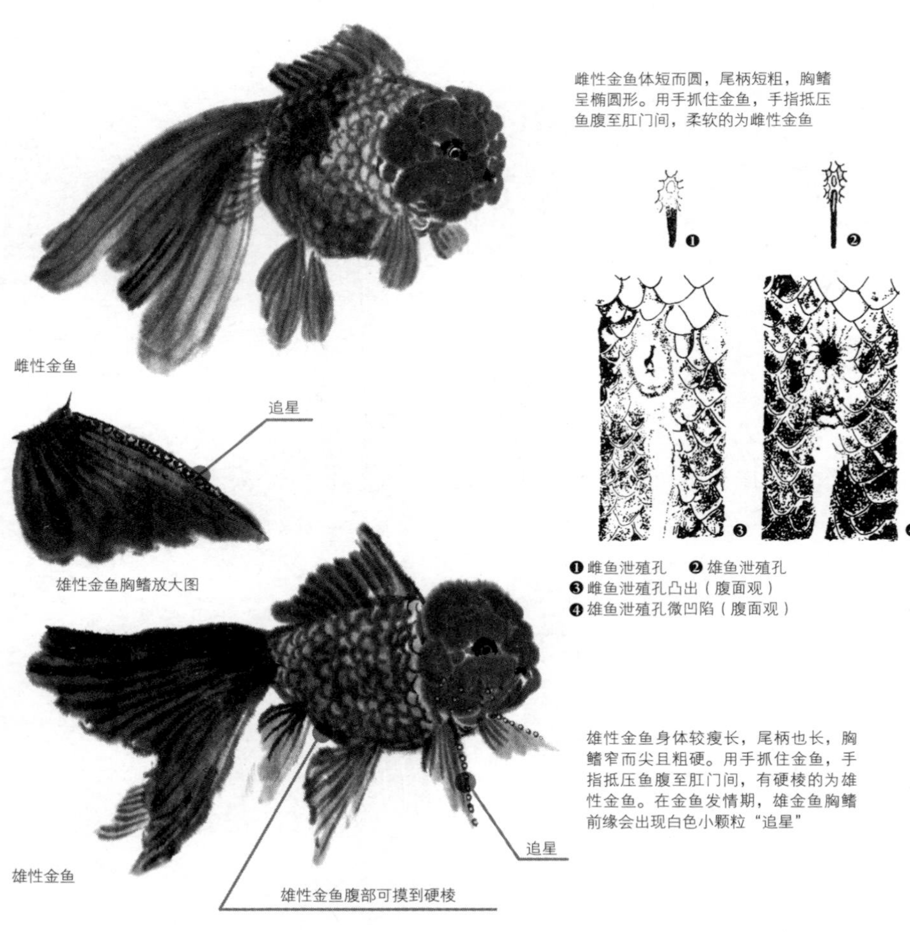

雌性金鱼

雄性金鱼胸鳍放大图

雄性金鱼

雄性金鱼腹部可摸到硬棱

雌性金鱼体短而圆，尾柄短粗，胸鳍呈椭圆形。用手抓住金鱼，手指抵压鱼腹至肛门间，柔软的为雌性金鱼

❶ 雌鱼泄殖孔　❷ 雄鱼泄殖孔
❸ 雌鱼泄殖孔凸出（腹面观）
❹ 雄鱼泄殖孔微凹陷（腹面观）

雄性金鱼身体较瘦长，尾柄也长，胸鳍窄而尖且粗硬。用手抓住金鱼，手指抵压鱼腹至肛门间，有硬棱的为雄性金鱼。在金鱼发情期，雄金鱼胸鳍前缘会出现白色小颗粒“追星”

4-3-2　金鱼雌雄之辨

二、选择亲鱼

选择亲鱼，一定要选择在同类中体格强壮，色彩均匀、鲜艳，主要品种特征（如水泡、绒球、虎头）明显，性腺发育成熟度高的2—3龄的亲鱼。这样的亲鱼繁殖能力强，子代成活率高。

三、金鱼繁殖法

金鱼大多在春节前后繁殖（就南方而言）。在这段时间里要繁殖的亲鱼有明显的求爱动作，比如有雄鱼追雌鱼、两鱼常处一起的现象等。你可以把选好的亲鱼捞到产卵缸饲养，等待产卵。在亲鱼产卵的鱼缸里你要准备一些水葫芦、水芙蓉等浮游植物作为卵床，金鱼会把卵产在浮游植物的根系上。根据雌鱼的多少、大小，自己决定浮游植物的多少。也可以在鱼缸底部铺一层水草做的卵床，不过雌鱼太多的话要多备几个，以便更换。如果鱼卵产多了，后面的鱼卵会覆盖前面的鱼卵，大大影响成活率和小鱼的健康。在产卵的鱼缸里不一定要一条雌鱼、一条雄鱼，有时可以一雌两雄或多雄，这样一来鱼卵的受精率会比较高，成活率也就高。金鱼一般在清晨4点到上午10点产卵最多，在雌鱼产完卵时，雄鱼也同时排出精子进行受精（产卵时的水温最好保持在22—26℃）。当鱼产完卵后应该把亲鱼和鱼卵分开来饲养，因为金鱼会有吞食鱼卵的行为。将受精的鱼卵连同水草一起捞出，放入另一只缸内，置于通风向阳处，进行孵化。明代王象晋《二如亭群芳谱·鹤鱼谱》记述：

金鱼生子多在谷雨后。如遇微雨，则随雨下子。若雨大，则次日黎明方下。雨后将种鱼连草捞入新清水缸内，视雄鱼缘缸赶咬雌鱼，即其候也。咬罢，将鱼捞入旧缸，取草映日，看其上有子如粟米大，色如水晶者即是。将草捞于浅瓦盆内，止容三四指水，置微有树荫处晒之，不见日不生，烈日亦不生，一二日便出。大鱼不捞，久则自吞啖咬子。时草不宜多，恐碍动转。

此外还有人工繁殖法，因技术要求较高，就不详细介绍了。

四、护理产后亲鱼

刚刚产完精、卵的亲鱼体质比较虚弱，首先应将雌鱼、雄鱼分别放入与原池水温度相同的“老水”饲养池（缸、盆）中静养，珍贵品种尤其要分养。将亲鱼用鱼勺移出产卵池，并在以后清污、换水时，也要用盆连水带鱼一起取出，以保证鱼体不受伤害。加强营养，投饵要少而精，适口性好，待亲鱼体质恢复时再按正常标准投饵。注意养伤治伤，亲鱼在产卵追逐时很容易伤到黏膜、皮肤、鳞片，应及时用红汞、消毒水涂抹或浸泡伤口。

五、孵化幼鱼

如前所述，鱼卵连同水草应该一起捞出，放入另一只缸内，置于通风、向阳处，进行孵化，过一天的时间就可以分辨出鱼卵是好是坏了。呈半透明橙黄色的是受精卵，呈乳白色的是没有受精的卵，很快会腐化。应该用夹子把这些卵夹出扔掉，不然会影响其他鱼卵的发育和水的质量。必须重视这些污染水质的因素，因为

水葫芦和水芙蓉这类漂浮水草在水面下都有很发达的根系，是天然优质的黏附鱼卵的鱼巢
人工鱼巢
金鱼藻是传统的鱼巢

4-3-3　金鱼繁殖的鱼巢

在鱼卵缸是不能随便换水的。鱼卵缸里最好不要打氧充气，过于优越的环境会使刚刚孵化的鱼苗产生依赖，对以后的饲养不利。在没有打氧的情况下孵化的才是真正健壮的鱼苗，对环境的适应性也比较强。将水温维持在13—30℃，鱼卵两三天后透明度渐减，同时出现一个黑点，再过三五天，黑点扩大为一个圈，说明幼鱼开始成形。再过几天，小金鱼就孵化出来了。鱼卵缸的卵在不同的温度下也有着不同的孵化时间。比如在平均水温为15—16℃时大概要七天；在平均水温为18—19℃时要四五天；在平均水温为20℃时一般要三天；在平均水温为25℃时两天就可以孵化了。鱼卵孵化不是愈快就愈好，在水温为16—18℃时孵化出的鱼苗身体比较健康。小鱼刚孵出来时，小若针尖，体呈黑色，不吃也不动，附在缸底、缸壁或水草上，此时要保证环境安静，切不可急于取出水草。四五天后，可将煮熟的鸡蛋黄用纱布包好，挤出蛋黄水喂饲小鱼，每天喂两到三次，投喂量要少一些。小鱼孵出后的两周内，由于身体太小，一般不宜换水，但要保证水质清新。如发现小鱼浮头，应立即将小鱼捞出并换水，每隔三到四天可换水一次。换水时，要尽量避免碰伤小鱼。同时，饵料也可以从小水蚤或熟鸡蛋黄，逐渐改为成鱼饲料。随着幼鱼的不断长大，应该及时进行挑选和淘汰，并把选育出来的较好的金鱼，进行稀释饲养。

明代张丑撰《朱砂鱼谱》记述：

> 每年四五月间正朱砂鱼散子之候，若天欲作雨，须择洁净水藻平铺水面，以待伺其既散，通一取有子者，另置小缸器中晒子，倘过时不取则子悉为他鱼所食。鱼初出时如针如线，且未须以物饲之。俟其长到四五分即变红色方可饲以红虫，最忌饲之太早，太早则伤其肠胃，此致毙之道也。

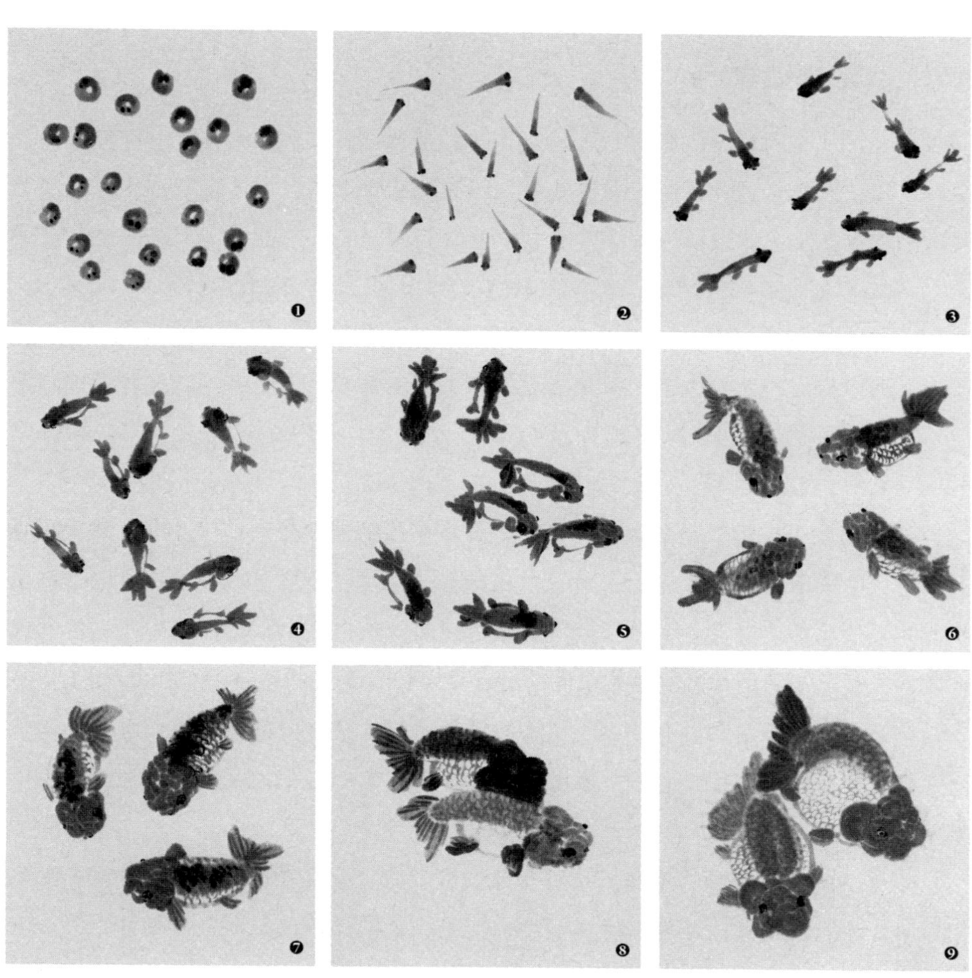

4-3-4　金鱼的成长过程

六、培育新品种

金鱼的培育过程与农业优化选种类似，即选择变异的优良个体，并将它们放在一起培育，以产生各式各样的观赏品种。16世纪末期张丑的《朱砂鱼谱》就已经记载了中国古代金鱼的选种过程：

> 大都好事家养朱砂鱼，亦犹国家用材然，蓄类贵广而选择贵精。须每年夏间市取数千头，分数十缸饲养。逐日去其不佳者，百存一二，并作两三缸蓄之，加意爱养，自然奇品悉备。

从市场上买来数千尾金鱼，并将它们放养在几十个大缸里，然后进行数次优胜劣汰，从中选取数十尾优良的金鱼父本和母本，在两三个缸里养育，就可以培育出珍奇的金鱼品种。清代《金鱼图谱》的作者句曲山农也指出，选择具有所需要的优良性状、颜色，类型相近的雌雄个体交配，就可以得到赏心悦目的金鱼品种。

培育金鱼的新品种并非易事，需要具备两个基本技术条件：在长期金鱼饲养过程中积累了一定的饲养经验，并掌握一定的生物遗传学知识。金鱼新品种的产生来源主要是两点：

一是新的基因变异的发生。基因变异虽然少见，而且需要通过长期的饲养观察和积累，才能稳定和提纯某一变异基因，产生一个独具特色的新金鱼品种，但这是金鱼新品种产生的根源，现在的许多金鱼品种，如水泡、龙睛、珍珠鳞等，都是基因变异的结果。

二是杂交。杂交的目的是改良原有的金鱼品种，通过重新组合新的变异基因，产生新的金鱼性状的组合，从而提高其观赏价值。

通过金鱼的基因变异得到新的具有观赏价值的性状，对一般金鱼爱好者来说，比较困难，因为要想获得具有观赏价值的突变性状基因，可以说是可遇不可求的，而且要付出长期的巨大的努力；而通过金鱼种间的杂交来培育新金鱼品种，相对来说，周期较短，而且容易一些。杂交选种一般有三个步骤：

1. 确定目标：首先以有观赏价值的美感为原则，设计未来新品种的形象，确定培育目标，然后确定杂交对象，使新品种具备两种鱼的特征优势，从而具有更高的观赏价值。例如用龙睛和珍珠鱼杂交产生的龙睛珍珠鱼，它同时具有龙睛和珍珠鳞两种特征，形成了完美的组合。

2. 亲鱼的选择：亲鱼必须具备体质强健、品种特征明显、遗传性相对稳定、色泽好、脱色早等优势，因此一定要对选定的亲鱼有较详尽的了解。

3. 回交与定型：一个金鱼新品种的诞生不是轻而易举的事情，也不可能通过一次杂交便达到理想的效果，要付出不懈的努力，一般要用三到五年时间才能定型。在杂交后第一代中按照定向培育的目标选择较为理想的后代进行培育、提纯，如达不到理想目标，就要进行回交或侧交再提纯选育，最终达到理想的目标。

新品种出现初期，遗传性状还不稳定，必须经过逐年不断地选育提纯，使它产生比较稳定的后代，并形成一定的种群，才算真正实现了培育新品种的梦想。

随着时代的发展，人们的审美情趣、居住环境、饲养手段、养鱼容器等已经发生了很大的变化，而对于金鱼品种的选择和饲养金鱼的方法，也相应做出了改变。例如，在古代，人们欣赏一种称之为“翻鳃”的金鱼，誉为“卷珠帘”。但今天的人们看来，这种变异，非但不美，而且还近似病态，所以这种变异的金鱼，已经在市面上很少见到了。还有就是由于都市中居民多居住楼房，空间有限，不可能像古人那样在宽敞的庭院中养鱼、赏鱼，而是多用水族箱观赏，因此就要求金鱼的养殖者，培养出适合在水族箱中饲养、适合侧面观赏的金鱼品种，例如三色短尾琉金、短尾黑白双色龙睛等新品种的金鱼，以满足广大金鱼爱好者的需要。可以说，金鱼发展到今天，在人工定向选育下，还将不断地根据人们的审美需要，培育出更多、更新、更美的金鱼品种来。金鱼，这一古老的观赏鱼种，必将一脉相承，不断地发展下去，以其千姿百态的风韵，点缀人们的美好生活。

金鱼常见病的防治

养金鱼最头疼的就是金鱼得病。每一位鱼友可能养鱼的一半时间都在和鱼病接触，金鱼频繁地生病，反反复复药浴的过程令人筋疲力尽，治疗复健、捞除死鱼，养鱼过程既不快乐，也不赏心悦目，养一缸健康美丽的金鱼难道是不可能的事情吗？我们想要的结果是花最少心力，而能得到一缸健康美丽、善解人意的爱鱼。如何保持金鱼的健康，使金鱼长久保持活力，是每一个金鱼爱好者必须面对的课题。而对新手而言，尤其是对那些屡败屡战、奋斗不懈的鱼友，最迫切的就是想知道这些问题的答案了。

那要怎么样才能达到这种目的呢？掌握正确的养鱼方法，快乐养鱼的美梦不难实现。

金鱼防病的四大准则：
1. 养鱼要挑健康鱼，防止饲养有先天疾病的鱼
2. 搬运金鱼要轻拿轻放，避免机械外伤，水温要避免突变，防止金鱼感冒
3. 养鱼水体要洁净，维护好养鱼水体的各项理化指标，使养鱼水体处于动态的最佳状态，避免病菌性感染的发生
4. 喂养金鱼一定要用干净新鲜的饵料，避免金鱼消化道疾病的发生

4-4-1　金鱼疾病四大诱因

病理

许多养殖金鱼的书中都详尽论述了金鱼的各种疾病，但是针对家庭少量养金鱼来说，价值并不太大。鱼友们发现鱼生病，第一反应是下什么药会有效，鱼药下了有效，皆大欢喜；下了无效，就再买新鱼来放，可是很少人会想到鱼为什么会生病，反思哪里出了错。如果不加以修正，同样的事过一段时间又会再次发生。累积失败的经验，了解鱼为什么生病，知道鱼生病的原因，修正养鱼技术，才能减少鱼病的发生。

金鱼的疾病可以分为两大类，一是先天性疾病，即遗传性的疾病；二是外源性疾病，即外界因素引起的疾病。

首先来说说先天性疾病。有些鱼鳔病就是源自遗传。对于这类疾病，基本无法治疗，主要在买鱼挑选时预防。在购买金鱼时，要选择那些体质健康的，泳姿优美、平衡的金鱼。对于存在先天性疾病的金鱼，只能予以淘汰。

再来说说外源性疾病。这类疾病分为生物因素和非生物因素两大类，生物因素疾病又分为微生物性的和寄生虫性的两小类。这类疾病的发生，不是由于鱼体本身的问题，而是在饲养操作的过程中，由于操作不慎而引发的。

先来谈谈非生物因素疾病。非生物因素疾病一般是指机械损伤、水质不良、缺氧中毒、营养缺乏及其他敌害致伤引起的疾病。值得注意的是，往往许多非传染性鱼病引起鱼体虚弱或创伤，为传染性病原体侵入提供了条件。导致鱼体虚弱或创伤的非传染性鱼病有中暑、闷缸、烫尾病、鱼鳔失调症、萎瘪病以及金鱼的敌害等。对于这些非生物因素疾病，主要是以预防为主。在操作搬运的过程中，轻拿轻放，尽量避免鱼体受伤。金鱼是冷血动物，不会像恒温动物那样，随环境变化而自动调

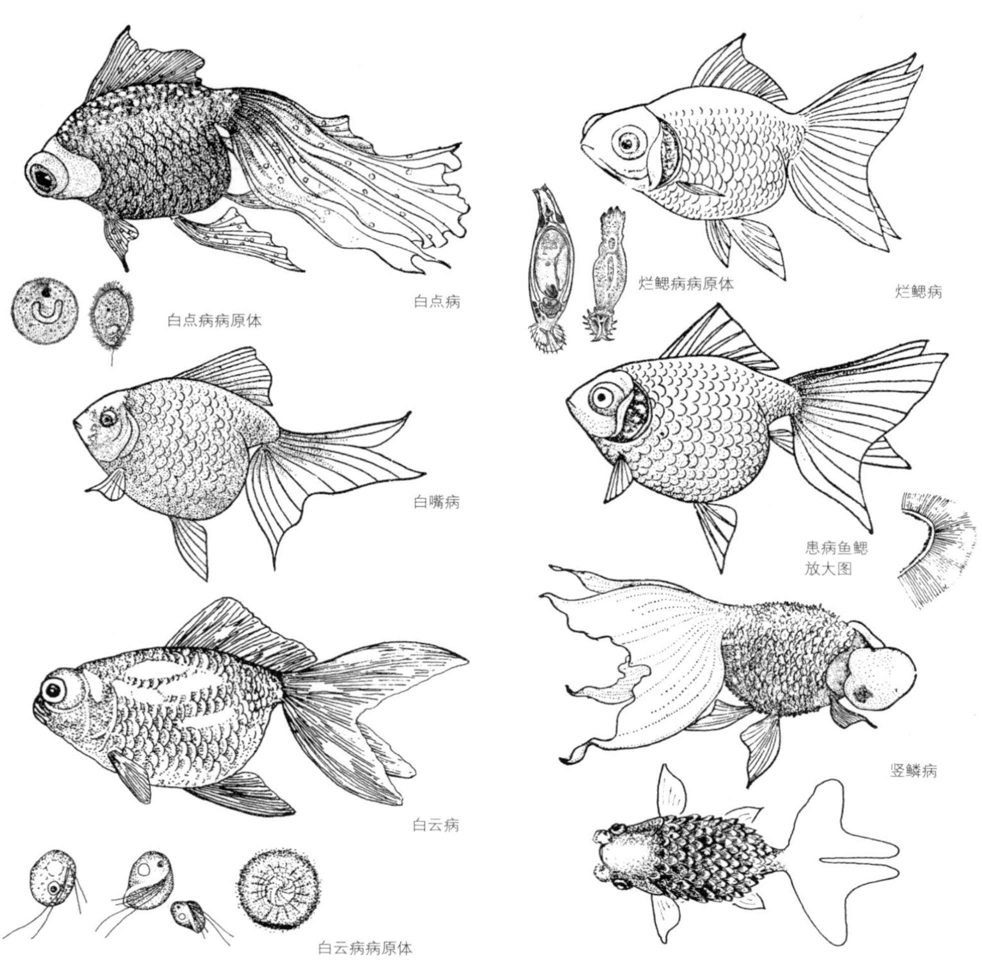

4-4-2 金鱼疾病图示（一）

4-4-3 金鱼疾病图示（二）

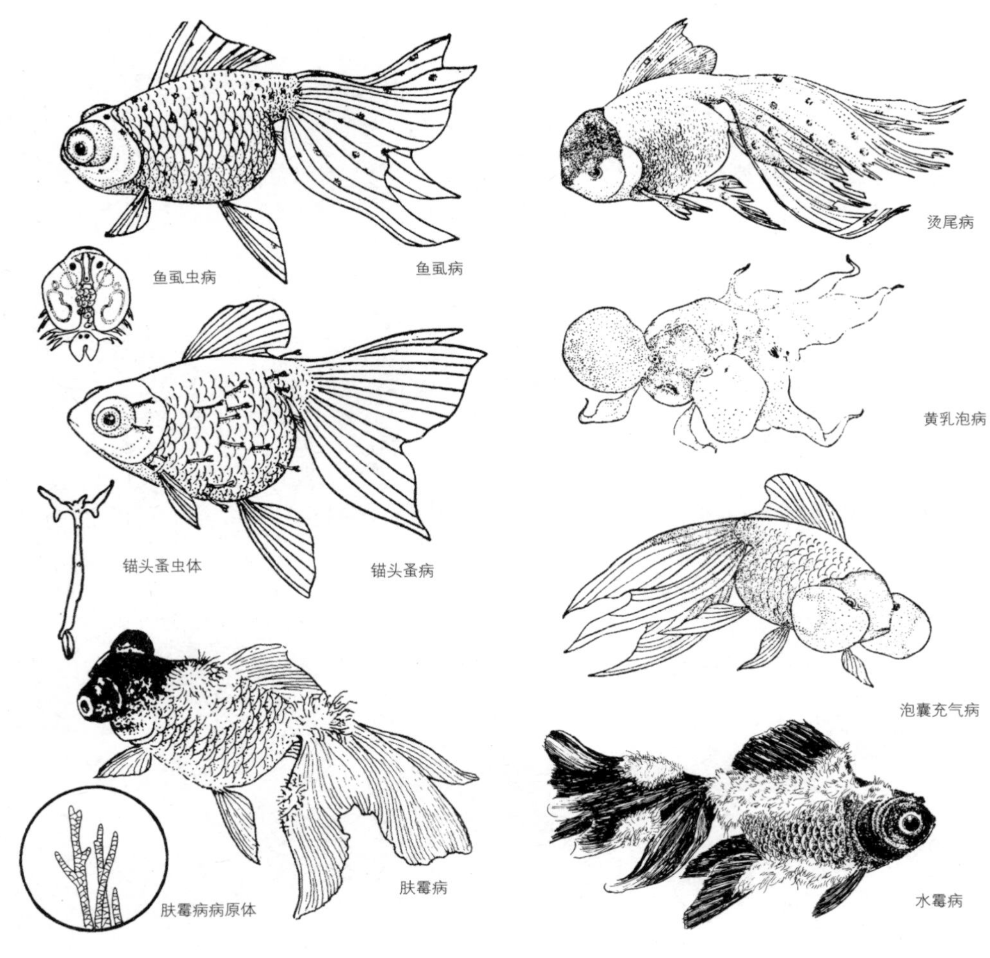

4-4-4 金鱼疾病图示（三）

4-4-5 金鱼疾病图示（四）

节体温。因此，金鱼所处的饲养水的温度与金鱼的体温是密切相关的。饲养水温度的突变，会引发金鱼体温的突变，尤其是冷水的刺激，使鱼体内代谢功能失调，抵抗力下降，从而引发感冒。因此在兑水和换水的时候，一定要注意不要使水温突变，要换等温水，这样就可以避免这类事情的发生。

下面再来谈谈微生物性疾病。这类疾病主要是由于饲养水的净化不好，造成水中微生物增多，超过了金鱼的抵抗能力，从而引起鱼的感染而发病。病原微生物包括病毒、细菌、真菌等。常见的微生物性疾病有：烂鳃病、出血病、肠炎、竖鳞病、黄乳泡病、水霉病、打粉病、表皮增生症等。对于这类金鱼疾病主要采用隔离药浴法，只要金鱼处于发病初期，基本都能治愈。

最后再谈谈寄生虫性疾病。寄生虫性鱼病属传染性鱼病，是由寄生虫所致。危害金鱼的寄生虫种类很多，几种常见的寄生虫如下：隐鞭虫、口丝虫、小瓜虫、鱼虱、锚头蚤、三代虫、变形虫等。这类疾病主要见于池塘养的金鱼，家庭养金鱼，尤其是小水体饲养金鱼，是比较少出现的。家庭居室养金鱼，如果发生寄生虫性鱼病，主要是因为购买了带有寄生虫的金鱼而传染的。所以要预防这类鱼病，就要做到在购买金鱼时仔细观察，不要购买染有寄生虫的金鱼。如果买回来发现金鱼染有寄生虫，可以把金鱼饲养于小水体中，用药杀除，较大的寄生虫可用镊子夹除。

预防

在今后养金鱼的过程中，我们应该怎样才能预防鱼病的发生，使自己养的金鱼活泼可爱呢？首先是在购买金鱼时，一定要选择活泼、健康的金鱼，这是第一步。如果是一条先天性病鱼，就是养鱼高手，也不一定有回天之力。第二步是在养金鱼

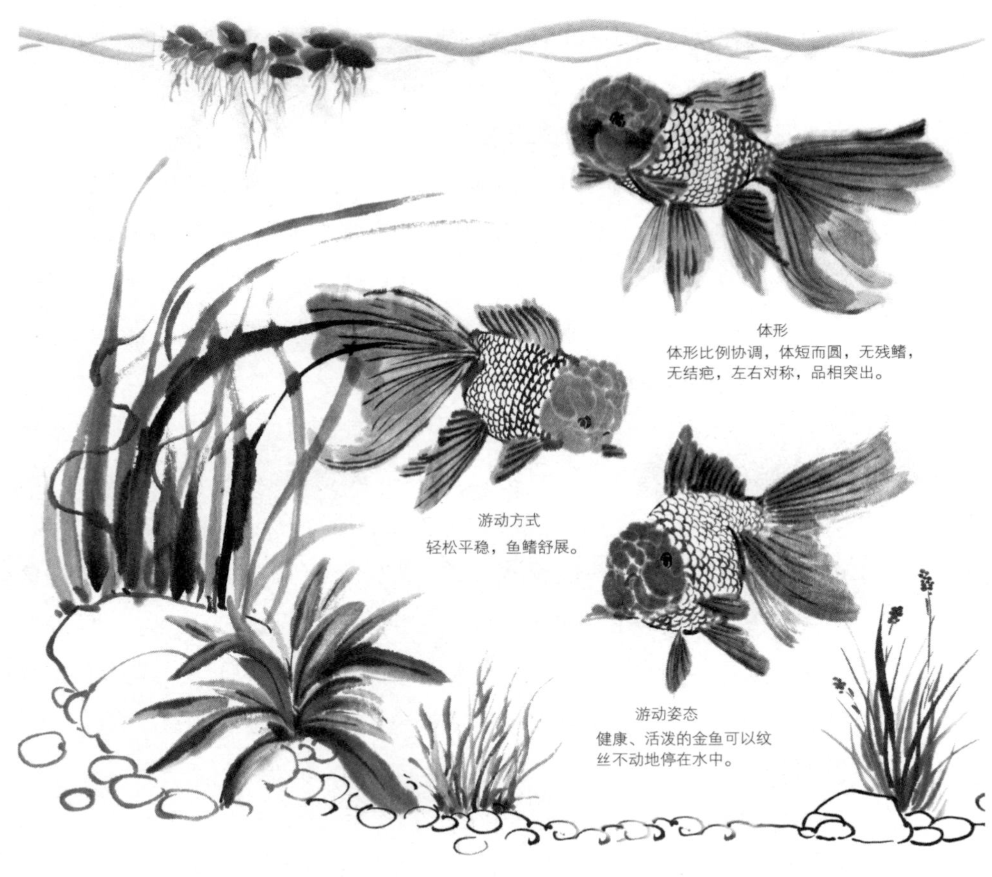

4-4-6　健康金鱼的鉴定

健康的金鱼强壮而活泼，身形各部比例协调，色泽鲜亮晶莹，品种特点突出

4-4-7 病态金鱼的鉴定

得病的金鱼常具有各种明显的病症，常表现为鳃丝失血或溃烂，周身白点，黏液分泌失调，通身血斑累累。病鱼常精神呆滞，食欲不振，或漂浮或倒挂于水面，最终导致死亡

的过程中，搬运换水的动作一定要轻、仔细，避免鱼体受伤而引发感染。兑水和换水，一定要注意水温，等温操作，避免金鱼因为温差而感冒。第三步是一定要保持饲养水的洁净、卫生。最有力的措施就是做好过滤系统，运用物理、生化的方法，去除水中的有害物质。要保持合理的养鱼密度，不要太多，金鱼数量太多，鱼病更容易相互传染，造成鱼病频繁发作，超出过滤系统的净化能力；也不要太少，否则就浪费了养鱼的空间。养鱼的水质，一定要使过滤和换水达到平衡。还有一点非常重要，就是要保证养金鱼的水中有充足的溶氧量，金鱼缺氧也容易发病。此外，金鱼虽耐寒，但是在寒冷的水中，金鱼的食欲下降，活动减少，抵抗疾病的能力下降，所以将金鱼生活的温度调到适温区，即 20℃，对于提高金鱼的抗病能力也是很重要的。如果做到了以上几点，那鱼病的发生将会大大减少。

最后还要强调的一点就是，养金鱼一定要讲究一个“洁”字。金鱼生活在水中，和陆地上的生物不同，因为病菌在水中的繁殖传播速度比在空气中快得多，这就是金鱼容易得病的原因。所以一定要保持饲养水的洁净、饵料的洁净、养鱼用具的洁净，把病菌隔绝在鱼缸之外。养金鱼最好用裸缸，清洁起来比较简便，缸中装饰越少，藏污纳垢的角落就越少，水质就越容易保持清洁。如果为了装饰，少量点缀一点儿水草或奇石，不可过多，而且一定要洗净后再放入养鱼水中。新买的金鱼入老缸前，一定要执行检疫这一步，在隔离缸中正常饲养两周以上，确保没有疾病，方可慎重放入老缸。因为新鱼入缸，常常会破坏原缸已经形成的平衡，或带来传染病，给原缸中的老鱼带来灭顶之灾，不可不慎重。有时候冲动就是魔鬼，一时兴起，在鱼市买来新鱼，也不检疫，直接放入老缸，会导致自己养了好几年的老鱼全部染病死亡，这样的事情也是有的。

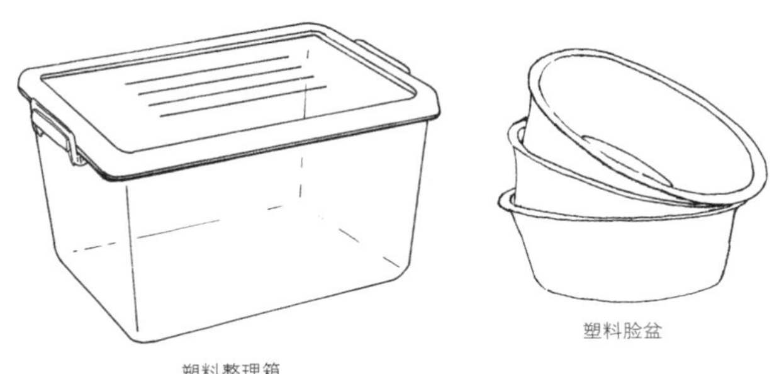

塑料整理箱

塑料脸盆

治疗

那么，一旦发现有个别金鱼发病，我们应该怎么办呢？首先要立刻把发病的金鱼从饲养缸中捞出，养于单独的带充氧或过滤设备的洁净小水体中进行隔离。可用小塑料盆或小玻璃缸等改造成临时隔离容器，个人感觉用小塑料整理箱要好些，因为比较轻便，容易移动，清洁消毒容易。而且塑料制品是热的不良导体，保温性能好。

金鱼生病的治疗方法很多，主要有药浴法、涂抹法、肌肉注射三种。家庭一般用药浴法，其他两种不易掌握，一般家庭很少采用。古法药浴多用盐，提高水中盐的浓度，使细菌脱水而死，从而达到杀菌的目的。比如民国胡怀琛《金鱼谱》记述："鱼脱鳞及受伤，以食盐轻涂其体即愈。"其间可定量给病鱼喂食少量优质饲料，以补充体力。每天彻底换水一次，加药一次。定量喂食，持续一周，一般病鱼都可康复，鱼友可以一试。当然也可以去鱼市买各种鱼药，按照说明使用。一般鱼药都是用于药浴的。

常用鱼药有：高锰酸钾、硫酸铜、硫酸亚铁、氯化钠、敌百虫、碳酸氢钠、硫酸镁、维生素类、硫代硫酸钠、头孢等。

4-4-9　金鱼疾病治疗流程图示

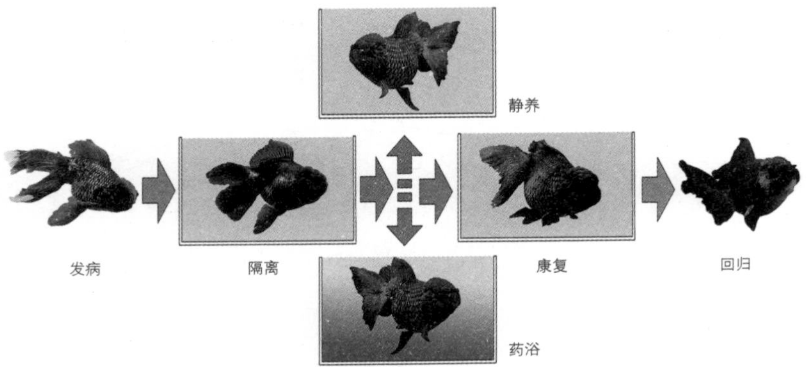

也有一些古方可以尝试，如明代王象晋《二如亭群芳谱·鹤鱼谱》记载："鱼翻白及水有沫，即换新水，恐伤鱼。芭蕉根或叶捣碎入水，治火鱼毒神效。鱼瘦生白点名鱼虱，用枫树皮或白杨皮投水中即愈。一法，新砖入粪桶浸一日，晒干投水亦好。"

民国胡怀琛《金鱼谱》记述："鱼翻白，宜急换清水。将芭蕉叶捣烂投水中，可治鱼泛。鱼浮游水面不下，或身上有瘤，宜令见日光。鱼瘦而生白斑，是为鱼虱。治虱之法，宜投枫树皮于盆，或杨树皮亦可。"

关于家养金鱼存活率的几个问题

前面已经提到要想把金鱼养住、养好，除了要为金鱼提供良好的水环境、优质的饵料，还要注意以下几个问题，才能做到长期的水鲜鱼美。

首先是金鱼品种的选择。不同品种的金鱼其抗病能力是不同的。一般来说，越是接近原始鲫鱼的金鱼品种，其抗病和适应能力越强。因为原始的鲫鱼是经过漫长的演化而来，是大自然优胜劣汰的结果，因此鲫鱼的抗病能力和适应能力均很强，和金鱼相比较，不容易生病死亡。而金鱼就不同了。金鱼长期生活在人为的优越环境中，其身体的变异，主要是为了观赏而保留下来的，因此适应能力和抗病能力均比较弱，尤其是一些变异较大的金鱼品种或稀有名贵品种，长期近亲繁殖，体质更弱。因此初学金鱼饲养，应该先从接近原始鲫鱼的草金鱼开始，逐渐积累经验，然后再过渡到帽子金鱼、狮头金鱼、龙睛金鱼，再养珍珠鳞类、水泡类金鱼，最后再试养名贵稀有金鱼，这样过渡，可以避免走不必要的弯路，以减少金鱼的死亡率。

其次是同一品种的选择。如果是同一品种的金鱼，如何来降低金鱼的死亡率呢？笔者认为应该从小鱼开始养起，把小鱼逐渐养大。任何生物的生长，都要与其所处的环境相适应，金鱼也不例外。市场上作为成品金鱼的大金鱼，其从小鱼长成成鱼的生长环境，与家庭的水族箱的环境大不一样。市场上出售的成品金鱼是在饲养场的水泥池中长成的，那里水面宽阔，阳光充足，通风良好，而家庭饲养环境常常没有饲养场好。成年金鱼身体的各项功能已经和原饲养环境相适应，一旦从饲养场突然移到家庭水族箱，条件突变，很容易水土不服，从而产生疾病。而且成品金鱼的价格一般较小金鱼贵，如果发生疾病而死亡，损失也比较大。因此，要想在水族箱中长期饲养金鱼，并达到所饲养的金鱼的理想寿命，最好从小金鱼养起。小金鱼价格较便宜，根据水体负载能力可一次多买一些，一起养在水族箱中。这些小金鱼中肯定会有一些金鱼，由于各个方面的原因，不适应水族箱中的环境而死亡，这是一个自然选择的过程。剩下的金鱼都是那些适应饲养环境的鱼，再将这些鱼在水族箱中养成成鱼。这样养成的鱼就与市场上买来的现成的成品鱼大不相同。这样的金鱼，因为从小生活在水族箱中，身体发育与所处的环境逐渐相适应，因此不容易患病，而且金鱼存活的时间及其预期寿命都会相应延长。

最后要说的是笔者的体会，并非养金鱼的水体越大，金鱼就越不容易生病，有时恰恰相反。有时养金鱼的水体过大，里面养鱼数量较多，一旦暴发鱼病，很容易相互传染，使病情难以控制，而且养金鱼的水体越大，水质的控制就越不容易。相反，小水体、低密度饲养，例如一个小缸中只养一或两条精品金鱼，水质反而容易控制，减少了金鱼之间相互传染的概率，大大地减少了鱼病的发生，因此在做好过滤系统的水体中，金鱼反而不易得病，容易养得住，尤其是一些名贵品种。

所以要想养好金鱼，小水体精养，洁净的水体、充足的溶氧量、干净的饵料，是金鱼保持健康活泼的关键。

附一

金鱼十二品

鸿运当头（帽子金鱼）　一月梅花

熊猫蝶尾（蝶尾金鱼）　二月兰花

软鳞蛋球（透明金鱼）　三月桃花

王字虎头（虎头金鱼） 四月牡丹

皇冠珍珠（珍珠鳞金鱼）　五月石榴

朱球紫袍（绒球金鱼）　六月绣球

朱砂水泡（水泡金鱼）　七月荷花

三环套月（望天金鱼） 八月葵花

丹凤朝阳（丹凤金鱼） 九月凤仙

云锦龙睛（荧鳞金鱼） 十月芙蓉

菊花狮头（狮头金鱼）　十一月菊花

红白龙睛（龙睛金鱼） 十二月茶花

日本金鱼之地金

日本金鱼之兰寿

日本金鱼之琉金

日本金鱼之土佐金

金鱼体色之幻——金玉满堂图（黄云皓绘）

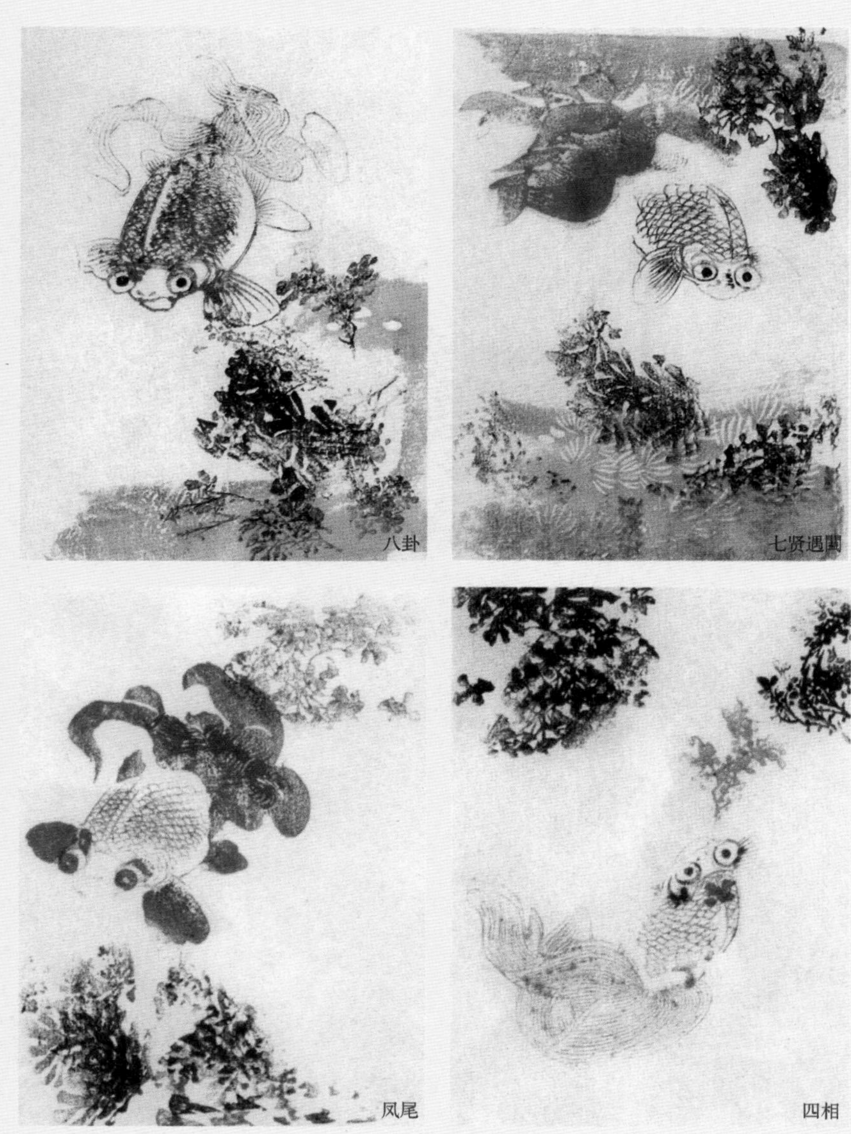

《金鱼图谱》里的各色金鱼

附二

金鱼文献辑录·今译

目录

编者按

金鱼饲养在中国可谓历史悠久。自宋代发源兴盛以来，从古到今，一脉流传。在中国悠久的历史长河中，关于金鱼的史料文献记载时有呈现。但是因为时代的变迁，古典文献中所记载的古人养金鱼的方法，却未必适合当今社会。这里试论几点。

首先是养金鱼的场地。古人养金鱼多在庭院中，场地宽敞，阳光充沛，空气新鲜，而今人身居都市，蜗居楼房，极少能有这样优越的环境，养金鱼的场所常是阳台或室内，场地局促。

其次是养金鱼的容器。古人养金鱼讲究用旧瓦盆。旧瓦盆因为经过长期使用，已经没有火气，也就是说已经没有什么有害物质可以溶解到养金鱼的水中。瓦盆口大水浅，利于空气与盆水的气体交换。盆壁还有许多微孔，利于周围空气通过微孔向盆内渗透。瓦盆内壁粗糙，利于水中青苔的附着生长，又可以培养硝化细菌，可用于净化、稳定盆中水质。而今人居所多为楼房，瓦盆放在室内，占地多且不雅。因此常有鱼友感叹：金鱼的家在瓦盆，而瓦盆的家在哪里？所以今人养金鱼常用玻璃水族箱，实乃无奈之举。玻璃水族箱具有极佳的观赏效果，却缺乏瓦盆生态养鱼的优势，因此常常需要配备电动过滤系统来弥补这一缺憾。

最后就是养金鱼的方法。古人多农耕乡居，闲暇时间较多。维持水质完全依靠人工。基本方法是每天打上井水，倒入空缸中晒水。早晚用撤子抽去盆中底部的污水，换入等量晒好的新水。每天早晚用网抄清除盆中水面上的污物，定时用撤子吸除盆底的鱼粪、残饵，每天早晚喂给金鱼足量的新捞取且漂洗干净的鱼虫，再就是每隔两周或一个月，彻底换水刷盆一次。日复一日，周而复始。而这样烦琐的手工养金鱼的方法，劳动量并不是很大，对于颇有闲暇的古人，或许是一种乐趣，但对于今天忙碌的都市人来说，大概很难长期坚持。本不宽敞的居室，并没有余地来摆盆晒水，每天早九晚六的生活，也没有多余的时间给金鱼定时换水清污。城市中自然环境的破坏，使得连捞鱼虫的地方也难觅踪迹。

由此可见，古今的变迁，时空的变换，使人们养金鱼的理念发生了很大的变化。但是金鱼的美丽始终诱惑着人们，并博得人们的喜爱。这里所汇集的十则中国古典金鱼文献，是前人对于养赏金鱼的心灵感悟，虽然有的文献内容有重复之处，或以讹传讹，不能尽信，但是也有不少古人的真知灼见。对于今人养金鱼，体悟中国悠久的金鱼文化，还是具有一定的借鉴意义的。笔者对于古文献进行了注释和白话翻译，以期能帮助读者阅读和理解，疏漏之处敬请指正。

一则

金鱼

（摘自明代李时珍①《本草纲目·鳞部》卷之四十四）

【集解】〔时珍曰〕金鱼有鲤、鲫、鳅、鳘数种，鳅、鳘尤难得，独金鲫耐久，前古罕见。惟《博物志》云：出功婆塞江，脑中有金。盖亦讹传。《述异记》载：晋桓冲游庐山，见湖中有赤鳞鱼，即此也。自宋始有蓄者，今则处处人家养玩矣。春末生子于草上，好自吞啖，亦易化生。初出黑色，久乃变红。又或变白者，名银鱼。亦有红、白、黑斑相间无常者。其肉味短而韧。《物类相感志》云：金鱼食橄榄渣、肥皂水即死。得白杨皮不生虱。又有丹鱼，不审即此类否？今附于下。

【译文】李时珍说，金鱼有鲤鱼、鲫鱼、泥鳅、鳘鱼几种，泥鳅、鳘鱼尤其难得，唯独金鲫鱼最耐久，以前古代十分罕见。唯独《博物志》中记载：金鱼出产于功婆塞江，鱼的脑子里有黄金。大概是以讹传讹。

《本草纲目·鳞部》卷四十四（明万历二十四年金陵胡成龙刻本）

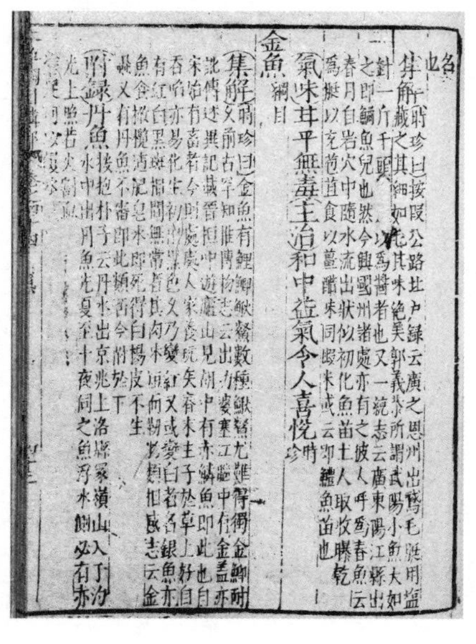

《述异记》中记载：晋代的桓冲游览庐山，看见山里湖中有红色鱼鳞的鱼，就是金鱼了。金鱼自宋代开始才有人蓄养，今天到处都有人家蓄养玩赏。春天将尽，金鱼在水草上产鱼卵。鱼卵易被金鱼自己所吞噬，也很容易孵化出小鱼。刚孵出来的小鱼是黑色的，时间长了就变成红色。又有的变成白色，叫作银鱼。也有红、白、黑等色斑相互间杂没有规律的。金鱼的肉味道不浓而且难嚼。《物类相感志》记载：金鱼吃了橄榄渣、肥皂水就死。水中放上白杨树皮，金鱼就不会生鱼虱子。又有一种叫丹鱼的鱼，不知道是否属于金鱼一类？今天就附录在下面。

【附录】丹鱼。　　按《抱朴子》[②]云：丹水出京兆上洛县冢岭山，入于汋水。中出丹鱼。先夏至十夜伺之。鱼浮水侧，必有赤光上照若火。割血涂足，可以履冰。

【译文】丹鱼。按照《抱朴子》中记载：丹水是从京兆上洛县的冢岭山上流出，流入汋水。水中出产丹鱼。夏至日前第十天的夜晚，在水边等待。丹鱼就浮在水的一侧，必定有赤红色的光向上照射如同火焰一般。抓到丹鱼后，割开鱼身，用丹鱼的血涂在脚上，就可以踏着冰行走而不觉得寒冷。

【气味】肉甘、咸，平，无毒。

【主治】久痢。时珍

【译文】金鱼的肉味甘、咸，性平，没有毒。金鱼入药主要治疗长久的痢疾。李时珍

【附方】新一：久痢禁口。　　病势欲死，用金丝鲤鱼一尾，重一二斤者，如常治净，用盐、酱、葱，必入胡椒末三四钱，煮熟，置病人前嗅之，欲吃随意。连汤食一饱，病即除根，屡治有效。（杨拱《医方摘要》）

【译文】新近的一个药方。（专治）长久痢疾，胃口全无，吃不进东西。看着病势沉重，快要死了，用金丝鲤鱼一条，重量大概有一两斤，如同平常的方法收拾干净，作料用盐、酱油、葱，一定要放入胡椒末三四钱，煮熟，放在病人的面前让他闻，若他要吃，就任由他吃。连鱼汤带鱼一起吃饱，疾病立即就根除了，屡次治疗都有效。（摘自杨拱《医方摘要》）

注　释：

① 李时珍（约 1518—1593），字东璧，晚年自号濒湖山人。蕲州（今湖北省黄冈市蕲春县蕲州镇）人，生于蕲州亦卒于蕲州。李时珍是中国明朝乃至中国历史上著名的医学家、药学家和博物学家，其所著的《本草纲目》是本草学集大成的著作，对后世的医学和博物学研究有着深远影响。

② 《抱朴子》为东晋道家理论著作。《抱朴子》今存 8 卷，“内篇”20 篇，论述神仙、炼丹、符箓等事，自称“属道家”；“外篇”50 篇，论述“时政得失，人事臧否”，自称“属儒家”。

二则

金鱼

（摘自明代王象晋①《二如亭群芳谱·鹤鱼谱》）

金鱼有鲤鲫鳅鳖②数种，鳅鳖尤难得。独金鲫耐久，肉味短而韧，甘、咸，平，无毒。自宋以来始有蓄者，今在在养玩矣。初出黑色，久乃变红，又或变白，名银鱼。有红白黑斑相间者，名玳瑁鱼。鱼有金管者、三尾者、五尾者，甚至有七尾者，时颇尚之。然而游衍动荡，终乏天趣，不如任其自然为佳。

【译文】金鱼有鲤鱼、鲫鱼、泥鳅、甲鱼几种，泥鳅、甲鱼尤其难以得到。唯独金鲫鱼最耐久，鱼肉的味道不浓而且难嚼，（味）甘、咸，性平，鱼肉无毒。自宋朝以来才开始有人蓄养金鱼，今天到处都有人蓄养玩赏。小鱼刚孵出来是黑色的，时间长了就变成红色，又有的变成白色，叫银鱼。有红、白、黑色斑相互间错的，叫作玳瑁鱼。金鱼有金管鱼、三尾鱼、五尾鱼，甚至还有七尾金鱼，当时颇为崇尚这种金鱼。然而这种金鱼终究游动摇摆，缺乏天然情趣，不如任其自然为好。

喂养：金鱼最畏油，喂用无油盐蒸饼，须过清明日，以前忌喂。

【译文】喂养：金鱼最怕油，喂养金鱼是用没有放油盐的蒸饼来喂，必须过了清明节以后才能喂，清明以前忌喂食。

生子：金鱼生子多在谷雨后。如遇微雨，则随雨下子。若雨大，则次日黎明方下。雨后将种鱼连草捞入新清水缸内，视雄鱼缘缸赶咬雌鱼，即其候也。咬罢，将鱼捞入旧缸，取草映日，看其上有子如粟米大，色如水晶者即是。将草捞于浅瓦盆内，止容三四指水，置微有树荫处晒之，不见日不生，烈日亦不生，一二日便出。大鱼不捞，久则自吞啖咬子。时草不宜多，恐碍动转。

【译文】生子：金鱼产子多数在谷雨节以后。如果遇到天上下小雨，那么金鱼就会随着下雨产子。如果雨下得很大，则在第二天黎明才能产子。下雨后，将做种的金鱼和水草一起捞到一个盛满新水的鱼缸中，看见雄金鱼沿着鱼缸边追着赶咬雌金鱼，那就是产子的时候了。追咬完了，将种鱼捞到旧缸里面，从缸中取出水草对着太阳看，可以看见水草上面有粟米大小的鱼子，颜色如同水晶的就是。将水草捞出来放到浅瓦盆里面，只需放入三四个手指并起来深度的水中，把这个放了水草的孵化盆放在微微有树荫的地方来晒太阳，鱼盆不见太阳不能孵化出小鱼，烈日下晒也不能孵化出来，这样一两天便能孵化出小金鱼。如果不把大金鱼捞出来，时间长了就会自己吞噬掉自己产的鱼子。产卵时盆中水草不宜放得太多，太多了恐怕妨碍金鱼的游动。

筑池：土池最佳，水土相和，萍藻易于茂盛。鱼得水土气，性适易长，出没于萍藻间，又有一种天趣。勿种莲蒲，惟置上水石一二于池中，种石菖蒲其上，外列梅竹金橘，影沁池中，青翠交荫。草堂后有此一段景致，即蓬莱三岛不多让也。一云金鱼宜瓮中养，不近土气则色红鲜。

【译文】筑池：养金鱼用土池最好，池中水气土气相和，浮萍水藻容易长得茂盛。金鱼在这样的池中得到水土的气息，适合金鱼的习性，所以容易生长，金鱼游泳出没在浮萍水藻之间，又具有一种天然的情趣。池中不要种植莲花和菖蒲，只要在池中放上一两块上水石，把石菖蒲种在石头上面，池子周围种上梅花、竹子、金橘等花木，它们的影子投在水池中，青翠的颜色交相荫蔽。草堂的后面要是有这样一段景致，就是传说中的蓬莱三岛也比不过了。又有人说金鱼适合在瓮中饲养，不接近泥土的气息，则体色会更鲜红。

收藏：冬月将瓮斜埋地内，夜以草盖覆之，裨严寒时，常有一二指薄冰，则鱼过岁无疾。

【译文】收藏：冬天将养鱼的瓮朝向太阳，微倾斜着埋在地里面，晚上瓮口盖上草帘，严寒的冬天瓮里的水只要时常结一二指厚的薄冰，那么金鱼度过寒冬也不会生病。

占验：鱼浮水面必雨，缸底热，此雨征也。

四合院里金鱼缸

【译文】占验：金鱼漂浮在水面上，天就必然要下雨，因为鱼缸底部水闷热，这是下雨的征兆。

鱼病：鱼翻白及水有沫，即换新水，恐伤鱼。芭蕉根或叶捣碎入水，治火鱼毒神效。鱼瘦生白点名鱼虱，用枫树皮或白杨皮投水中即愈。一法，新砖入粪桶浸一日，晒干投水亦好。

【译文】鱼病：金鱼肚皮朝天翻在水面上，以及水中有泡沫时，就要立刻换新水，晚了恐怕伤及金鱼。把芭蕉的根或者叶子捣碎了放到水中，治疗火鱼毒病有神奇功效。金鱼瘦弱身上长了白点就叫作生了鱼虱子病，用枫树皮或者白杨树皮投到养鱼的水中即刻就能痊愈。有一个方法是把一块新砖头放到粪桶里面浸泡一天，然后拿出来晒干，投到养鱼的水里面，效果也很好。

鱼忌：橄榄渣、肥皂水、莽草捣碎或诸色油入水，皆令鱼死。鱼池中不可沤麻及着碱水、石灰，皆令鱼泛。鱼食鸽粪、食杨花及食自粪，遍皆泛，以圊粪解之。缸内宜频换新水，夏月尤宜勤换。鱼食鸡鸭卵黄，则中寒而不子。

【译文】鱼忌：把橄榄渣、肥皂水、莽草捣碎了，或者各种油放到养鱼水里面，都会使金鱼死亡。养金鱼的水池中不可以沤麻以及放入咸水、石灰，放入的话都会使金鱼大量死亡。金鱼要是吃了鸽子的粪便、杨花以及自己的粪便，都会大量死亡，用厕所里的大粪倒是可以解救这种情况。鱼缸里面应该频频更换新水，夏天的时候尤应勤换新水。金鱼吃了鸡鸭的蛋黄，就中了寒气而不能产鱼子了。

卫鱼：池傍树芭蕉可解泛。树葡萄架可免鸟雀粪，且可遮日色。岸边种芙蓉可辟水獭。

【译文】卫鱼：金鱼池边上种上芭蕉树可以解除金鱼泛池。金鱼池边上搭上架子，种上葡萄，可以避免鸟雀的粪便，也可以遮蔽太阳光。岸边种上芙蓉树，可以驱赶水獭。

治疗：久痢禁口，病势欲死，用金丝鲤鱼一尾，重一二斤者，如常治净，用盐、酱、葱，必入胡椒末三四钱，煮熟，置病人前嗅之，欲吃随意。连汤食一饱，病即除根，屡治有效。

【译文】治疗：长久痢疾，胃口全无，吃不进东西。看着病势沉重，快要死了，用金丝鲤鱼一条，重量大概有一两斤，如同平常的方法收拾干净，作料用盐、酱油、葱，一定要放入胡椒末三四钱，煮熟，放在病人的面前让他闻，若他要吃，就任由他吃。连鱼汤带鱼一起吃饱，疾病立即就根除了，屡次治疗都有效。

典故

丹水出京兆，上洛县冢岭山，入于支沟。水中有丹鱼。夏至十夜，伺鱼浮出，水有赤光如火，网取割其血涂足，涉水如履平地。（《抱朴子》）

【译文】丹水从京兆流出，源头在洛县的冢岭山，流入沟水中。河水中有一种丹鱼。到夏至的第十个夜晚，等鱼浮出水面，可以看见水面上有如同火焰般的红光，用渔网捕捞来，割取丹鱼的血，涂在脚上，走在水面如同走在平地上一般。（《抱朴子》）

浙江昌化县有龙潭，广数百亩，产金银鱼，祷雨多应。金鱼出功婆塞江，脑中有金。（《博物志》）

【译文】浙江昌化县有一个龙潭，面积有数百亩，出产金银鱼，到潭边求雨，多数都很灵验。金鱼出产在功婆塞江，脑子里面有金子。（《博物志》）

晋桓冲游庐山，见湖中有赤鳞鱼。（《述异记》）

【译文】晋代桓冲游览庐山，看见湖中有红色鱼鳞的鱼。（《述异记》）

苏城有水仙祠，颇灵异。祠中有鱼池石岸，水亦清洁。邻人蒋氏子浴池中，见金鲤游泳，捕之，鱼入石岸。乃探手取之，其手入石中，牢不能出，自辰至未，百计莫解。父母惊惶，恳祷神前，始得出其子。神思昏迷，如梦寐中。归而病甚，未几卒。元时燕帖木儿奢侈无度，于第中起水晶亭。亭四壁水晶镂空，贮水养五色鱼其中，剪采为白苹红蓝等花置水上。壁内置珊瑚，栏杆镶以八宝奇石，红白掩映，光彩玲珑，前代无有也。（《解酲语》）

【译文】苏州城有水仙祠，很是有些灵异。祠中有一个鱼池，以石砌岸，水也很是清洁。邻居有个姓蒋的儿子在池中沐浴，看见池中有金鲤鱼游动，就去捕捉它，鲤鱼游进了石头岸边的石缝中。于是他就伸手去捉鱼，把手伸进石缝里，结果卡住了拔不出来，从辰时一直折腾到未时，想尽方法也解脱不了。他父母亲很是惊恐，就到祠中神像前面祈祷，这样才把手拔出来。他始终神情昏昏沉沉，像是在梦里面。回到家后病得越来越重，没多久就死了。元代的时候燕帖木儿奢侈无度，在府第里面建起一个水晶做的亭子。这个亭子四面的墙壁完全是镂空的，镶上水晶，放上水，养了五彩斑斓的金鱼装点在里面，把彩绸剪成白色的浮萍，做成红色、蓝色的花朵放在水面上。水晶壁内放置珊瑚，周围栏杆镶嵌上各种宝物和奇异的石头，水中金鱼红色白色相互辉映，光彩夺目，玲珑剔透，是前代所没有见过的。(《解酲语》)

异时宦游所经历，至济南，谒德藩，游真珠泉。泉东西可十余丈，南北三丈许。东一亭枕之，其下瑟瑟群起，拍掌振履则益起。缅缅而上，空明莹彻，与天日争彩。金鲤百头，小者亦可三尺。其西泉窦宫墙而出，为大池。皆以白石甃甓，中有水殿，前后各五楹。彩鹢容与，箫鼓四奏，王时劳赐殽醴，往往丙夜。又西为长沟，曲折以达后圃。芍药数百本，高楼踞之，泉出后宫墙，为水碓水磨，以达大明湖。湖景尤自韶丽。(王凤洲)

【译文】这是过去当官游历所经历的事情，当时到了济南，拜见德王，一起游览济南的珍珠泉。珍珠泉东西长有十多丈，南北长有三丈多。泉东面有一个亭子建在泉的上面，泉水中有金鱼瑟瑟有声地游上来，拍手跺脚金鱼就游得更欢。金鱼连续不断地游上来，在清澈透明的水中晶莹剔透，和天上的太阳争夺光彩。金鲤鱼有一百多条，小的金鲤鱼也有三尺长。珍珠泉穿过宫墙西侧上的洞流出去，汇聚成一个大水池。池边都用白色的石头砌筑，池子中间有一个水上宫殿，水殿的前后都是五开间。池中彩绘的游船随水起伏，水殿中箫鼓经常演奏，王爷经常在水殿中开宴，赏赐佳肴美酒，宴席常常开到深夜。珍珠泉的西面有一条长长的水沟，曲曲折折通到后面的苗圃。苗圃中种着几百棵芍药，建着高高的楼房，泉水从后宫墙流出，推动着水碓、水磨，最后流

到大明湖中。湖中的景色尤为美丽动人。（王世贞）

石浦真武殿前，新甃石池，一夕大风雨雷电。翌旦池中见大金鱼，莫知所从来。（《昆山县志》）

【译文】石浦县的真武殿前面，新建的石制的水池，晚上风雨大作，电闪雷鸣。第二天池子中看见有大金鱼，不知道从哪里来的。（《昆山县志》）

丽藻散语

鱼潜在渊，或在于渚；鱼在在藻，依于其蒲；鱼跃于渊；猗与漆沮，潜有多鱼。（俱《诗》）

【译文】鱼潜游在深水潭，或者游动在洲渚的水边；鱼儿藏在水藻边，贴着蒲草四处穿；鱼跃动在深水潭中；美丽而幽暗的低湿地带，潜藏着许多的鱼。（都出自《诗经》）

腾文鱼以警乘，鸣玉鸾以偕逝。（《洛神赋》）

【译文】金鱼腾跃簇拥着车辆，玉制鸾铃叮当，随着车驾远去而逐渐消逝。（《洛神赋》）

赋

中庭兮寻扆，甃甓兮为池。修鳞兮下上，朱华兮参差。绿萍波兮乍惊盼，繁英风兮照历乱。下上兮星列，参差兮霞绚。容何为兮赧且都，意何为兮围未舒。聊鼓

沫兮就人，恍若怯兮潜予。虚予怀兮未敢言，相对兮各茫然。沧波兮万顷，目断兮谁传。期振袂兮清泠，何升斗兮足怜。（王凤洲）

【译文】在庭院中啊寻找大屏风，用砖石啊砌筑水池。观赏修长的游鱼啊在水中上下游动，朱红的花朵啊在风中摇曳参差。漂浮着绿色浮萍的水波啊惹人回眸惊盼，吹过繁花的风啊光影纷乱。水中的鱼上下游动啊如同天上群星，水中的鱼群散乱游动啊如同天空的彩霞般绚丽。鱼的容貌为何这般又红又美丽，这样的意境为何被围困而没有舒展。水中鱼随意地吐着泡沫啊想亲近游人，又忽然胆怯地悄悄潜入水中。我胸襟宽广啊未敢说出来，和水中游鱼相对而视啊双方都很茫然。暗绿色的水波啊翻滚万顷，眼睛因为期盼都快瞎了啊，谁为我的爱人传去书信。期待着如同水中游鱼般在清清的水中舞动衣袖，这升斗的俸禄啊我岂会在意。（王世贞）

天地好生万物，以成蠢尔庶类，各肖厥形，虽赋予之不齐，均挺异而含灵。睹鳞介之游泳，观羽翼之骞腾。或潜伏于太阴，或飞翥于高置。虽小大之分殊，贵得性而忘情。若夫凤翔千仞，鹏搏九霄。神龙巨鲲，海运逍遥。徙若移山，喷若惊涛。羌无心与物竞，胡异患之能挠。相盆池之鲦鱼，禀冲和之土德，谢主人之侈惠，借余波而假息。方彼鱼之在辙，冀蹄涔之已足，矧盈掐之渟潴，乃悠游而纵逸。日相羊于清沼，行千里于咫尺。虽蒙恩于曲全，终眷恋于川泽。（曹大章）

【译文】天地依自然本性喜好产生世上万物，它形成世上的各种东西，种类众多，各有各的样子，它们的形状很难描述清楚，世间万物大大小小，个头不一样，但都各自不同而都有灵气。看鱼类在水中游泳，观飞鸟在空中翱翔。鱼类有时潜伏在深深的水中，鸟类有时飞翔在高高的天空。虽然个头大小悬殊，贵在适合它们的本性而忘情地遨游在天地间。而那凤凰飞翔在千仞高空，鹏鸟搏击在九霄云外。海中的神龙、巨大的鲲鱼，在海中逍遥自在。它们迁徙的时候如排山倒海一般，喷水的时候如惊涛骇浪。它们无意和万物竞争，也没有任何灾难能阻挠它们。看那盆中的鲦鱼，禀赋中就有君子的品德，感谢主人喂养的恩惠，借着盆中的水波而呼吸休憩。那条在车辙中的鱼，得到马蹄印中的渗水就已经知足，况且盆中水满而深，于是盆中的鱼就悠然而游而且纵情飘逸。鱼儿日夜徜徉在水草之间，在咫尺之间游动如同游过千里之遥。虽然承蒙主人的恩惠在区区一盆之间保全自己，但是终究眷恋自然界的河流湖泊。（曹大章）

诗五言

［戴叔伦］池塘养锦鳞。［岑嘉州］心澹水木会，兴幽鱼鸟通。［冯琢庵］岂无成龙姿，限此一勺水，一钓连六鳌，愿学任公子。［于念东］自识濠梁乐，盆鱼亦足欢；相忘勺水窄，不羡五湖宽；跃水朱光溜，依萍景色攒；天机应有在，时向静中观。澄波映空翠，涵泳集锦鳞；聚吹星彩动，潜避月钩新；触荇欣穿叶，乘流乐契人；莲香尽可戏，底用纵通津。

【译文】［戴叔伦］池塘之中饲养着美丽的游鱼。［岑嘉州］心情恬淡，周围的水木都能领会我的心意，兴致幽雅，鱼鸟都会知道我的心境。［冯琢庵］金鱼虽然没有龙的雄姿，仅仅限制在一勺之水中生活，我多想向任公子学习，一下钓起六只海中大龟。［于念东］自己觉得能领悟濠梁之上庄子所说的鱼之乐，盆中的金鱼也十分欢悦；它们忘记了生活的一勺之水的狭窄，它们不羡慕五湖的宽阔；从水中跃起红色的光泽闪烁，金鱼偎依着浮萍景色迷人；活泼的天然机趣自然而然存在，时时在宁静中观赏。盆中的水映着天空就更显得翠绿，在水中潜泳的金鱼汇集在一起；金鱼聚集在一起如同天上的繁星闪烁，潜入水底，天上挂着一弯新月；金鱼在水草中穿梭，顺着水流游动很惹人喜爱；水中散发着荷花的清香，金鱼尽可以嬉戏游动，在荷叶间尽情穿梭来往。

诗七言

[杜甫]鱼吹细浪摇歌扇，燕蹴飞花落舞筵。[冯琢庵]松下止疑君是鹤，濠间莫问我非鱼。[吴国伦]嫩藕香扑钓鱼亭，水面文鱼作队行；宫女齐来池边看，傍帘呼唤勿高声。[王世贞]猩红数点媚清泠，暖藻香萍度此生；莫向江湖贪广阔，近来渔网大纵横。[邓愚公]咫尺无烦能济腾，回旋或可副探奇；虚堂集客云先到，繁树藏人月一窥；历历文鱼衔藻荇，飞飞翠羽触相思；昔年颗壤金丹壑，莫是山川亦有时。

【译文】[杜甫]水中的鱼吹起细小的波浪，美人摇动着扇子轻声歌唱，燕子踩落枝头的花瓣，飘向歌舞的宴会上。[冯琢庵]在松树下只是怀疑你是一只仙鹤，在濠水之间不要问我是否为一条游鱼。[吴国伦]娇嫩的莲藕所散发出来的清香飘进钓鱼亭，水面下金鱼排成一队队在游动；宫女一起到水池边上来看，隔着帘子相互呼唤不要高声喊叫。[王世贞]几尾猩红的金鱼在清冷的水中更显得娇媚，温暖的水草和散发着清香的浮萍伴随金鱼度过这一生；

千万不要贪恋江河湖泊的宽广辽阔，听说最近那里鱼网在四处捕捞。[邓愚公] 金鱼在咫尺的水中游动，胜在没有烦恼，金鱼在盆水中回旋，时不时也可以探查水中的奇观；空旷的厅堂中招待宾客，白云倒是先到了，密密的树林中躲藏着游人，月亮倒是要窥探一下；一条条金鱼口中衔着水草，一只只翠羽的鸳鸯表达着彼此的相思；以前的小土堆现在成了埋藏金丹的深涧，莫要说高山大川有尽头，人生也是有限的。

注　释：

① 王象晋（1561—1653），字荩臣，又字子进，号康宇，自称明农隐士、好生居士，山东新城（今山东桓台县）人。万历三十二年（1604）进士，官至浙江右布政使。约在 1607—1627 年间，王象晋在家督率佣仆经营园圃，积累了一些实践知识，并广泛收集古籍中有关资料，用十多年时间编成《二如亭群芳谱》。

② 鳖，这里可能是鳌的讹字。因为以甲鱼归类金鱼，终令人不解。

三则

金鱼品

（明代 屠隆[①]）

尝怪金鱼之色相变幻，遍考鱼部，即《山海经》[②]《异物志》亦不载。读《子虚赋》[③]有曰："网玳瑁，钩紫贝。"及《鱼藻》[④]同置五色文鱼，因知其色相自来本异，而金鱼特总名也。

【译文】我曾经对于金鱼的体色形态的变幻莫测感到很好奇，于是就全面考察历来关于鱼的资料，就是像《山海经》《异物志》这样专门记载奇异事物的著作都没有记载。我读《子虚赋》时发现其中有句诗写道："网玳瑁，钩紫贝。"（用鱼网来捕捞玳瑁龟，用钩子来钩取紫色贝壳。）以及《诗经》中《小雅·鱼藻》对于奇鱼的描述，把这些异物放在一起同五色文鱼来比较，可以推知，它的体色、形态和上述异物一样，本来就和普通的物品不同，而金鱼这一名称就是这类五色文鱼的总的名字罢了。

顾品有妍媸，而谓巧在配肖者，又不可尽非之也。惟人好尚与时变迁，初尚纯红、纯白，继尚金盔、金鞍、锦被及印红头、裹头红、连鳃红、首尾红、鹤顶红，若八卦，若骰色，又出赝为继。尚墨眼、雪眼、朱眼、紫眼、玛瑙眼、琥珀眼，四红至十二红、二六红，甚有所谓十二白，及“堆金砌玉”“落花流水”“隔断红尘”“莲台八瓣”，种种不一。总之，随意命名，从无定颜者也。

【译文】金鱼的品种总有美好和丑恶之别，而那些颜色搭配得巧妙的品种，也不能全盘否定了。只是人们的喜好时尚随着时代而变迁，刚开始崇尚纯红色、纯白色的金鱼，后来又喜欢鱼头金红色似戴了帽盔、鱼腰上有一金红色块似背了马鞍、鱼背上有一片鲜艳的颜色似披了锦缎被子的这些鱼，以及如印章在鱼头上印了一块红色的鱼、整个鱼头都呈红色的金鱼、从头顶连着鱼鳃盖都呈红色的金鱼、鱼头和鱼尾都呈红色的金鱼、如仙鹤顶上有一块红斑的金鱼，还有鱼身上的色块如同八卦的图案，如同赌具骰子上的图案的金鱼，后来又产生出和上述品种类似的变异金鱼，作为这类金鱼的后代。这时人们转而崇尚有着墨黑、雪白、朱红、紫色、玛瑙色，以及琥珀色眼睛的金鱼，金鱼的体色也从四块红斑至十二块红斑、两侧各六块红斑等各种搭配，甚至有所谓的红金鱼身上有十二块白斑，以及“堆积金玉的形态”“如飘落的花瓣落在流水中的形态”“如仙境隔断了喧嚣的红尘的形态”“如荷花台的八个花瓣的形态”，种种奇异的搭配不能一一详尽地描述。总而言之，都是人们根据金鱼的体色变换随手命名的，从来特定的体色都没有固定的名称与之搭配。

至花鱼，俗子目为癞，不知神品都出是花鱼，将来变幻可胜记哉。而红豆种类，竟属庸极矣。第眼虽贵于红凸，然必泥此，无全鱼矣。乃红忌黄，白忌蜡，又不可不鉴，如蓝鱼、水晶鱼，自是陂塘中物，知鱼者所不道也。若三尾、四尾，原系一种，体材近滞而色都鲜艳，可当具足。第金管（尾也）、银管，广陵、新都、姑苏竞珍之。

【译文】至于金鱼中的所谓有色块的花金鱼，凡夫俗子认为是品质低劣的金鱼，不知道金鱼中的神来之品都是出自花金鱼，它的体色变幻莫测、无穷无尽。而所谓的红豆种类纯红的金鱼，终究属于平庸至极的品种了。金鱼的眼睛虽然以红色的凸眼为珍贵，然而一定要拘泥于这个标准，那就找不到完美的金鱼了。然而红色的金鱼最忌讳泛黄色，白色的金鱼最忌讳出现蜡黄的颜色，又不可以不引以为鉴，像人们所说的蓝鱼、水晶鱼，都是出产于池塘中的东西，懂行的人是不会提及的。像金鱼的鱼尾是三尾的、四尾的变异，原来都属于一个品种，体形臃肿而游动不灵活，然而如果体色都很鲜艳的话，可以掩盖上述的缺点。但是金鱼的尾柄有所谓的金管尾的、银管尾的，广陵、新都、苏州这三个地方竞相以这种金鱼为珍品。

夫鱼，一虫类也，而好尚每异。世风之华实，兹非一验与！

【译文】嗨！金鱼啊，只不过是虫类的一种，然而人们喜好的鱼每每不同。世上风气的浮华与朴实，难道不正可以用它来验证一下吗！

注　释：

① 屠隆（1541—1605），明代戏曲家、文学家。字长卿，又字纬真，号赤水，别号由拳山人、一衲道人、蓬莱仙客，晚年又号鸿苞居士。鄞县（今属浙江）人。万历五年（1577）进士，曾任颍上知县，转为青浦令，后迁礼部主事、郎中。为官清正，关心民瘼。作《荒政考》，极写百姓灾伤困厄之苦，“以告当世，贻后来”。万历十二年（1584）蒙受诬陷，削籍罢官。屠隆为人豪放好客，纵情诗酒，所结交者多海内名士。晚年，遨游吴越间，寻山访道，说空谈玄，以卖文为生，怅悴而卒。

② 《山海经》乃中国先秦古籍。一般认为主要记述的是古代神话、地理、物产、巫术、宗教、古史、医药、民俗、民族等方面的内容。《山海经》记载了许多诡异的怪兽以及光怪陆离的神话故事。有些学者则认为《山海经》不单是神话，而且是远古地理，包括了一些海外的山川鸟兽。

③ 《子虚赋》又名《上林赋》，西汉司马相如所作。此赋通过楚国之子虚先生讲述随齐王出猎，齐王问及楚国时，如何极力铺排楚国之广大丰饶。

④ 《鱼藻》是《诗经》中的篇章。原文为：“鱼在在藻，有颁其首。王在在镐，岂乐饮酒。鱼在在藻，有莘其尾。王在在镐，饮酒乐岂。鱼在在藻，依于其蒲。王在在镐，有那其居。”译文为：“鱼在水藻把身藏，大头露在水面上。周王住在镐京城，快乐饮酒甜又香。鱼儿藏在水藻下，水面露出长尾巴。周王住在镐京城，饮酒逍遥乐无涯。鱼儿藏在水藻边，贴着蒲草四处穿。周王住在镐京城，住处美好又安全。”

四则

朱砂鱼谱

（明代张谦德①）

余性冲淡，无他嗜好，独喜汲清泉养朱砂鱼。时时观其出没之趣，每至会心处，竟日忘倦。惠施得庄周非鱼不知鱼之乐，岂知言哉？乃余久而闻见浸多，饵饲益谙。暇日叙其容质与夫爱养之理，辄条数事，作《朱砂鱼谱》，与同志者共之。丙申夏仲六日序。

【译文】我生性谦虚淡泊，没有其他的嗜好，唯独喜欢汲取清泉水养一种叫作朱砂鱼的观赏鱼。每时每刻地观察它在水中出没游泳，这种趣味，每每看到心领神会的地方，都能使我整天忘记疲倦。惠施得出庄周不知道鱼的快乐的结论，岂知庄周所说的话的真实含义呢？然而我养朱砂鱼的时间长了，关于这种鱼的见识就渐渐地多了，喂养这种朱砂鱼的技术也就越来越熟练了。闲暇之时我来讲述朱砂鱼的容貌资质和精心饲养的经验，终于整理出几个要点来，写成《朱砂鱼谱》，和有同样兴趣爱好的人共同分享它。丙申年仲夏六日作的序言。

上篇　叙容质

第一　朱砂鱼，独盛于吴中、大都，以色如辰州朱砂，故名之云尔。此种最宜盆蓄，极为鉴赏家所珍。有等红而带黄色者，即人间所谓金鲫，乃其别种，仅可点缀陂池，不能当朱砂鱼之十一，切勿蓄。

【译文】第一，朱砂鱼独独兴盛于苏州一带、京师，因为它的体色像辰州的朱砂，所以用朱砂来命名它。这种鱼最适合用鱼盆蓄养，极为鉴赏家所珍视。有和朱砂鱼红色差不多而又带有黄色的品种，就是人们称之为金鲫的鱼，是朱砂鱼的变种，这种鱼仅能用来点缀池塘，连朱砂鱼的十分之一都比不上，切勿蓄养这种鱼。

第二　吴地好事家，每于园池斋阁胜处，辄蓄朱砂鱼，以供目观。余家城中，自戊子迄今所见不翅数十万头。于其尤者，命工图写，粹集既多，漫尔疏之。有白身头顶朱砂王字者；首尾俱朱腰围玉带者；首尾俱白腰围金带者；半身朱砂半身白，及一面朱砂一面白作天地分者；满身纯白，背点朱砂界一线，作七星者、巧云者、波浪纹者；满身朱砂，皆间白色，作七星者、巧云者、波浪纹者；白身头顶红珠者、药葫芦者、菊花者、梅花者；朱砂身头顶白珠者、药葫芦者、菊花者、梅花者；白身朱戟者、朱边缘者、琥珀眼者、金背者、银背者、金管者、银管者、落花红满地者；朱砂白相错如锦者。种种变态，难以尽述。

【译文】第二，江浙一带好事的人家，每每于园林池塘斋阁胜景处蓄养朱砂鱼，以供人们观赏。我自己的家所在的城里面，自戊子年到今天，所见到的朱砂鱼不下数十万头。对于朱砂鱼中优异的个体，就命画工绘成图画，积累得越来越多，让我来随意地分条陈述这些奇鱼。有白色鱼身头顶上有朱砂色的“王”字的鱼；有头和尾都红，腰上有一圈白色斑如同围了一圈玉带的鱼；有头和尾都是白色，鱼腰上有一圈金红色斑如同金带的鱼；有一半是朱砂色，一半是白色的鱼，以及一面是红色，一面是白色的如同天地两分的鱼；有全身纯白，鱼背上点缀朱砂色斑成一线，像是北斗七星、玲珑的云朵、波浪的纹样的鱼；有全身纯红，都点缀着白色色斑，像是北斗七星、玲珑的云朵、波浪的纹样的鱼；白色的鱼身头顶着球茸，如同红色珠子的形状、药葫芦的形状、菊花的形状、梅花的形状；红色的鱼身头顶着白色球茸，如同白色珠子的形状、药葫芦的形状、菊花的形状、梅花的形状；白色的鱼身上有朱红色鳍的鱼，有白色鱼身、鱼鳍的边缘是朱红色的鱼，有长着琥珀似的眼睛的鱼，有金红色鱼背的鱼，有银白色鱼背的鱼，有金红色尾柄的鱼，有银白色尾柄的鱼，还有叫作“落花红满地”的鱼；有朱红银白交错如同锦缎的鱼。种种变异的品种，难以逐一都说明白。

第三　凡辨朱砂鱼用磁州白盏盛看，若水与盏俱映红者方是真正朱砂色，或红不能映水，纵鲜红犹是二色。

【译文】第三，凡是要辨别朱砂鱼，一定要用磁州的白盆盛朱砂鱼来看，如果水和鱼

夏日赏鱼图

盆都被鱼映红的方是真正的朱砂鱼，有时鱼身上的红色不能映红盆水，那么纵使鱼体色呈鲜红色，仍然是二等的颜色。

第四　朱砂鱼养之池中，有大几二尺者，而色仍极红，无异盆蓄。或云池中金鲫即朱砂鱼，彼食土而大，故色淡耳，殊不知真朱砂鱼，纵池蓄之，未常色淡也。

【译文】第四，养在池子里的朱砂鱼，有长到长度几乎达到两尺的，然而鱼体的颜色仍然极其鲜红，和盆蓄养的没有什么差别。有人说鱼池中的金鲫鱼就是朱砂鱼，这种鱼吃池塘中的泥土长大，所以体色变淡了，殊不知真正的朱砂鱼就是在池塘中蓄养也从来没有颜色变淡的情况。

第五　均一朱砂鱼也，其色有生而便如好辰砂者，有初生带黄，经霜雪始变为朱砂者，俱为盆中佳品。一种经霜雪仍带黄色者，金鲫耳，更无可取用。园池中蓄数头，妆点景象亦得。

【译文】第五，都是一种朱砂鱼，有的体色生来便像上好的辰州朱砂的，有的刚生出来带黄色，经过霜雪才开始变成朱砂的，这些鱼都是盆中的佳品。有一种经过霜雪仍然带有黄色的，就是金鲫鱼了，更不能取用饲养观赏。园林池子中间蓄养几条点缀景色还是可以的。

第六　盆渔中其纯白者最无用，乃有久之变为葱白者、翡翠者、水晶者，迫而视之俱洞见肠胃，此朱砂鱼之别种可贵者。但不一二年复变为白矣，倘亦彩云易散、琉璃脆耶。

【译文】第六，盆养中的纯白的鱼是最没有用的，但是久而久之变成葱白色的、翡翠色的、水晶色的，逼近了看则鱼的肠胃都能看得见，这是朱砂鱼的另一品种，也尤为可贵。但是不到一两年又都变白了，或许也如同彩色的云朵容易飘散、玻璃容易破碎一样，不能长久啊。

第七　鱼尾皆二，独朱砂鱼有三尾者、五尾者、七尾者、九尾者，凡鱼所无也。第美钟于尾者，身材未必嘉，故取节焉乃得。余家庚寅年所蓄，一时有头顶朱砂王字者、玉带者、七星者、巧云者、梅花者、红白边缘者，皆九尾、七尾。吴中好事家竞移樽俎，蚁集鉴赏，历数月乃罢。

【译文】第七，鱼类的尾巴都是两开的，只有朱砂鱼有三尾、五尾、七尾、九尾的，是一般的鱼类所没有的。但是鱼尾很美的鱼的身材未必就好，因此二者搭配比较协调的才能算得上好鱼。我家在庚寅年间曾经蓄养了朱砂王字鱼、玉带鱼、七星鱼、巧云鱼、梅花鱼、有红白色的鱼鳍边的鱼，都是九尾或者七尾的。苏州一带专门喜好这类鱼的人竞相搬来酒席饮食，他们像蚂蚁一样聚集在鱼盆边鉴赏品评，过了好几个月才停止。

第八　朱砂鱼之美，不特尚其色，其尾、其花纹、其身材亦与凡鱼不同也。身不论长短，必肥壮丰美者方入格，或清癯，或纤瘦者，俱不快鉴家目。余故每日课童子饲养，又躬自周旋其侧，察识其性而节宣之。所蓄鱼皆洪纤合度、骨肉停匀，自分颇得其事与理。及观好事家所蓄，遂无如余家者。

【译文】第八，朱砂鱼的美，不特别以体色为尚，它的尾鳍、花纹、身材也和一般的鱼不相同。鱼的身材不论是长是短，必须以肥厚壮实、丰满美丽为标准，有的鱼长得清瘦，有的鱼长得纤小，都不被鉴赏家赏识。我因此除了每天教书童来饲养外，又亲自在他身旁指点，体察他的能力而一点一点地指导他。所以我养的朱砂鱼都胖瘦适当、骨肉匀称，自料饲养得颇为得法。及至看其他爱好者家里所蓄养的朱砂鱼，都没有我家养的好。

第九　大都好事家养朱砂鱼，亦犹国家用材然，蓄类贵广而选择贵精。须每年夏间市取数千头，分数十缸饲养。逐日去其不佳者，百存一二，并作两三缸蓄之，加意爱养，自然奇品悉备。

【译文】第九，京城里的爱好者饲养朱砂鱼，就好像国家选拔人才，饲养类型以多样为贵，而挑选以精细为贵。每年夏天必须在市场上买朱砂鱼小鱼数千尾，分成数十个缸来饲养。每天去掉其中不好的鱼，一百条里面只留一两条，放在一起用两三只缸来蓄养它们，有意地爱护饲养，那么自然珍奇的品种就都有了。

第十　赏鉴朱砂鱼，宜早起，阳谷初生，霞锦未散，荡漾于清泉碧藻之间，若武陵落英，点点扑人眉睫；宜月夜，圆魄当天，倒影插波时，惊鳞拨刺，自觉目境为醒；宜微风，为披为拂，琮琮成韵，游鱼出听，致极可人；宜细雨，蒙蒙霏霏，縠波成纹，且飞且跃，竞吸天浆，观者逗弗肯去。

【译文】第十，鉴赏朱砂鱼，适宜早起观看，旭日刚刚升起，如锦缎般的彩霞还没有消散，朱砂鱼游荡在清清的泉水和碧绿的水藻之间，好像武陵桃花源里点点飘落的桃花瓣，扑向观赏者的眉眼间；适宜在有月亮的夜晚观看，圆圆的月亮当空，倒影映在水波之上，受到惊吓的朱砂鱼摆动鱼鳍游动，自然觉得眼睛、心境为之一醒；适宜在有微风的天气观看，风儿吹拂水面，水声淙淙有如音乐，水中游动的朱砂鱼游上来聆听，非常有趣，惹人喜欢；适宜在下着小雨的天气观看，细雨迷蒙，水面形成细细的波纹，朱砂鱼在水中忽而急速游动，忽而跃出水面，竞相吸食这天上降临的琼浆，观赏的人逗留徘徊，不肯离去。

下篇　叙爱养

十一　鱼相忘于江湖，是鱼乐也。朱砂鱼不幸为庭斋间物，涓涓一勺，水之积也不厚，故须数日一换却。其水取江湖活水为上，井水清冷者次之，必不用者，城市中河水也。

【译文】十一，鱼类在江湖中各自畅游，是鱼的乐趣。朱砂鱼不幸沦为庭院书斋之间的玩物，涓涓一勺这么少的水，水量并不深厚，所以过几天就要换一次水。取用江湖中的活水是最好的，清凉的井水是次一等，城市中河流的水是必不能用的。

十二　每换水，须早起，须盥手，须缓缓用碗捉取，勿迫以手。迫则伤其鳞鬣，鳞鬣伤，鱼则日渐就毙，纵不毙亦乏天趣，而生意不舒矣，慎之慎之。

【译文】十二，每次换水需要早早地起床，必须洗干净手，用碗慢慢地来捉取朱砂鱼，千万不要用手强行捉取。强捉则会伤了朱砂鱼的鳞片、鱼鳍，鳞片、鱼鳍受伤了，鱼就会渐渐地死去，纵然不死也缺乏天然的情趣，而鱼的精神也不舒展了，一定要慎之又慎。

十三　换水一两日后，底积垢腻，宜用湘竹一段作吸水筒，时时吸去之，庶无尘俗气。倘过时不吸，色便不鲜美，故吸垢之法，尤为枢要焉。或曰，投田螺两三枚，收其垢腻，亦可。

【译文】十三，换水一两天后，水底积累起滑腻的污垢，应用一段湘妃竹做成吸水筒，时不时地把这些污垢吸掉，才能没有一点儿尘世庸俗的气息。倘若一时没有吸去，鱼的体色就不再鲜艳美丽，所以吸除污垢的方法尤为关键。有人说水缸中投养两三枚田螺，让这些田螺清除这些腻垢也是可以的。

十四　此鱼性嗜水中红虫，逐日取少许饲之，毋令过多，多则腹胀致毙。亦毋令缺，缺则鱼不丰美，若欲其不畏人，每饲彼红虫先以手掬水数声诱之，彼必鼓浪来食。及习之既熟，一闻掬水声即便往来亲人，谓之食化。

【译文】十四，这种鱼生性嗜好吃水中的红虫，每天捞少量来喂它，不要喂得太多，太多了鱼会吃得肚胀而死。也不要喂得太少，太少鱼就长得不丰满美丽了，如果想要使朱砂鱼不怕人，每次喂它红虫的时候就先用手捧水发出声音来引诱它，它必然涌起波浪来吃。等到它习惯了、熟悉了，只要一听见捧水的声音就立刻游过来亲近人，就把这叫作因食而化吧。

十五　水中红虫盛于夏秋之间，入冬历春即为罕物。此时，宜以生鸡子调碎，用竹丝帚逐旋，攦细点饲之乃佳，惟凝寒中，纵不饲之而不害。

【译文】十五，水中的红虫盛产于夏秋之间，从入冬到来年立春就非常罕见。这个时候可以把生鸡蛋捣碎了，用竹丝做的小扫帚慢慢地旋转蘸取细小的颗粒来喂它，这样最好，在天寒地冻的时候，纵然不喂它也没什么妨害。

十六　每年四五月间，正朱砂鱼散子之候。若天欲作雨，须择洁净水藻平铺水面，以待伺其既散，逐一取有子者，另置小缸器中晒之。倘过时不取，则子悉为他鱼所食。

【译文】十六，每一年的四、五月间，正是朱砂鱼甩鱼子的时候。如果天要下雨，必须选择干净的水藻平铺在水面上，等它们来散子，等它们甩完子，逐一取出上面有鱼子的水草，另外放在一个小缸里晒鱼子，倘若过时不取出水草，那么上面的鱼子就全都被其他的鱼给吃了。

十七　鱼初出时，如针如线，且未须以物饲之。俟其长至四五分，既变红色，方可饲以红虫，最忌饲之太早，太早则伤其肠胃，此致毙之道也。

【译文】十七，小鱼刚孵出来的时候，细小得像针像线，并且不需要用食物来喂它们。等到它们长到四五分长，变红之后，才可以用红虫来喂它们，最忌讳喂得太早了，太早了就会伤了它们的肠胃，这是使鱼毙命的方法了。

十八　凡鱼，入夏皆喜雨而畏日，朱砂鱼尤甚。缘缸中水力浅薄故也。每夏日须早起以梅天雨水洒之，日既高，须植一架，以蓝色布幔荫之乃佳。不然，一经烈日，则缸中之水热如沸汤，鱼之不毙者寡矣。

【译文】十八，凡是鱼进入夏天都喜欢雨水而害怕烈日，朱砂鱼尤为明显。这是因为鱼缸中的水又浅又少。夏日里每天必须早早起来用搜集到的梅雨天的雨水洒在鱼缸里，太阳高高升起，就必须支起一个架子，将蓝色的布盖在上面来遮阳，这就最好了。不然的话一经过烈日的曝晒，则鱼缸中的水就会热得像煮沸的水，鱼很少有不死的了。

十九　此鱼不甚畏寒，纵不藏亦得。但遇冱寒则辄底俱冻，多至夭损。须每年冬仲，盛于中等缸器中，掘窖安置，须用一缸覆之外，加以泥，待开岁春仲始出窖，乃为万全也。

【译文】十九，这种鱼不太怕冷，就是冬天不储藏起来也可以。但是如果遇到天寒地冻的天气，就连鱼缸底上的水都冻上的话，那么鱼就多半会死去。所以必须在每年冬天第二个月，把鱼盛养在中等大小的缸器中，在地上挖一个地窖来安放这些鱼缸，须用一个稍大的缸套在鱼缸外面，两缸之间填上泥土，等到来年春天的第二个月才能把这些鱼缸移出地窖，这才是万全之策啊。

二十　大凡蓄朱砂鱼缸，以磁州所烧白者为第一，杭州、宜兴所烧者亦可用，终是色泽不佳。余尝见好事家，用一古铜缸蓄鱼数头，其大可容二石，制极古朴，青绿四裹。古人不知何用，今取以蓄朱砂鱼，亦似得所。

【译文】二十，凡是用来蓄养朱砂鱼的鱼缸，以磁州所生产的烧成白色的缸为第一等，杭州、宜兴所烧制的也可以选用，但终究是色彩光泽不太好。我曾经看见过朱砂鱼爱好者用一个古代的铜缸来蓄养朱砂鱼数尾，这个缸大得能盛两石的水，形制极其古朴大方，四面长满了青绿的铜锈。不知道古人用这个缸来干什么用，今天取来用它蓄养朱砂鱼也似乎蛮相称的。

注　释：

① 张谦德（1577—1643），又名张丑，字叔益，号米庵，江苏昆山人。著有《清河书画舫》《真迹日录》等。《朱砂鱼谱》是他较早的著作，成书于1596年。

五则

朱鱼谱

（清代蒋在雝）

自　序

朱者何？曰正色也；鱼者何？曰鳞物也；谱者何？曰籍录也。朱鱼曷为而谱之？曰：以其生于世也，贵贱不同，然而格斯物者尤鲜，虽有知者，亦弗能善也。如马之不遇伯乐，深可惜焉。故予以其入格者，名之于前，分其式样五十六款，款下各有其附式，而不可紊乱。以其体段入格者，列之于后，如嘴、眼、须、鳞、鳍、尾、身管之类，列为十八条，条下亦或附者有之，更不可妄收，俾世之所好者，则知有几许款式名，伴有几许身段样子。所以知何者为甲，何者为乙耳。如天下，人人知其大也，然无《广舆》，焉得而知天下有不同之物焉？山海，人人知其广也，然无《山海经注》，焉得而知山海有奇异之物焉？故是鱼也，名式也多，形容亦广，岂得无谱乎？无谱，虽有好之满道，总总盲然。余集是谱，虽不及《广舆》与《山海经注》，亦可补《尔雅》之未备，《广舆》之遗失，而为伯升、景纯之功臣，何尝不可！

时康熙岁在己卯桂月之朔日，题于寿光堂之雨窗红白秋海棠之花下。

【译文】“朱”作何解释？是纯正的红色；“鱼”作何解释？是长着鳞的水中之物；“谱”作何解释？是登录记载的意思。朱鱼为什么要为它写谱呢？我说：因为它生于世上，却有贵贱的不同，然而研究朱鱼的人太少了，虽然有知道的人，也不善于把它表述出来。就像马如果没有遇到伯乐，那是非常可惜的事情。因此我把体色符合标准的朱鱼列在前面，按体色样式分为五十六个款式，有的款下还各有它的附式，不可以使其混乱。把体形符合标准的朱鱼列在后面，像鱼嘴、鱼眼、鱼须、鱼鳞、鱼鳍、鱼尾、尾柄之类，列作十八条，有的条目下也有附条，更不敢随便收录，我希望能让人世间朱鱼的爱好者知道朱鱼有多少款式名称，还有多少身段、样子，更进一步知道什么鱼是甲等的，什么鱼是乙等的罢了。比如我们所处的这个世界，人人都知道它是很大的，然而如果没有《广舆》这部书，我们怎么能知道天下还有不同的东西呢？高山大海，人人都知道它广袤，然而如果没有《山海经注》这本书，我们怎么能知道山海之间还有奇异的东西呢？故这种鱼，名称也很多，样子也很多，怎么能没有谱录来记录它呢？没有这种鱼的谱录，即使爱好者满大街都是，但总归都是很茫然的。我搜集了这个谱录，虽然比不上《广舆》和《山海经注》，也可以补充《尔雅》的不足和《广舆》的遗漏，从而有功于陆应阳和郭璞，又未尝不可以呢！

写于康熙年间的己卯年农历八月初一，作文在寿光堂的雨窗外红白两色的秋海棠花之下。

佛顶珠 附佛顶红、状元红

佛顶珠，要通身俱白，以及尾鳍皆白，无一点红杂，独于脑上透红一点，圆如珠而高厚者方是。如大而歪斜、小而长狭，虽无杂间于身，俱不入格。如大而圆者，名曰佛顶红，不及佛顶珠之贵耳。大而长者，谓之状元红。

【译文】佛顶珠，鱼要全身都是白色，连尾鳍都要是白色，不能有一点儿红的杂色，唯独在脑门上透一红点，形状像颗珠子，而且又高又厚实的才是佛顶珠。如果这片红斑长得大而且歪斜，或小而且窄长，虽然身上没有杂色，也不符合标准。如果头上的红斑又大又圆，就叫作佛顶红，比不上佛顶珠珍贵罢了。头上红斑大而且长的，就叫它状元红了。

七鳍红 附六鳍红

七鳍红，通身俱白，惟鳍与尾红者，以及腹下不得有一红鳞者方是。要尾前双竖鳍者，若竖鳍单者，名六鳍红，不及七级（鳍）之贵。

【译文】七鳍红，通身都是白色，只有鱼鳍和鱼尾是红色的，而鱼腹下面不得有一片红色鱼鳞的才是。要鱼尾前的臀鳍是双的，如果是单臀鳍，就叫六鳍红了，不如七鳍名贵。

金钩白 附金钩挂月

金钩者，通身俱白，下鳍亦白，惟尾红者方是。若尾前远二三分许，有红点圆如珠而高厚者，谓之金钩挂月，此亿中间一者。

【译文】金钩鱼，全身都是白色，下面的鳍也是白色，只有鱼尾是红色的才是。如果鱼尾前面二三分多的地方，有红色的点圆得像珠子，而且又高又厚的，就叫作金钩挂月了，一亿条鱼里面才有一条这样的鱼。

吐红舌

吐红舌者，通身俱白，以及尾鳍俱白，独于夹唇之中有红如小瓜子样者，但开口食物见之，若闭口只见纯白者为真。间有唇内一圈红者，开口见之，闭口不见，此名含线红；间有唇之上下皆红者，名曰夹口红。

【译文】吐红舌，全身都是白色，连尾鳍都是白色，唯独在两片嘴唇中间有一红斑像小瓜子的样子，但只有开口吃东西的时候才能看见这一红点，而闭上嘴就只能看见纯白的颜色的才是真品。有时有鱼唇内有一圈红色，开口可以看见，闭上鱼嘴就看不见，这就叫作含线红；有时有鱼唇上下都是红色的，名字就叫夹口红了。

朱眼白

朱眼白，通身俱白，独两眼红而透脑者佳，即有红须红唇者，亦收此类。

【译文】朱眼白，全身都是白色，唯独鱼的两个眼睛是红色而且红得一直透到头里，是最佳的，假使有的鱼有红色鱼须红色鱼嘴的也收在这一类中。

桃鳃白

桃鳃者，通身白，独两鳃红者为是。间有两鳃红点圆而厚高者，名曰点鳃红。亦有两鳃白而鳃边之一圈红肉者，名曰吐鳃，此乃最者。

【译文】桃鳃鱼，全身都是白色，唯独两鳃是红色的就是了。有时两鱼鳃有红点又圆又厚又高的，就名叫点鳃红。也有两鳃是白色而鳃边上有一圈红肉的，名叫吐鳃，这种鱼最名贵了。

塔影红

塔影红，通身俱白，尾鳍皆白，惟当背心中一搭红者为是。

【译文】塔影红，全身都是白色，连尾鳍都是白色，唯独在鱼背中间有一条红斑的就是了。

朔望红

朔望红，通身俱白，独于尾上寸内与脑上各有一搭红者，名曰日月相望，故曰朔望红。如中间再有一搭红者，名曰三元及第。如红点略略牵红者，名曰平加三级。如红点不俱在首尾，在中间如品字式者，名曰鼎甲红。

【译文】朔望红，鱼体全身都是白色，唯独在鱼尾一寸内与鱼脑上各有一块红斑，名叫日月相望，故称朔望红。如果鱼中间再有一块红斑，就叫三元及第。如果红点稍微有点晕染的效果，就叫平加三级。如果红点不都在鱼头鱼尾，而在中间，就像品字形的式样，就叫鼎甲红。

白佛顶

白佛顶，通身绯红，于脑前圆如珠而白者是也。白而方正者名曰玉印。

【译文】白佛顶，鱼身全身都是绯红的，但在鱼脑的前面有一个色斑，圆得像珠子而且是白色的就是了。如果色块是白色而且长得方方正正就叫作玉印了。

金管白

金管白，通身如十分长，后尾与鳞三分红，前身与鳞七分白，下鳍俱白，如是为真者。

【译文】金管白鱼，全身有十分长，占全身十分之三的后尾和后鱼鳞是红色，占全身十分之七的前部和前鱼鳞是白色，下面的鱼鳍都是白色，如果是这样就是真品了。

银管红

与金管白红白相倒耳，金管之红者白之，白者红之，斯为银管也。

【译文】与金管白鱼的红白颜色正好相反罢了，金管红色的它就是白色，金管白色的它就是红色，这就是所谓银管鱼了。

银钩红

与金钩白相倒耳，金钩之红者白之，白者红之，斯为银钩耳。斯式最多，故列于后耳。

【译文】和金钩白正好相反，金钩鱼是红色的地方它正好是白色，金钩鱼是白色的地方它正好是红色，这就是银钩鱼。这种样式的鱼很多，故此把它列在后面罢了。

映鳞红

映鳞红者何？自首视至其尾，如白者；自尾视至其首，红也。横视之，白中有红者，必下鳍白者为佳，红者次之；首白者更佳，红者次之，下鳍红者更次之。此鱼，肉红甲白者，有此色也。

【译文】映鳞红是什么？就是从鱼头向鱼尾看是白色的，而从鱼尾向鱼头看是红色的。横着看它，白色中泛着红色，下面的鳍一定要是白色的最好，如果是红色，就次一等；鱼头的颜色是白色的更好，如果是红色的就次一等，如果连下面的鱼鳍也是红色的就更次一等了。这种鱼的肉是红色的而鳞片是白色的，才能有这种色泽。

落花

落花者，通身与腹俱白，独于背上有四五或六七点圆而边齿如花形者方是。如点多而长者、短者，及方圆大小不类者谓之杂花。若红白相间而匀者，谓之雨夹雪。

【译文】落花鱼，鱼的全身和鱼腹都是白色，唯独在鱼背上有四五个或者六七个圆形的色斑，而且色斑的边缘形状如同花朵的就是了。如果色斑多，而且有的长，有的短，方的圆的大小不一，就叫作杂花。如果红白相间而且很匀称，就叫作雨夹雪了。

板花

板花亦有板花白，亦有板花红。红大而白小者，谓之板花红；白大红小者，谓之板花白。

【译文】板花鱼既有板花白也有板花红。红色块大而白色块小，就叫作板花红；白色块大红色块小，就叫作板花白。

银袍金带

银袍金带，通身俱白，惟腰中一围红者如金带式，故名。

【译文】银袍金带鱼，这种鱼全身都是白色的，唯独在鱼腰中间有一圈红色斑，像是围了一圈金腰带，所以叫这个名字。

金袍玉带

金袍玉带者，通身俱红，惟腰间一围白者，如银带式，故名。但带上起细点如花者，更不可得。

【译文】金袍玉带鱼，这种鱼全身都是红色，唯独腰间有一圈白色色斑，如同围了一条银色的带子，所以叫这个名字。但是如果带子上有细小的色点如同小花的样子就更不太容易得到了。

白马金鞍

白马金鞍，通身俱白，惟背上有红如鞍，又不可以前，又不可以后，又不可以左，又不可以右，恰好如马之扬鞍者为善，故名。

【译文】白马金鞍鱼，这种鱼全身都是白色，唯独背上有一块红斑如同马鞍，这块红斑既不可以靠前，又不可以靠后，既不可以偏左，又不可以偏右，要恰好像马背上高置的马鞍一样的才是好鱼，所以叫这个名字。

判官脱靴

判官脱靴，遍身要红，独于尾鳍墨色者方是。间或有乌身要红鳍者，亦名。

【译文】判官脱靴鱼，这种鱼全身都要是红色，唯独尾鳍是墨黑色的才是。有时鱼身是黑色，二鱼鳍是红色的，也可以这么叫。

平分

平分者，前半身红，谓之金平分；后半身红，谓之银平分；恰恰红白对分者佳。如有参差一二分者，又不成金管、银管之色，而为不入格之物矣。

【译文】平分鱼，这种鱼前半截身子是红色的，就叫作金平分；后半截身子是红色的，就叫作银平分；如果恰恰红色白色对分的是最好的。如果有一二分错落不齐的，又不能成为金管鱼、银管鱼的体色，那就成了不入流的东西了。

应物鱼

应物者，以其类物而名之也。如象山形、草木、人物、鸟兽、楼台、屋宇、床帐、屏帏物者，即名之也。甲子年，余畜一鱼黑如漆者，至秋秀出，背上如牌坊状。海虞陆恂如觅去。越二岁，余到其家视之，精不可言。其后有鸿来云，被人窃去，不知所向，甚为悼惜。

【译文】应物鱼，因为这种鱼的色斑像世上的物品而获名。如像山的形状、草木的形状、人物的形状、鸟兽的形状、楼台的形状、房子的形状、床帐的形状、屏帷的形状，就以它所像的东西来命名。甲子年，我蓄养了一条鱼，浑身黑得像漆一样，到了秋天，鱼背上褪出一块如同牌坊一样的色斑。海虞的陆恂如要了去。过了两年，我到他家去观赏这条鱼，精妙得无法用语言来描述。后来他写信来说，鱼被人偷去，不知道哪里去了，我很是惋惜。

麒麟斑

麒麟斑者，每一鳞上有二色。或白边红心，或白心红边；或黄心黑边，或黑心黄边，尾鳍具见如鳞状而花者。斯鱼如兽中之麟，禽中之凤，世不尝有之物。盖不尝有，何尤而名之？明季时出于娄东清河张氏之家，乃黑麒麟也，张乃进上，上赐四品绯鱼服。起家迄今，缨簪庆绵，世世继禄。张姓丘民，名天得，字妻求氏。世居殷港门，耕读传家，善事必行，读书不肯寻章句。天神欲富贵其家，无寞而入，乃夜托梦与丘民曰：“我黑衣童子，性命求君一救。”公明日早起，坐于门首。曰：“此乡野僻处，何物应梦？”心甚不乐，夫人进茶于公，公曰：“我心事未了，不欲饮也。”夫人曰：“心事奈何？”公告之以故。夫妇聚谈，不觉一渔者提一筐鱼而过之，曰：“张小官并及娘子，因何在堂说话？我有活泼泼的鱼在此，买乎？”夫人视之曰：“官人休闷，此鱼非黑衣乎？”公亦视之曰：“沽我放生。”渔者曰：“善。”公买之，惟二黑鱼死矣。余鱼皆活而放去。公将芦管吹口，鱼有圉圉之意，而对公摇首摆尾。公蓄于缸中，异日变为黑麒麟斑矣。以告于州令徐公，进上得官。故世人曰，麒麟斑出太仓也。

【译文】麒麟斑鱼，这种鱼每个鳞片有两种颜色。要么鱼鳞是白边红心，要么鱼鳞是白心红边；要么鱼鳞是黄心黑边，要么鱼鳞是黑心黄边，鱼的尾鳍都看上去像鱼鳞的花色而有花纹的鱼就是。这种鱼就像百兽中的麒麟，百鸟中的凤凰，人世间不曾有的东西。既然世间不曾有，为什么还要命名这种鱼呢？明代末年，这种鱼出于娄东清河的张姓人家，是黑麒麟鱼，姓张的把这条鱼献给皇上，皇上赐给他四品绯鱼的官服，因而张家就发家了。到今天世代世袭做官，代代吃俸禄。姓张的平民，表字天得，妻子是求氏，世代居住在殷港门，以耕作读书传家，有好事就一定要做，读书从来不肯寻章摘句，总是有些心得。天上的神仙想要使他家富贵，却苦于没有使其富贵的方法。于是夜里托梦给他说："我是一个黑衣童子，我的性命求君救一救。"他第二天早上起来，坐在门边自言自语道："这里是乡间野外僻静的地方，有什么东西来应验梦里的话呢？"心里闷闷不乐。他夫人给他送茶，他说："我有心事，不想喝茶。"他夫人说："你有什么心事？"他告诉她缘故。夫妇两人聚在一起聊天，不知不觉间一个渔夫提了一筐鱼，从门口经过，遇见他们说："张小官人和娘子为什么事情在堂上说话啊？我这里有活泼泼的鱼，要买吗？"夫人过来看了一下鱼说："官人不要烦闷了，这鱼莫非就是你所说的黑衣吗？"他也过来看了说："卖给我放生吧。"渔夫说："好吧。"他就全买了，只有两条黑色的鱼死了，其他的鱼都是活的，就都被放生了。他用芦苇管插到这两条死去的黑鱼口中对着吹气，鱼嘴开始有了一张一合呼吸的意思，像是活过来了，而且对着他摇头摆尾。他把它们蓄养在缸里，过了几天就变成黑麒麟斑的鱼了。于是他就把这件事告诉州令徐公，并把它们献给皇上而得到官职。故此世上的人都说，麒麟鱼出产自太仓。

锦被盖牙床

锦被盖牙床者，惟上半身红而方正，独露出口尾者方是。如红者不整齐，谓之霞盖雪。

【译文】锦被盖牙床鱼，这种鱼只有上半截鱼身子是红色而且红斑方正，唯独露出鱼口鱼尾的才是这种鱼。如果红斑的边缘不整齐，就叫作霞盖雪了。

鸦行雪

鸦行雪，通身鳍尾俱白，惟上半身如画家乱点苔。而如三角者，更贵。十点外者方是。

【译文】鸦行雪鱼，这种鱼全身及各鱼鳍都是白色的，唯独鱼的上半身如同画家乱笔点苔。而墨点的形状像三角形的，就更可贵了。要有十点以上的才是这种鱼。

雪里托枪

雪里托枪，通身俱白，惟在半背上起红线至尾梢为是。若尾上鳞间有一搭红如缨者更贵。丙子年，有福建客人带来一尾如此式者。若无红缨，独红线一条直至首尾者，谓之一弹红，亦出晋安，有人带来。

【译文】雪里托枪鱼，这种鱼全身都是白色的，唯独在鱼半背上起一条红线型的色斑，一直贯通到尾梢的就是。如果尾巴上鳞片间有一块红斑如同枪上缨子的

《金鱼图谱》插图之
《金瓶玉盖》

《金鱼图谱》插图之
《双面》

就更可贵了。丙子年，有一个福建的客人带了一尾这样的鱼。如果没有红缨，独独是红线型的色斑从头直接贯通到鱼尾，就叫一弹红，也是福建晋安产的，有人也带来过。

八卦红

八卦红者，通身俱红，不论头上腰间与后尾俱横红，或三连三断合卦式者，故名之。如卦白而身红者，谓之八卦白。

【译文】八卦红鱼，全身都是红色，不论是鱼头上、腰间，以及后尾上都有红色横杠式斑纹，或是三个连续三个断开，合乎八卦的式样，都叫这个名字。如果卦斑的颜色是白色而鱼身是红色，那就叫这种鱼八卦白。

两角红

两角红者，通身俱白，唯两须红者方是，间或有内红而外白者，谓之映须红。

【译文】两角红鱼，鱼的全身都是白色而两个鱼须是红色的才是，间或有的鱼的鱼须里面是红色的而外面是白色，就叫映须红了。

朱砂红

朱砂红者，通身俱红，红如朱砂而紫色者方是。若带黑色谓之殷红。

【译文】朱砂红鱼，全身都是红色，红得如同朱砂一般而发紫色的鱼才是朱砂红。如果红里面带着黑色就叫它殷红。

银朱红

银朱红者，通身俱红，红如银朱者，故名。若色淡而带黄金色，谓之金鱼黄。

【译文】银朱红鱼，鱼的全身都是红色，红得如同银朱一般，所以叫这个名字。如果鱼体颜色浅淡而带有金黄色，就叫作金鱼黄。

姜黄红

姜黄红者，通身俱淡黄而略带淡红者方是。若不带淡黄者，谓之温瞰红，年久可退白。

【译文】姜黄红鱼，鱼的全身都是淡黄色而略微带点淡红色的就是这种鱼。如果不带淡黄色，就叫温瞰红，时间长久了可以褪成白色。

鹤翎白

鹤翎白者，通身俱白，以及尾鳍皆白，不得一鳞带糙米色为佳。

【译文】鹤翎白鱼，全身都是白色，以及尾鳍也是白色，没有一片鱼鳞带有糙米的颜色的是最佳的。

糙米白

糙米白者，通身白如糙米色方是，若竖鳍红者，谓之水底月。

【译文】糙米白鱼，鱼的全身如同糙米的颜色的才是，如果鱼竖起的背鳍是红色的，就叫水底月。

吐舌白

吐舌白，通身俱红，但夹舌中白者。视之不见，食虫见之，故名。如不食虫见白者，谓之玉嘴。

【译文】吐舌白鱼，鱼的全身都是红色，但是鱼嘴中所夹的鱼舌是白色的就是这种鱼。这种鱼平时是看不见它的白舌的，只有吃鱼虫时才能看见，所以叫这个名字。如果不吃鱼虫鱼嘴都见白，就叫作玉嘴。

七鳍白

七鳍白，通身俱红，惟鳍与尾白者方是。如通身红而两须白者，谓之白须红。

【译文】七鳍白鱼，鱼的全身都是红色，唯独鱼鳍和鱼尾是白色的才是这种鱼。如果鱼通身都是红色而两个鱼须是白色的，就叫白须红。

八红、九红、十红、十一红、十二红

八红者，七鳍红加红嘴是也；九鳍红者，六鳍红加红嘴两鳃红是也；十红者，七鳍红加红嘴红须两根是也；十一红者，六鳍红加红嘴两红须两桃鳃是也；七鳍则十二红也。

【译文】七个红色的鱼鳍，外加红色的鱼嘴的鱼就是八红鱼；六个红色的鱼鳍，外加红色的鱼嘴和两鳃的鱼就是九鳍红鱼；七个红色的鱼鳍，外加红色的鱼嘴和两根鱼须的鱼就是十红鱼；六个红色的鱼鳍，外加红色的鱼嘴、两根鱼须和两个桃红色的鱼鳃就是十一红；如果有七个鱼鳍都是红色，那就不是十一红而是十二红了。

十三红、十四红、十五红、十六红

十三红者，六鳍红加嘴、两须、两目、两鳃具红者是也；十四红，七鳍红加嘴、两须、两目、两鳃红者是也；十五红，即十四红加佛顶是也；十六红，即十四红加日月相望是也。有十七红者，即十四红加平加三级是也，此外若有再加红点者，即杂落花而不入格也。

【译文】六个鱼鳍外加鱼嘴、两根鱼须、两只鱼眼睛、两鳃都是红色的就是十三红；七个鱼鳍外加鱼嘴、两根鱼须、两只鱼眼睛、两鳃都是红色的就是十四红；十四红鱼加上佛顶就是十五红；十四红加上日月相望就是十六红；十四红鱼加上平加三级就是十七红，在此之上如果再加上红点，就是杂落花鱼而不符合鉴赏的标准了。

月华白

月华白者，通身俱白，惟眼珠极红外，又有一圈红者是也。此真奇宝也，壬子年陆伊君家出也，伊成亦有。

【译文】月华白鱼，鱼的全身都是白色的，唯独鱼的眼珠极红，另外鱼眼珠外又有一圈红色的光圈的鱼就是。这是鱼中的真奇宝，壬子年陆伊家出产的，伊成也有这种鱼。

太极鱼

太极鱼者，通身俱白，惟背上负太极图者方是，此鱼世罕有者，亦奇宝也，永乐中出白下骆瑞方家。

【译文】太极鱼，这种鱼全身都是白色，唯独鱼背上背有太极图的斑纹，这种鱼世间十分罕见，也是奇宝，永乐年中白下的骆瑞方家出产过。

七星剑

七星剑者，通身俱白，惟背上有一条自首至尾有红点七枚者即是。

【译文】七星剑鱼，鱼的全身都是白色，唯独鱼背上有一条从鱼头到鱼尾的七枚红点的就是这种鱼。

八仙过海

八仙过海者，通身俱白，于背上有八红点如骨牌之整齐者即是。若参差者谬也。

【译文】八仙过海鱼，这种鱼全身都是白色的，在鱼背上有八个红点，好像骨牌上的色点一样整齐的就是。如果红点参差不齐就不是这种鱼了。

九连灯

九连灯者，通身俱白，于背上有九红点者便是，有项者方算，若杂乱参差者，不入格也。

【译文】九连灯鱼，鱼的全身都是白色，在鱼背上有九个红点的就是这种鱼，红点都在鱼背脊上的才算，如果红点参差杂乱就不符合标准了。

双连环

双连环者，通身俱白，惟背上有二红圈相联者即是。以及三联四联五六七联者有也，若圈长狭者，谓之连条股也。

【译文】双连环鱼，鱼的全身都是白色，唯独在鱼背上有两个红圈形的色斑相连的就是这种鱼。以及三个四个五六七个红色圈形色斑相连的也是这种鱼，如果红圈又长又窄的就叫这种鱼为连条股了。

贯珠连

贯珠连者，如珠之串耳。必三起者方是，若四五六七八九者为贵耳，若断者，亦不算。

【译文】贯珠连鱼，好像一串珠子。必须三个一串才是，如果四五六七八九个相连就更可贵了，如果有断续，就不算这种鱼了。

磬子红

磬子红者，如古磬也，即如人字不出头，两脚方正者为真，亦有金磬、玉磬，红者为金，白者为玉，此式甚是易，但要眼者难耳。

【译文】磬子红鱼，就好像古磬一样，古磬的样子就像人字不出头，两个边脚都是方正的才是真品，也有金磬、玉磬的区别，红色的为金磬，白色的为玉磬，这种样式的鱼比较容易得到，但是看得上眼的就比较难了。

日午当庭塔影圆

通身俱白，背上有红点一至五，共有十五之数，必要次第者为正。又宝塔红，此亦不易得者。

【译文】这种鱼全身都是白色，鱼背上有红点一到五枚，总共要有十五枚红点，必须红点次第错落的才是正品。还有就是宝塔红，这种品种的鱼也是不容易得到的。

观音兜

观音兜者，如观音菩萨之兜头也。若有飘带者更佳。

【译文】观音兜鱼，像观音菩萨的兜头。如果有飘带的更好。

梅花白

梅花白者，通身俱白，于白中又白如梅花朵耳。又名雪里梅，一名李花白，亦奇种。

【译文】梅花白鱼，鱼的全身都是白色，在白色中又透出如同梅花花朵的白色。又叫雪里梅，另一种鱼叫李花白，也是珍奇的品种。

杨梅红

通身俱红，于红中又红，如杨梅之色者是也。一名紫云台，亦奇种。

【译文】这种鱼全身都是红色，在红色中又透出红色的，如同杨梅的颜色的就是这种鱼。还有一种鱼叫紫云台，也是珍奇的品种。

壁虎红

壁虎红者，通身俱白，惟背上红者如壁虎之状，头尾与足具全者是也。若身红而壁虎白者，谓之壁虎白，此式余家曾畜过。

【译文】壁虎红鱼，全身都是白色，唯独背上有一红色色块如同壁虎的形状，要这壁虎的形状头尾和四足俱全的才是这种鱼。如果鱼身体是红色而如壁虎的色块是白色，就叫壁虎白，这种样式的鱼我家里曾经饲养过。

新月白

新月白者，俱身白也，惟脑上如一弯新月之红者是也。不论朝前朝后，俱准此式。

【译文】新月白鱼，鱼全身都是白色，唯独在鱼头顶上有一弯如同新月一样的红色色块的就是。不论这个色块朝前还是朝后，都属于这种样式。

三宝鱼

通身俱白，惟背上如飞钱与宝与锭者，谓之三宝红。若身红而三宝白者，谓之三宝白。

【译文】全身都是白色，唯独鱼背上有三个色斑像飞钱、元宝、金锭的就是三宝红。如果鱼体是红色的而三宝是白色的，就叫三宝白。

摇扇鱼

摇扇鱼，背上有如扇子形者是。身红扇白者，谓之白羽扇，身白扇红者，谓之黄金扇。

【译文】鱼背上有如同扇子形状的就是摇扇鱼。鱼身是红色、扇形是白色的就叫作白羽扇，鱼身是白色、扇形是红色的就叫作黄金扇。

佛靴鱼

身白而靴红者谓之赤龙靴，身红而靴白者谓之水晶靴。但一只者多，若两只者不可易得也。丙子年村东小青家曾出两枚。

【译文】鱼的身体是白色的而靴形的色块是红色的就叫作赤龙靴，鱼的身体是红色的而靴形的颜色是白色的就叫作水晶靴。但是能得到一只这样色块的鱼的情况比较多，如果能一下得到两只这样色块的鱼就不容易了。丙子年村子东头小青家曾经出过有两只靴形色块的鱼。

玳瑁花

玳瑁花者，一节红一节白者是也。必得四、五节者为正，又名竹节花。

【译文】玳瑁花鱼，一节红一节白的鱼就是。必须有四五节这样的花纹的才是正品，又叫作竹节花。

水牛花

水牛花者，通身俱白，惟背上有二红点者是也，名曰背驼（驮）日月，若一圆一弯者亦算。

【译文】鱼身都是白色，唯独在鱼背上有两个红点的就是水牛花鱼，又称为背驮日月。两个红点，如果一个圆形一个弯形也算。

纹索花

红白二色如索，缠在身上，自首至尾者真也。

【译文】红白两色如同绳索一样从头到尾缠在鱼身上的就是真品。

嘴论

嘴要如蛤蟆形，视唼食勿得望上开口，又不可望下食物，以平直为上。食物必如放出，食必（毕）要嘴唇收进者为上，若张、闭者以及其余，俱不入格。

【译文】嘴的形状要如同蛤蟆嘴的形状，鱼吃东西的时候不能往上张开口，也不能往下吃食物，以平直为最好。吃食物时鱼嘴必须如同放开伸出，吃完要嘴唇收进的才是上品。如果张开嘴、闭着嘴牵动到其他部位，都不符合标准。

唇论

唇必要双，又要薄，勿厚笨，开口勿圆小，又勿得扁大，总如口字形为妙。又不得见下唇方为入格。后视之如蛤蟆首者为妙。

【译文】鱼唇必须要成双，又要长得薄，不要长得又厚又笨，张开嘴不要看上去又圆又小，又不要长得又扁又大，总的来说要像口字形的才是最美妙的。又不能看上去下嘴唇呈现方形的才符合标准。从后面看如同蛤蟆头的是最美妙的。

头论

头要如鲙鳢，其余若即（鲫）、若青、若鲻者，俱不入格。

【译文】鱼头要像鲙鳢鱼，其他有的像鲫鱼、青鱼、鲻鱼的都不符合标准。

鳃论

鳃要圆大，鳃根勿瘪轧，鳃衣要大而活，勿得死样，余不入格。

【译文】鱼鳃要又圆又大，鱼鳃的根部不要干巴巴、向内扣，鳃衣要大而且灵活，不要有僵死的样子，这样才符合标准。

须论

须要长大，视之有玲珑之状，而若有眼者为上，必要八字样者，又不可太开，又不可太逼。

【译文】鱼须要长得又长又大，看上去玲珑剔透，像是有孔窍的才是上品，鱼须必须要呈现八字的形状，既不可以张得太开，也不可以收得太紧。

眼论

眼必要大胖，睉出而红如银朱者谓之朱眼。必要红来透脑者为上，有一种睉出而黄色者，光如琉璃，名曰水晶眼；有一种不睉者，但色次于朱砂名曰金眼；有一种不睉出而黄色者，名曰淡金眼；有一种白者，名羊眼；若外有一重琉璃光者，谓碧眼，又名灯笼眼，又有一种又大、又睉、又红，如两角直宕口边，楚楚可爱，此乃福建之种，名曰宕眼，如悬于外者，故名第一，朱眼第二，水晶第三，灯笼第四，金眼第五，淡金与白者，不入格也。

【译文】鱼眼必须长得又大又胖，鱼眼凸出而且要红得如同银朱的才叫作朱眼。必须红得像是要透入鱼脑的才是上品，有一种鱼眼凸出而呈现黄色的，光亮如同琉璃，名字就叫水晶眼；还有一种鱼眼不凸出的，但是色泽次于朱砂，名字就叫金眼；有一种鱼眼不凸出而是黄色的，就叫淡金眼；有一种眼睛是白色的，就叫羊眼；如果眼睛上有一圈琉璃一样的光环，就叫碧眼，又叫灯笼眼；又有一种鱼眼又大又突出又红，如同两个犄角直直地挂在鱼嘴边上，楚楚动人，这种鱼是福建的鱼种，名字就叫宕眼，因鱼眼好像悬在眼眶外，故此名列第一，朱眼列第二，水晶眼排第三，灯笼眼排第四，金眼排第五，淡金与白眼都不符合鉴赏标准。

鳞管论

凡白自尾至首，自首至尾，要白来起亮夺目者，叫管。鳞要薄，个个要分清，不可有叠轧状，不论何式，俱要如此。

【译文】凡是白鱼，从鱼尾到鱼头，从鱼头到鱼尾，要白起来明亮夺目的才配叫管。鳞片要薄，各个鳞片要分明清晰，不可以有重叠挤压的样子，不论什么类型的金鱼，都要如此。

尾论

凡尾要大厚，分出上下丫叉样者，又要平直端正，上下均齐，不偏不侧，不上不下，尾根要装得端正，斯为两页尾。有鸭脚尾，形如鸭足，故名。有荷叶尾，形如荷叶，故名。有江铃尾，形如儿帽上江铃，故名。有虾尾，形如青虾之尾，故名。有三尾，乃三角者，故名。有喇叭尾，形如喇叭，故名。有四尾，后视之如十字样，故名，又名十字尾。有扇尾，形如扇子，故名。蕉叶尾，形如芭蕉扇子，故名。余俱不入格，但两尾者正格，余则从其风俗之所爱。

【译文】凡是鱼尾一定要长得又大又厚实，要有上下分叉的叶片，又要长得平直端正，上下均匀整齐，不歪向偏侧，不长得偏上偏下，尾根要长得很端正，尾巴分成两叶。鱼尾巴有叫鸭脚尾的，因为鱼尾的形状如同鸭的脚，所以叫这个名字。有叫荷叶尾的，因为鱼尾的形状像荷叶，所以叫这个名字。有叫江铃尾的，因为鱼尾的形状如同儿童帽子上的江铃，所以叫这个名字。有叫虾尾的，因为鱼尾的形状像青虾的尾巴，所以叫这个名字。有叫三尾的，是因为鱼尾的形状呈三角形，所以叫这个名字。有叫喇叭尾的，因为鱼尾的形状像喇叭，所以叫这个名字。有叫四尾的，从鱼后面看如同十字形状，所以叫这个名字，又叫十字尾。有叫扇子尾的，因为鱼尾的形状如同扇子，所以叫这个名字。有叫蕉叶尾的，因为鱼尾的形状如同芭蕉扇子，所以叫这个名字。其余的尾型都不符合鉴赏的标准，只有两尾这种尾型为最常见的样式，而依风俗的变化也有喜欢其他尾型的。

前鳍论

前鳍名曰划水，论鳍要长而圆，如江舟之划桨者入格。

【译文】鱼的前鳍名叫划水，因此鱼的前鳍要长得长而圆，如同江上船的划水桨的才符合标准。

中鳍

中鳍名曰腰鳍，鳍要如铡药刀者入格，前鳍要平于水中，中鳍要侧于水中为妙品。

【译文】中鳍名叫腰鳍，要如同铡药刀的形状方符合标准，前鳍在水中要能放平，而中鳍能侧立在水中的才是妙品。

后鳍

后鳍名曰竖鳍，双者为贵，单者次之，形要如舟尾之舵者为中式，长短圆润狭侧者不中式，要竖于水中者妙，故竖鳍今人呼为坐鳍，不知法也。

【译文】后鳍名叫竖鳍，以双数为珍贵，单数的就次一等，形状要如同船尾的船舵的后鳍才是符合标准的样式，长短合适，形态圆润，狭窄偏侧的不符合标准，后鳍要能竖在水中才算绝妙，故此叫作竖鳍，今天人们都叫作坐鳍，是不知道其中的道理啊。

背条

背条要平直，自首至尾俱要平直而无凸凹者为上品。

【译文】鱼的背条一定要平直，从鱼头到鱼尾都要平直而且没有凹凸的才能算上品。

身条

身条即身段也，身段要两边阔出为式，即如轧车上木干式，第一身段也。

【译文】身条就是鱼的身段，要两边突出的才算符合标准，就像轧车上的木头横杠，这是第一等的身段。

腹论

腹即肚底也，要平直不可凸出，不论何名式者总要脱肚而净白者为上，若有红鳞，则不贵矣。但红者勿论。

【译文】鱼腹就是鱼的肚子的底部，要平直而不可以凸出，不论是什么名称、样式都要是脱肚而且肚子的颜色是纯白色的才是最上品的，如果有红鳞，就不珍贵了。但全红的鱼就不在此论。

养法

凡畜朱鱼，必要大口七石缸一只，内则放六个为式，四雌二雄，多则难长而水易坏，不足观玩。先将清水放满后放下鱼，将绢袋另去虹虫缸内捞虹虫，清水中过清，然后放于大白碗中，拣净垃圾杂虫等物，然后放于鱼缸中，待其渐食，食完依前法再下之，一日三次为式。至晚食尽，不必下矣，夜间留虫，恐其乱食，以及胀死之故耳。往往晚间下虫者，多至丧损，必以深戒之，至晚将竹筒戽去水脚，朝（早）上又戽净，依前法再下虫，水若潢浊，急换之。如是则鱼易长，而红白光彩夺目可观，更不走色走鳍，斯为名手，更可出有名好鱼。

【译文】凡是蓄养金鱼，必须要口大的能够放七石水的缸一个，里面则放养六条鱼为适宜，四条雌鱼、两条雄鱼，养多了鱼就不容易长大，而且饲养水容易变坏，对于观鱼玩赏是不适合的。缸中放满清水后，再把鱼放进去，用绢做的口袋去捞虹虫缸里的虹虫，然后在清水中漂洗干净，把虹虫放在大白碗里面，拣干净里面的垃圾和其他杂虫，把虹虫放进鱼缸里，等鱼慢慢地都吃光，吃完后依据前面的方法再下鱼虫，以一天三次为标准。到了晚上吃完就不必再下鱼虫了，因为夜间缸里留有鱼虫恐怕鱼乱吃，以致撑死。往往晚上下鱼虫，多使鱼丧命而遭受损失，必须深以为戒，到晚上用竹筒做的戽抽取水底部的污水，早上先用竹筒戽抽干净水以后，再依据前面的方法下鱼虫，水如果发黄混浊，就赶紧换水。如果这样饲养，鱼就容易长大而呈现红白色，光彩夺目可以观赏，更不会使鱼色鱼鳍走样，这才是名手，这样饲养更可以产生有名气的好鱼。

看法

看鱼之法，先将大白碗挽清水八分，将软绢作平底之兜，抄起放于碗中，视其身段、嘴、鳍、尾管可畜者，将水徐徐倒去，留分许，只鱼侧于碗中，以好视其背之平直而无凹凸耳，如有凹凸则易见耳。

【译文】挑鱼的方法，先将大白碗放进清水八分满，将柔软的绢做成平底的鱼兜，将鱼赶起来，把鱼放在碗中间，看鱼的身段、鱼嘴、鱼鳍、鱼尾管是否可以蓄养，再将碗中的水慢慢倒去，留一分左右，鱼就侧卧在碗中了，这样容易看它的背脊是否平直而无凹凸，如果有凹凸则非常容易发现。

收子

收子之法，将捞蕴松草于清水缸，养其数日。拣净野鱼子以及虾虫、杂物等伴，然后取长尺许者二三十根，于中间扎定，再用尺许丝线扎一小瓦岩治于下，使草下水寸许，则草如碗形，则鱼散子于草，不狼藉矣。俟其散满，取起另放于小浅缸中晒之，切不可动摇，摇则小鱼曲者多矣，狂风骤雨丽日，必将木盖遮之，庶使子不坏，而可全出。

【译文】收取鱼子的方法，将水草捞取放养在清水缸里，养上几天，把野鱼子以及虾虫、杂物等都拣干净，然后取水草中长度有一尺多长的水草二三十根，在水草中间用丝线扎牢，再用一尺多的丝线扎一小瓦片或岩石坠在水草下面，使水草的顶在水下有一寸多，这样水草漂散在水中如同碗的形状，则鱼把子排散在水草上也不会一片狼藉。等到鱼子都洒满水草，就把水草取出来另放在一个浅水缸中晒它，千万不能摇动它，如果摇动则孵出的小鱼歪斜的就比较多了。狂风暴雨或大太阳的日子，必须用木盖盖在水缸上，这样才能使鱼子不变坏，而可以全都孵出小鱼。

出法

出后半月许，则水有脚而不可戽，将碗挽小鱼清水缸中，以虫食之如大鱼之养法，待有鳞，长寸许，再捉起放于碗中，拣有鳍于背者，以及不平直而曲者、不全者、歪斜者丢于江中，好者畜。俟其变秀后，有名者又另放于一缸中，如大鱼养之。大都养鱼要大七石缸数只，小七石缸数只，小出鱼（缸）数只，如传变得出好者，凡食一日不可少者也。叶台山者，养鱼三十缸，食人有四双，虹虫捞得勤，衣服也打椿。

【译文】小鱼孵出来半个月多，则缸里的饲养水有水底而不可以用竹筒戽来抽水，要用碗捞取小鱼放养在清水缸里，用鱼虫喂小鱼就像喂大鱼的饲养方法，等到小鱼长出鱼鳞，长到一寸多，再捉起来放在碗里，挑选背脊上有鱼鳍的，至于鱼背不平直而弯曲的、长得不完全的、歪斜的都丢弃到江里面，好的蓄养起来。等到鱼长大后，有名目的就另外放养于缸中，如同养大鱼的方法来养它们。大多数情况下，要大的能放七石水的缸数只，小的能放七石水的缸数只，小的孵鱼缸数只，要想鱼养得出色，那么喂食一天也不能够少。有个叫叶台山的人，养了三十缸鱼，喂鱼的人就八个，捞红虫捞得勤快，连衣服也磨毛了。

余爱金鱼也，三十余年矣。自康熙丙午岁得娄东吴瑞征七鳍红四、落花四，畜之十载，生育万余，变幻奇异，寓目舒怀不可胜言。至辛酉年，又得建客异种一，嘴眼身条以及鳞管尾鳍种之妙，所以生育鲜洁，爱之重之，亦不轻弃。虽里中爱是鱼者甚多，但与余论及，总无得知其正脉，惟余独得其秘，故集是谱，以示世之迷盲者，而得以辨别全旨，可以扫除前谬耳。

时康熙岁在己卯桂月朔日跋于寿光堂之晴窗花下。

【译文】我热爱金鱼也有三十多年了。从康熙丙午年间得到娄东吴瑞征的七鳍红、落花红金鱼，养了有十年，生的小鱼成千上万，变幻无穷，奇妙异常，养眼舒心，不能用言语来表述。到了辛酉年，又得到福建一位客人的异种金鱼一尾，鱼嘴鱼眼身条以及鱼鳞尾柄尾鳍，非常奇妙，所以生养的小鱼都十分鲜艳洁净，我非常喜欢并看重这条鱼，也不肯轻易丢弃。虽然乡里爱这条鱼的人很多，但是和我谈论起来，总是没有得到这种鱼的正脉，只有我一个人知道其中的秘密，故此编辑了这个图谱，用以昭示天下迷糊不清的人，而能够得以分辨出全部的主旨，可以扫除前面所有的谬误了。

时间为康熙年间己卯年农历八月初一，写于寿光堂晴天窗前花下。

六则

金鱼图谱

（清代句曲山农）

金鱼谱，旧无传书，近人薛氏有谱，图详而说甚略。今参取《本草纲目》《群芳谱》《格致镜原》《资生杂志》《培幼集》《花镜》诸书，荟录为谱，以备谱录之一。薛氏图列鱼五十四种，今附于后，乐间适性，或有取焉。句曲山农识。

【译文】金鱼谱过去没有流传下来的书籍，近来薛氏有一图谱，图很详细而说明很简单。现在我参考《本草纲目》《群芳谱》《格致镜原》《资生杂志》《培幼集》《花镜》等书籍，汇集在一起刻录成谱集，以作为谱录的一种。薛氏的图列出金鱼五十四个品种，现在附在书后面，在快乐的时候怡情悦性或许还有可取之处。句曲山农写。

原始

旧谱云，金鱼起于元，始于扬州，盛于武林。案《七修类稿》云："杭自嘉靖戊申来，生有一种金鲫，名曰火鱼，以色至赤故也。人无有不好，家无有不蓄。竞色射利，交相争尚，多者十余缸。""金鱼不载于诸书。《鼠璞》以为唯六合塔寺池有之，故苏子美《六合塔》诗云：'沿桥待金鲫，竟日独迟留。'东坡亦曰：'我识南屏金鲫鱼。'南渡后则众盛也。据此，始于宋，盛于杭，今南北二京内臣有畜者。"旧谱所云，殆本于此。其云始于元，则未甚核耳。金鱼为玩物，好尚所在，则种类繁滋，故今之凡品古亦未见，或有谓始于周者，有谓始于战国者，有谓始于汉者，皆曲说附会，今悉不取。

【译文】过去的谱录上说，金鱼起源于元代，开始发源于扬州，兴盛于杭州。《七修类稿》说："杭州从嘉靖戊申年以来出产一种金色的鲫鱼，名叫火鱼，因为它的颜色赤红。人们没有不喜欢的，每家没有不蓄养的。人们互相攀比花色谋求利益，养得多的甚至有十多缸鱼。""金鱼在过去诸本书中都没有记载。《鼠璞》认为只有六合塔寺庙的池子里有这种鱼，故此苏舜钦的《六合塔》诗中写道：'沿桥待金鲫，竟日独迟留。'苏东坡也说：'我识南屏金鲫鱼。'宋朝皇族南渡建立南宋王朝后，则金鲫鱼才开始兴盛起来。根据这些情况可知，金鱼开始于宋朝，兴盛于杭州，如今南北二京的宫廷大多蓄养金鱼。"过去谱录所说，大概就是根据这条记载吧。其中所说的养金鱼开始于元代则未必核实过。金鱼本来就是供大家玩赏的东西，因为喜好和时尚在此，所以品种类型日益复杂丰富，所以今天的一般品种古代也是没见过的，或许有人说金鱼开始于周代，有人说开始于战国时代，有人说开始于汉代，都是偏颇

《金鱼图谱》书影

的言论，穿凿附会，今天我都没有采取这些说法。

池畜

旧时石城卖鱼为业者多畜之池，池以土池为佳，水土相和，萍藻易茂。鱼得水土气，性适易长，出没萍藻，自成天趣。池旁植梅竹金橘，影沁池中，青翠交映，亦园林之佳境也。树芭蕉可治鱼泛，树葡桃可免鸟雀粪，且可遮日色，树芙蓉可辟水獭，惟忌种菖蒲若置白浮水石一二，栽石菖蒲其上或可。池畜之鱼，鲤鲫类耳，佳品不入池也。

【译文】过去南京以卖鱼为业的人多以水池来蓄养金鱼，水池以土池为最佳，水气土气相互调和，浮萍水藻容易生长茂盛。鱼获得水土之气，性情安适，容易生长，金鱼时时出没在浮萍水藻之间，自然形成天然的情趣。水池旁边种植梅花、翠竹、金橘，影子倒映在水池中，青翠交相辉映，也是园林中绝佳的景色。在水池边种芭蕉可以治疗鱼泛之病，种植葡萄可以使鱼免去鸟雀粪便的侵扰，并且可以遮蔽烈日，种植芙蓉树可以驱除水獭，唯独忌讳种植菖蒲（如果放置高于水面的白色石头，在上面种上菖蒲也是可以的）。用水池蓄养的金鱼，都是鲤鱼、鲫鱼之类，金鱼中的好品种不放入池中饲养。

缸畜

池畜之鱼，其类固易蕃，但鱼近土则色不鲜红，故以缸畜为妙。缸以古沙缸为上缸古则无火气，且能透土气，古粪缸尤宜，鱼惟油盐缸最忌，磁缸次之。缸宜底尖口大者，埋其半于土中。一缸只可畜五六尾，鱼少则食，可常继，易大而肥。凡新缸未蓄水时，擦以生芋，则注水后便生苔，而水活，且性不燥，不致损鱼之鳞翅。若用古缸，则宜时时去苔，苔多则减鱼色。初春缸宜向阳；入夏宜半阴半阳；立秋后随处安置；冬月将缸斜埋于向阳之地，夜以草覆缸口俾严寒。时常有一二指薄冰，则鱼过岁无疾。鱼恃水为活，凡缸畜者，夏秋暑热时须隔日一换水，则鱼不郁蒸，而易大若用古缸，水性可多日不坏，不须隔日换水，但以竹筒汲去鱼粪可也。若天欲雨，则缸底水热而有秽气，鱼必浮出水面换气，急宜换水；或鱼翻白及水泛古缸水不易泛，水更宜频换，迟换则鱼伤。

【译文】水池蓄养的金鱼，固然容易繁盛，但是金鱼的体色近乎泥土的颜色，一点也不鲜红，所以还是用水缸蓄养为妙。水缸用古沙缸为最好（古缸没有火气，还容易渗入土气，古老的粪缸尤为适合，只有油盐缸不适合养鱼），瓷缸次一等。水缸适宜用缸底尖而缸口宽阔的缸，把缸一半埋在土中。一个水缸只可以蓄养五六条鱼，鱼养得少了则鱼食充足，鱼易于长大而肥硕。凡是新缸没有放水的时候，用生芋头擦缸壁，则往水缸中注水后便会生长青苔，而水性活泛，且不燥，不至于损伤金鱼的鳞片和鱼鳍。如果用古缸，最好时不时地擦去缸中的青苔，青苔多了则使鱼的体色减淡。初春时节鱼缸适宜放在向阳的地方，入夏时节适宜放在半阴半阳的地方，立秋后就随处可以安置鱼缸，冬天就将鱼缸斜埋在向阳的地方，晚上用草覆盖缸口以避严寒。水面时常有冻一二指深的薄冰，那么鱼过了年也不会有什么疾病。金鱼依靠水才能生活，凡是用缸蓄养的，夏秋暑热的时候必须每隔一天换一次水，则金鱼就不会缺氧闷热，而且容易长大（如果用古缸，水质很多天都不会变坏，不需要隔一天换一次水，只用竹筒吸走鱼粪就好）。如果天要下雨，则缸底的水热而又有污秽之气，金鱼肯定浮出水面换气，这就需要及时换水；有时金鱼肚子朝天以及水质变坏（古缸中的水不容易变坏），水就更应该频繁地更换，迟了鱼就受到损害了。

配孕

鱼配孕俗称咬子，又名跌子。凡雄鱼赶咬雌鱼之腹，雌鱼急穿若遁逃状，其腹有如线影一瞥，即咬子之候。无论池畜、缸畜，须配定雌雄。雄鱼多则伤雌鱼，无雄鱼则雌或胀死。雄鱼须择佳品，与雌鱼色类、大小相侔称，则生子天全而性纯。若用他鱼咬子，其种亦多奇特。用小鲤鱼，其子脊有金丝，具三十六鳞，名曰金鲤；用小鲫鱼，其子身短，性最耐久可观，名曰金鲫；用小鳅鱼者，其子极细而长如龙，名曰金鳅；用小鳖鱼者，其子脊无翅，身扁而短阔，名曰金鳖；用比目河豚者，其子目能开合如人此得知传说，未知验否；用斗鱼者即丁斑鱼，其子花身红尾，善斗；用小乌鱼者，其子红黑相间；用乌贼鱼、鲇鱼、虾婆虫者，其子长须；用鲨鱼者，其子身背多斑；用虾者虾钳须宜去其半，其子凤眼龙脊，而三五尾，或至十四五尾此法较验；用蟹者宜线缚其钳，棉裹其壳刺，其子方身大目；用虾蟆者，其子短扁而身黄，有鼓泡钉；用蜥蜴大蝌蚪者，其子有小足。鱼类之别，系乎咬子，世所熟知者，惟鲤鲫鳅鳖四种，而鲤鲫二种尤繁，吴越中有大至二三尺者。

【译文】金鱼配对孕子俗称咬子，又叫作跌子。在雄金鱼追赶着咬雌金鱼的腹部，雌金鱼急忙穿梭逃跑时，若它的腹部有若隐若现的一条线，就是咬子的时候到了。无论是水池蓄养、水缸蓄养，一定要配定雌鱼、雄鱼的数量。雄鱼多了则会伤到雌鱼，没有雄鱼那么雌鱼或许会胀死。雄鱼必须选择佳品，和雌鱼在颜色、类别、大小等方面都要相称，则生的小鱼先天完全而品性纯正。如果用其他的鱼咬子，那么生下的种也多很奇特。用小鲤鱼配对，它们的后代脊背上有金色的线条，共三十六个鳞片，名字叫金鲤；用小鲫鱼配对，它们的后代身子比较短，性状最耐久、最可观，名字叫金鲫；用小泥鳅配对，它们的后代身体极其柔软、结实而修长，像龙的样子，名字叫金鳅；用小鳖配对，它们的后代背脊上没有鱼鳍，身体扁而短，且圆润，名字叫金鳖；用比目、河豚配对，它们的后代眼睛能像人一样开合（这是从传说中知道的，不知道是否验证过）；用斗鱼（即丁斑鱼）配对，它们的后代身上长满花纹而且尾巴是红色，善于争斗；用小乌鱼配对，它们的后代身上红黑两色相间隔；用乌贼鱼、鲇鱼、虾婆虫配对，它们的后代会长有长长的鱼须；用鲨鱼配对，它们的后代背上会长有许多斑纹；用虾配对（虾钳应该剪去一半），它们的后代长着凤凰一样的眼睛，龙一样的脊背，这样的鱼有三五条或十四五条（这个办法比较可靠）；用螃蟹来配对（应该用线绑着它的钳子，用棉花裹着它壳上的突刺），它们的后代有四方的身体和大大的眼睛；用蛤蟆来配对，它们的后代身子短扁而且身体呈黄色，长有鼓泡钉；用蜥蜴、大蝌蚪配对，它们的后代长着小脚。所以鱼类的区别，咬子是很关键的，世上所熟知的唯有鲤鱼、鲫鱼、泥鳅、鳖这四种，而鲤鱼、鲫鱼这两个品种尤为繁多，江浙一带有的能长到两三尺长。

养苗

鱼之咬子多在谷雨后，如遇微雨，子即随雨下；若雨大，则次日黎明方下。养苗之法，须先取新藻草，从根际理齐，六七丛为一束，布于水面草密方受子多，过多亦碍鱼转动。如草上杂有他鱼子及虾子马皇之类，皆当于束草之先去净。子即跌于草上。跌后，取草映日，看之，如有粟米大色如水晶者，即真鱼苗也。亟用旧浅瓦盆，蓄清水水深三四指即可。置苗其中，用竹片压之，勿令草浮水面，于微有树荫处晒之苗之性，不见日不生，若日色烈即晒死。另置浅水缸于檐下须雨飘不到，寒暖得宜之处，鱼苗不宜与大鱼同置，恐为大鱼所食，二三日后，见盆中有如针尖许大游泳者，用小勺将苗过入缸内饲之。

【译文】金鱼咬子的时间多数在谷雨后，如果遇到微微下雨，鱼子立即随着雨而撒下；如果遇到大雨，则在次日黎明时鱼子方才产下。养鱼苗的方法，必须先取新鲜的水藻草，从草根处剪齐，六七丛扎成一束，散布在水面（水藻草密实才能承载更多鱼子，如果太多就会阻碍鱼的转身游动。如果草上有其他鱼子或者虾子、蚂蟥，应该在扎起来之前就将它们去除）。鱼子立即就附着在水草上。鱼子附着上以后，从水中取出水草对着太阳看，看见有小米大小，颜色如同水晶一样的就是真的鱼苗。必须用旧的浅瓦盆，蓄满清水（二三指深就好），把鱼苗放在盆中间，用竹片压住它，不要令水草漂浮在水面，在微有树荫的地方晒鱼苗（鱼苗的性质是，见不到太阳不会孵化，如果日光太强也会被晒死）。或者把浅水盆放在屋檐下（必须是雨水淋不到、温度适宜的地方，鱼苗不适合放在大鱼的鱼盆中，因为可能会被后者所食），两三天后，看见盆里有针尖大小漂浮游动的，用小鱼勺将鱼苗捞到另一缸里面喂养。

辨色

鱼苗之初出黑色，久乃变红或变白红忌黄，白忌蜡。变色愈迟，得天愈足，色愈鲜，身愈大鱼变色后，则鱼衰难肥大。或数十日即变，或百余日始变，若二三年不变者，饥之劳之，则变。

鱼色变换至多，然不出红白黑三种白者名水晶鱼、银鱼，白黑相间者名玳瑁鱼。三色之中又以红色为多，鱼受伤则红，病则红，劳则红，饥则红；秋子得天薄易红；缸畜则水无土气，亦易红；池畜则红迟，且寿。若全黄、全蓝、全紫、全绿者，乃异种，不常见又有手巾鱼、金线鱼二种，其色未详。

【译文】金鱼苗刚孵出来时是黑色，时间长了就变成红色或变成白色（红色最忌讳发黄，白色最忌讳发蜡色）。变色的时间越晚，鱼的先天就越足，颜色就越鲜艳，身材就越肥大（鱼变色后，则会逐渐衰弱，难以养得肥大）。有的鱼数十天就变色，有的鱼一百多天才变色，如果两三年没有变色的，使它饥饿，让它劳累，就会变色。

金鱼体色变化有很多，然而终究逃不出红、白、黑三种颜色（白色的鱼名叫水晶鱼、银鱼，白黑相间的鱼名叫玳瑁鱼）。三种颜色中又以红色为最多，鱼受伤了就变红，病了就变红，劳累了就变红，饥饿了就变红；秋天的小鱼因气候严寒而容易变红；水缸蓄养则水中没有土气，鱼也容易变红；水池蓄养则变红得慢，而且鱼寿命长。像全黄色、全蓝色、全紫色、全绿色，都是奇异的品种，不经常看见（又有手巾鱼、金线鱼这两种，这两种鱼的颜色不清楚）。

相品

头额之别有印头红、裹头红、连鳃红、首尾红、鹤顶红、点绛唇、金盔；尾之别有三尾即品字尾、四尾、五尾、七尾、九尾尾以能拍鳃者为最佳；鳞之别有六鳞红；脊之别有金管、银管凡有管者，脊如虾而无鳍；身背之别有四红、十二红、三六红、十二白、玉带围、八卦、骰子、金鞍、锦被、十段锦、堆金砌玉、落花流水、隔断红尘、莲台八瓣身背之别多在斑点，方者需极方，圆者须极圆；眼之别有黑眼、雪眼、朱眼、紫眼、玛瑙眼、琥珀眼眼贵红凸，然必泥此，无全鱼矣。以上所述名品，皆诸书所载，然颇有与薛氏谱出入者，盖习尚所在，与时迁改，随意立名，从无定颜，未可刻舟胶柱也。览者当以此意通之。大抵相鱼之法，凡短嘴、方头、尾长、身软、眼如铜铃、背如龙脊，皆佳种也又有身圆如蛋，游泳多仰于水面，名蛋种，尤佳。鱼色驳杂不纯者，名花鱼，俗目为癞鱼，不甚珍之，不知神品皆出于此，其变幻不可量。

【译文】金鱼的头额有印头红、裹头红、连鳃红、首尾红、鹤顶红、点绛唇、金盔几类。金鱼的尾鳍有三尾（即品字尾）、四尾、五尾、七尾、九尾几类（尾能拍至鳃处为最好）。金鱼的鱼鳞有六鳞红等类别。金鱼的脊背有金管、银管几类（但凡有管的鱼，脊背像虾而没有鱼鳍）。身背有四红、十二红、三六红、十二白、玉带围、八卦、骰子、金鞍、锦被、十段锦、堆金砌玉、落花流水、隔断红尘、莲台八瓣（身背的分别在于斑点，方形的斑点要极为方正，圆形的则要非常圆）几类。鱼眼有黑眼、雪眼、朱眼、紫眼、玛瑙眼、琥珀眼几类（鱼眼以鲜红凸出为珍贵，然而如果一定要根据这一条，则眼中就没有完美的鱼了。上面所述的著名的鱼，都是各类书中所记载却和薛氏的《鱼谱》有出入的品种，大概是习惯和喜好发生了改变，随意取了一个名字，从来没有一个确定的样式，所以不要刻舟求剑、胶柱鼓瑟。阅读这本书的人要明白这个道理才能融会贯通）。大概品评金鱼的方法，大都是矩形的鱼嘴、圆方形的头、尾鳍要长、身子要柔软、鱼眼像铜铃一样大、鱼背像龙的脊背般光滑，这都是优秀品种（另外有身体圆得像鸡蛋，经常在水面上仰泳，名字叫作蛋种，尤为优秀）。金鱼的体色色彩斑斓不纯净的，名叫花鱼，一般人看它为癞鱼，不很珍惜它，不知道神异的品种都从这种鱼中产生，这种鱼的体色的变幻莫测是不可估量的。

饲食

鱼苗初入缸，用熟鸡鸭子黄，煮老，废纸压去油，晒干，捻细饲之鸡鸭子黄唯可饲苗，若鱼稍大则不可饲。旬日复取河渠秽水内所生红虫饲之，则鱼易大而多精神。若饲以蒸饼、熟饭，须忌入油盐。或以水和干面，捻如芥子，饲之；或用鳝鱼血拌面，研细饲之皆可。冬至复清明前皆停饲，天冷则鱼食入腹不化，次岁多疾。

【译文】鱼苗刚放入缸中，把鸡鸭的蛋黄，煮得老熟，用废纸压它，吸去其中的油，晒干了，捻成细细的粉末来喂鱼（蛋黄只能用来喂鱼苗，如果鱼稍大一些就不能用蛋黄喂了）。十天后又捞取河渠污水中所生的红虫来喂鱼，则金鱼容易长大而且精神好。如果用蒸饼、熟饭喂鱼，必须注意不要放入油盐。有人用水和干面混合，捻成如同芥末籽大小的颗粒来喂鱼；有人用鳝鱼血拌面粉，研磨成细末来喂鱼，这些方法都可以。冬至日到第二年的清明前后都不要喂食，天冷了，则鱼吃鱼食到肚子里就不消化，第二年多有生病的。

疗疾

芭蕉根或叶捣烂，投入水中，可治鱼火毒。如鱼瘦而生白点者，名鱼虱，亟投以枫树皮或白杨皮自愈。黄梅中秋时雨水连绵，乍寒乍热，鱼每生红癞、白癞，治法用水纱布展翅，置鱼其上，以苦卤点之，一日三次，即愈。鱼忌橄榄、肥皂水、莽草及油盐，入水皆令鱼死，如水中沤麻，或食鸽粪、各种鸟雀粪、自粪，及食杨花，必泛死，可以粪清解之。

【译文】把芭蕉树的根或者叶子捣烂了，投入饲养水中，可以治疗金鱼的火毒之症。如果鱼长得瘦而且身上长着白点，就是生了鱼虱，赶紧把枫树皮或白杨树皮投到水里，鱼自己就痊愈了。黄梅天中秋时节常常阴雨连绵，忽冷忽热，金鱼每每生红癞、白癞病，治疗的方法是用水纱布使鱼鳍展开，把鱼放在上面，用苦卤水点它，一天点三次，就痊愈了。金鱼最忌讳橄榄、肥皂水、莽草以及油盐，这些东西一入水就令金鱼死亡，如果水中沤有麻，或者鱼吃了鸽子粪、各种鸟雀的粪便、自己的粪便，以及吃了杨花，金鱼必定大面积死亡，可以用粪清来治疗。

识性

此鱼惟极灵慧，调驯易熟。每饲食时拍手缸上，两月后鱼闻拍手声，则向人奔跃，或呼名即上者，其法亦然。

【译文】这种鱼极其具有灵性而且聪慧，调教驯化都很容易。每次喂食的时候在鱼缸上拍手，两个月后金鱼听到拍手的声音，就会向着人奔腾跳跃，还有叫名字鱼就游上来，训练的方法和上述相同。

征用

金鱼于世无功，用其气味韧甘咸平，无毒，相传能治久痢、紧口痢。然今世医家亦罕用之，惟误服洋土者，取鱼捣如泥，灌服引吐可解毒，有效。又俗传能辟火，非也，人家轩堂厅事，置缸注水，以防火患，殊觉触目，养鱼其中，则韵矣。此辟火之理也，非真能辟火也。

【译文】金鱼对于世间没有什么功劳，因为它的肉气味韧、甘、咸、平，没有毒性，相传能够治疗慢性痢疾、紧口痢疾。然而今天医生也很少用金鱼，唯独有人误服了洋土，取金鱼捣碎成泥，灌服下去引发呕吐，就可以解毒了，这个方法是有效的。又有习俗传说金鱼能够辟火，并非如此，人们在家里的轩、堂、厅等建筑前摆上大缸注上水，用来防止火灾，就会觉得特别刺眼，如果把鱼养在其中，则有韵致了。这就是辟火的道理，并不是金鱼真正能够辟火。

七则

盆鱼

（摘自清代郭柏苍①《闽产录异》②）

盆鱼即金鱼。福州南台银湘浦，业此者数十家。俗以蓄于盆中，故呼“盆鱼”。

【译文】盆鱼就是指金鱼。福州的南台银湘浦一带，以此为业的有数十家人家。世人因为它蓄养在鱼盆中，所以就称其为“盆鱼”。

有歧尾、有四尾、有凤尾、有龙目、有平目，或纯红，或纯白，或杂红白。惟纯黑者名“铁青”，纯白者名“银鱼”，为难得耳。其种以“卵鱼”为第一，四尾、平目，身圆如卵。次则“鼓鱼”，身如鼓，有“龙目”“平目”二种。歧尾，乔乔然。有“鬐凤”，背有鬐，尾长于身者二倍，尾如细丝，好浮水面；无鬐而平目者为“平凤”；龙目者为“龙目凤”。“平凤”、“龙目”、“凤尾”与“鬐凤”同，四尾平目者为“平鱼”。四尾龙目者为“龙鱼”。又有“朝天鼓”，仰浮水面，似死非死，亦奇特也。

【译文】金鱼的尾型有三尾、四尾、凤尾的区别，眼睛有龙睛、正常眼的区别，体色有的纯红色，有的纯白色，有的红白相间。唯独纯黑色的金鱼名叫“铁青”，纯白色的金鱼名叫“银鱼”，是难得的珍贵品种。金鱼的品种以“卵鱼”为第一，这种金鱼的特点是四尾，正常眼，身体圆得如同鸡蛋。其次就是“鼓鱼”，身形如同鼓一样，有“龙睛”“正常眼”两种。三尾金鱼的泳姿婀娜多姿。有“鬐凤”金鱼，背上长着背鳍，鱼尾是身体的两倍，鱼尾如同细丝一样，喜好漂浮在水面上；没有背鳍而且鱼眼正常的就叫作“平凤”；是龙睛眼的就叫作“龙目凤”。“平凤”、“龙目”、“凤尾”与“鬐凤”差不多，四尾正常眼的金鱼叫作“平鱼”。四尾龙睛眼的金鱼叫作“龙鱼”。又有一种叫“朝天鼓”的金鱼，总是翻着肚皮浮在水面上，似乎死了又没有死，也很奇特。

盆鱼雄者，冬末则两鳃发白点。挑其眼、鳃、首、尾方正者，置缸中，使春初感雌，不杂异类。暑天伤热，则生虱青色，急取去；迟则鱼瘠矣。小鱼初出，以布袋捞末虫水中群聚游走，极小之虫，饲之易肥，但色淡。继用饼饵线面，得咸气，则红者愈红，白者愈白。

【译文】盆鱼中的雄鱼，冬天将尽时，鱼的两鳃就会长出白点来。这时就挑选金鱼中眼睛、鱼鳃、鱼头、鱼尾长得方正的，放养在缸里面，使它在初春的时候感受到雌鱼的吸引，这样就不会串种。暑热的天气里如果受到热气的伤害，盆鱼则会长出黑色的鱼虱子，这时需要赶紧把鱼虱子去除掉；晚了金鱼就会消

瘦。小金鱼刚孵出来的时候，用布袋捞小鱼虫（就是水里面聚在一起游动，极其细小的鱼虫），来喂金鱼容易使金鱼肥壮，但是金鱼的体色容易浅淡。以后就用饼做的饵料或面条来喂，这些饵料里面有咸气，金鱼吃了红的就更红，白的就更白。

盆鱼味极腥，以桐油炸之，则芬芳可口。前辈黄孝廉文江曾炸金鱼十千文，一日啖之。

【译文】盆鱼的味道极其腥膻，用桐油炸着吃，则味道就很香很可口。有一个叫黄文江的做孝廉的前辈，曾经花十千文炸金鱼，一天就都吃光了。

凡低洼之地，积水三四年，自生蛙蝇、鱼虾。庚子过赵北口，积水无鱼；甲辰则杂鱼肥美。浦城出仙霞江郎石三片，屹立如檀板，从无登者。咸丰辛亥，石顶发火，有数巨鱼跃下。尤溪城北莲花峰之天湖，在高山上，中有巨鱼。水土得天气，自生鱼鳖；继有子种，生生不已。其理与人、与草木一也。惟盆鱼需人，置之池中，皆上浮，徒饱鸟雀；故其种易绝。

【译文】凡是低洼的地方，积水有三四年的时间，自然而然就会生长出蛙类、蚌壳类、鱼类、虾类。庚子年我经过赵北口这地方，那里的积水中没有鱼类；到了甲辰年那里的鱼就很肥美了。从浦城到仙霞途中的江郎山有三块大石头，屹立在那里如同檀板，从来没有人登上去过。咸丰辛亥年，山石顶上突然着火，就有几条巨大的鱼从上面跃下来。尤溪城北面的莲花峰的天湖，在高山上，里面有巨大的鱼。自然界的水土得到天然之气，自然而然就长出鱼和鳖来；继而又繁殖出下一代，一代一代生生不息。其中的道理，人和草木都是一样的。唯独盆鱼需要人的照顾，如果把它们放养在水池中，金鱼都会浮上来，白白喂饱了偷嘴的鸟雀；故此金鱼若没人照料就容易灭绝。

卵鱼近甚难得。盆鱼求一雄、一雌，种同，色同，身分、鬐鬣皆同，配成一盆。越数月，忽肥者瘦，瘦者肥。玩鱼者乃为鱼所玩。

【译文】卵鱼最近很难得到。我求得一条雄的，一条雌的金鱼，品种一样，颜色一样，身长及各个鱼鳍都一样，配成一对在一个鱼盆中饲养。过了几个月，之前胖的鱼忽然变瘦了，之前瘦的鱼变胖了。玩赏金鱼的人最终被金鱼所戏弄了。

东门旗人养池中者，大八九寸，银湘浦不及也。

【译文】东门旗人把金鱼放养在水池中，可以长到八九寸长，银湘浦养的金鱼就不及他们养的大。

注　释：

① 郭柏苍（1815—1890），又名弥苞，字蒹秋、青郎，侯官县（今福州市区）人。清道光二十年（1840）中举。曾任县学训导，捐资为内阁中书，长期里居，承揽盐税。著《闽产录异》，记载福建

土特产、动植物和矿产等。

② 《闽产录异》作为全面记述福建省地方自然资源及特产的笔记，是清代研究福建地方物产较详备的著作，向来得到很高的赞誉，其中对于闽省茶叶的情况搜集十分详细，茶叶项下便分了水仙、岩片、白毫、半山、罗汉等二十二种，对功夫茶的冲制等都有具体说明，又讲及福建省茶叶与外国的交易，且遍搜方志，记录了许多有价值的茶史资料，如“芳茗原”、“方山露芽”和“郑宅茶”的来历等。郭氏为文严谨，自称“苍之所录，不臆断，不求文，书成分类，以便探讨”，他对于茶事的记录，可作为研究福建省清代茶情的重要资料。

八则

虫鱼雅集

（清代拙园老人）

余髫龄时，即性喜秋虫文鱼。尝携至塾中，师见而责，不准好此，弗听。一日，又潜携入，塾师怒，诃之曰："童子不务正业，将嗜此了却终身耶？"余竟对之曰："爱虫斗，有英雄；概观鱼游，生活泼机。二物不为俗，豪士文人皆可好，况功课未误，师何责我不务正业？"幼而无知，其蠢顽如此。师闻而笑曰："是故恶夫佞者，读书人究竟分心，嗣后须急改，不然，夏楚矣。"于是始不敢蓄此二物。稍长至成年，课举子业，终日攻苦，昕夕不遑，读书未成。迨入仕途，已将而立之年，风尘劳碌，宦游州（疑为"卅"）余载，何暇及此。然每见此二物，必留连玩赏，亦性之所好耳。岁庚子，因疾告退，闲居无可消遣，遂凿池园里，引水石间，各处购求物色，得文鱼若干种，于盆池蓄养。日日早起，为渠供驱使，年来滋生甚夥。

凤尾龙睛，五色灿烂。观其唼花游泳、映水澄鲜，不惟清目，兼可清心。倏值金风飒爽，蟋蟀清吟，助三径之诗情，添九秋之逸兴。当疏篱雨过，开满豆花，小院月明，照彻桐叶，闻唧唧之声，得悠然之趣，故日以虫鱼为闲中一乐也。读苏子《赤壁赋》[①]有“侣鱼虾而友麋鹿”句，因自起别号曰“侣虫鱼叟”。忆曩年师训，将嗜此了却终身之语，三复低徊，不禁有所感叹：“嗟夫！经霜野竹，犹抱虚心；带雪寒松，独留晚节。”知我者，其在斯乎！其在斯乎！时在光绪甲辰秋九月，拙园老人志于赏心乐事斋。

【译文】我童年的时候，就喜欢蟋蟀和金鱼。曾经把它们带到私塾中去，老师看见了就责怪我，不准喜好这些东西，但我不听。一天，我又偷偷地把它们带入私塾，私塾的老师很生气，大声指责我说：“小孩不务正业，将要嗜好这些玩物过一辈子吗？”我竟然顶撞他说：“喜爱蟋蟀争斗，是因为喜爱蟋蟀有英雄气概；而观赏金鱼游动，可以引发人产生活泼的感觉。这两种东西不是俗物，豪士文人都可以爱好，况且我功课也没有耽误，老师何故责备我不务正业呢？”我当时真是年幼无知，愚蠢顽皮到了这种地步。老师听见此话笑着说：“所以孔子才说讨厌能言善辩的人，对于读书人来说养这些东西终究容易分心，以后必须赶紧改正，不然的话，我就要惩罚你了。”于是我才不敢再蓄养这两种动物了。稍稍长大到成年，为科举求功名而学习，整天苦苦攻读，早晚没有闲暇，读书却也毫无成就可言。等到进入仕途，已经是而立之年了，整天风尘仆仆、劳劳碌碌，在各地做官三十多年，没有时间顾及这些虫鱼的事情。然而每每看见这两样动物，必定要流连徘徊玩弄观赏，也是天性所喜好罢了。庚子年，因为疾病告退回家，闲居在家没有什么可以消遣打发时间的，于是就在自己的园子里凿了一个水池，从石间引来溪水，各地购买物色好的鱼种，得到金鱼若干种，在鱼盆水池中蓄养它们。每天早早起来，被清污喂食这些活儿所驱使，第二年金鱼繁殖了很多。金鱼凤尾龙睛、五彩斑斓，看它们在水中啄落花、游泳，映照着水面澄澈鲜明，不只是可以使眼睛清爽，还可以使内心清净。不久就到了金风飒爽的秋天，蟋蟀清亮地吟唱，更增添了归隐田园的诗情画意，增添了我在九秋之际的闲情逸致。当雨刚刚下过，稀疏的篱笆上开满了豆花，小院里明月高照，把梧桐树叶都照亮了，听着蟋蟀唧唧的叫声，我得到了安闲悠然的人生真趣，因此每天把虫鱼作为闲居中的一大乐趣。读苏东坡的《赤壁赋》中有“和鱼虾做伴，而和麋鹿为友”的句子，因而自己起了一个别号叫“侣虫鱼叟”。回忆起从前老师的教训，告诫我可能会因嗜好这两样玩物过一辈子的话，再三低头徘徊，不禁有所感叹：“唉！经过霜打的郊野的竹子，犹自抱有虚心；带着雪的寒松，独独留有晚节。”能表白我心的，就在这句话中！就在这句话中！时间在光绪年间甲辰年九月秋天，拙园老人写于赏心乐事斋。

序

夫盆鱼，别一种也。质本清奇，形尤古异。其尾也飘飘，其鳞也细细。意多平淡，色自鲜妍。跃则艳影扶摇，潜则清神定静。无半点俗尘之气，具一番幽雅之容。故人爱而喜蓄之，取其清清之意耳。于是，或凿池于园里，或引水于石间，或养之亭台，或设之院宇。盈盆灿烂，映水澄鲜。每逢晨气，一天俯沼，窥唼花之趣。午阴满径，凭栏歌“在藻”之篇。日暖天高，印晴光而蔚蓝到底，云龙烟霭，含雨意而虚白生新。吹柳絮于池心，龙睛环抱；戏萍花于水面，凤尾徐摇。翩翩乎致本悠然，翙翙焉态何活也，审鱼之游泳，大可悟活泼之机，得澄清之趣。若于风前雨后、月下花间，领略赏观，益人神智，怡人性情处，当不少也。昔武侯临池边而画治安之策，庄子观濠上而遣风雅之怀[2]，鱼岂非益智怡情之物乎？余生也晚，何敢望诸古人，但性癖于斯，不禁有所鄙论，并集小说浅法数十则，何足为文，聊以供同好者一噱耳。

【译文】盆中饲养的金鱼是特别的一种鱼。它的资质本来就很清雅奇特，形态尤其古怪异常。它的尾巴飘然娴静，它的鱼鳞琐细晶莹。金鱼的意态是平淡的，颜色是鲜艳的。向上游则艳丽的身影漂浮摇摆，向下游则使人感觉气定神闲。金鱼没有一星半点世俗的气息，另外具有一番幽雅的容貌。人们都喜爱它，并且喜欢蓄养它，是取其具有清清的意趣罢了。于是，有人在园子里面凿池，有人从石间引来溪水，有人把金鱼养在亭台之中，有人把金鱼盆放在庭院、房子里。满盆的五彩斑斓，映照着水面澄澈鲜明。每逢早晨的时候，俯视池沼中金鱼啄食落花的意趣。中午树荫洒满小路，我靠着栏杆吟唱《诗经》中《鱼藻》的诗篇。太阳照耀使人温暖，天高气爽，把天空蔚蓝的晴光映照在水面，池水清澈使人感觉蔚蓝到底，烟霭朦胧，天空似雨不雨而虚空中又生出新意。把柳絮吹到水池中心，龙睛金鱼会将其团团围住；金鱼在水面嬉戏水中浮萍的花朵，鱼尾慢慢地摆动。金鱼翩翩游动使它看起来很悠然自得，金鱼生动活泼的样子使人感觉它的姿态是何等鲜活，观察金鱼的游泳，大可以领悟出金鱼活泼生动的天机，得到澄净清明的意趣。如果在微风

石榴鱼缸胖丫头

前、下雨后、明月之下、鲜花之间，领略观赏金鱼的话，对人精神智慧有益，使人性情愉快的地方不在少数。昔日武侯诸葛亮在池边谋划治国安邦的策略，庄子在濠上观鱼而抒发风雅的情怀，金鱼难道不是有益精神、愉悦性情的东西吗？我出生也晚，怎么敢奢望和各位古人相提并论，但是天性癖好这些，不禁有了一些粗浅的观点，并把这些观点集在一起成为十几则微不足道的评论和粗浅的看法，不足成为文章，姑且用来供金鱼爱好者们一阅，以博一笑罢了。

鱼法源流

鱼之种类不一。有蓝鱼，有翠鱼，有龙睛鱼，有文鱼，又名鸭蛋鱼，鱼名不同。有软尾，有硬尾，有凤尾，有燕尾，有菱角尾，鱼尾各别。有黑色，有白色，有红色，有各样花色。鱼色多分，蓝鱼、翠鱼难得。龙睛、鸭蛋鱼易养。软尾尾大，硬尾尾小。软尾身喜平圆，硬尾身要圆粗，但总宜头尾身三停匀称，无偏为佳。凤尾者上，燕尾次之，菱角尾又次之。至颜色鲜明，全在养法。龙睛鱼，一出皆黑色；蛋鱼，一出亦近黑稍淡。渐大渐变，有满白，有满红，有黑红，有红白，有碎花，有整花。尾亦有满白、满红、白根红梢、红根白梢，各色不一。其中颜色变化，不能一尽，在养之得法。若一失法，往往常出肉红、肉白之色，纵然鱼有可取，色一不鲜，亦难动目。但老鱼总满红者多。即龙睛鱼，由黑色变黑红色，名为变蛇，总靠不住，过时即成满红。鱼本无黑色，若能养成满黑，到老不变，则得养鱼妙诀。别色未有不佳者。蛋鱼嘴长者，养老出狮子头，嘴短者不出。龙睛颜色总以十二红、露雪红为最，花样长好是上品。外有龙背鱼，与龙睛一样，只无背刺。又有望天龙，眼上视，有脊刺；若无刺，即望天鱼。蛋鱼有虎头鱼、绒球鱼，皆异种也。惟蓝鱼、翠鱼，实不易养，略为失法，便成铁蓝烂翠矣。颜色不杂不暗者，颇难得也。

【译文】金鱼有很多种，有蓝鱼，有翠鱼，有龙睛鱼，有文鱼，又叫作鸭蛋鱼，金鱼的名称各有不同。金鱼的鱼尾有软尾，有硬尾，有凤尾，有燕尾，有菱角尾，金鱼的尾巴各有区别。金鱼的体色有黑色，有白色，有红色，有各种花色。金鱼的体色有许多分法，唯有蓝鱼、翠鱼比较难得到。龙睛鱼、鸭蛋鱼容易饲养。软尾的金鱼鱼尾比较大，硬尾的金鱼鱼尾就小。软尾金鱼的体形大家喜欢平圆的，硬尾金鱼的体形要圆粗，但不管怎样，金鱼都以鱼头、鱼身、鱼尾三段比例均匀、没有偏颇为佳品。凤尾金鱼是最上等的，燕尾金鱼次一等，菱角尾金鱼又次一等。至于金鱼的颜色鲜艳明快，全在养金鱼的方法上。龙睛鱼，一孵出来全是黑色的；蛋种金鱼，一孵出来也是近乎黑色，只是稍微浅淡一些。鱼苗渐渐长大，体色也渐渐变化，有全是白色的，有全是红色的，有黑红两色的，有红白两色的，有碎花的，有整花的。金鱼尾巴也有全白的、全红的、根部白色梢上红色的、根部红色梢上白色的，各种花色不能一一尽数。其中颜色的变化，不能一下说尽，之所以如此，全在于养鱼得法。如果万一养鱼不得法，金鱼的颜色往往出现肉红色、肉白色，纵然金鱼别的地方还有可取之处，颜色一不鲜艳，也就难以动人眼目了。但是老金鱼总是以全红的居多。即使是龙睛鱼，由黑色变成黑红色，就叫作变蛇，但这种颜色总靠不住，没过多久就变成全红色。金鱼本来没有黑色的，如果能养成全黑颜色，到金鱼老了也不变色，那就得到了养金鱼的妙诀了。如果养金鱼到这个水平，养其他颜色的金鱼没有养不好的了。蛋种鱼嘴长得长的，养到老能养出狮头金鱼，嘴短的就养不出来。龙睛金鱼的颜色总是以十二红、露雪红为最好，花样长得好的是上品金鱼。此外还有一种龙背金鱼，与龙睛鱼长得差不多，只是背上没有背鳍。又有望天龙金鱼，眼睛向上看，有背鳍；如果没有背鳍，就是望天鱼了。蛋种金鱼有虎头金鱼、绒球金鱼，都是金鱼中的奇异品种。只有蓝鱼、翠鱼，实在是不容易饲养，稍微有所闪失，就变成铁蓝烂翠的颜色了。颜色不杂不暗淡的，很是难以得到。

养鱼总论

鱼乃闲静幽雅之物，养之不独清目，兼可清心。观其游泳浮跃，可悟活泼之机，可生澄清之念。虽系玩好，与人身心有益，胜养禽鸟多多矣。凡养鱼，器具须多，家伙务净。鱼最喜洁恶秽。尤要紧者，油盐矾碱，一经入盆，必然伤鱼无疑。养法有盆，有缸，有池。池中故可蓄大鱼，然养鱼总讲究陈盆老缸。论及秧鱼，尤须盆中。盆秧养出，皮润、鳞细、色鲜，无非出长稍迟。池秧生长虽速，第每皮暗、鳞粗、色淡。如有大池，将秧成之鱼放入喂养，可出大鱼。滋鱼总以盆秧为贵。俗云：万鱼出子时，盈千累万，至成形后，全在挑选。于万中选千、千中选百、百中拔十，方能得出色上好者。但是物原鱼中异种，工夫虽到，出鱼时，一盆中每每有材者少、无材者多，而出长必是无材者速，有材者慢。倘工夫略欠，定然无材者妥，有材者损伤，及老鱼亦如是。此真造物所忌耶？而不然也。盖人心爱恶，大抵相同。凡好者每多用意，劣者便不留心。殊不知天地生物有自然之理，过加护惜，反致失宜。鱼之总而论之，第一盆鱼，真老次之。工夫要勤，养之日久，体察得门，自必头头是道。熟能生巧，非可言传，在人意会耳。

【译文】金鱼是娴静幽雅的动物，养金鱼不单单可以清目，也可以清心。看金鱼游泳漂浮跃动，可以悟出生动活泼的机趣，可以使人的心中生出澄澈清雅的意念。金鱼虽然属于玩好，对于人的身心是有益处的，胜过饲养禽鸟很多了。凡是养金鱼，养鱼的器具必须多，养鱼的家伙务必干净。金鱼最喜欢洁净，讨厌污秽。尤其要紧的是油盐矾碱这些东西，一旦有放到鱼盆里的，必然伤鱼无疑了。养金鱼的方法有盆养、缸养、池养这三种。水池中固然可以蓄养大鱼，然而养金鱼终究讲究陈盆老缸养鱼才好。当说到养小鱼苗，尤其须在盆中饲养。用盆养出的鱼苗，表皮润泽，鱼鳞细腻，颜色鲜艳，无非是长大的速度稍微慢一点儿。池中的鱼苗虽然长得快，但每每都是表皮暗淡，鱼鳞粗糙，颜色浅淡。如果有大鱼池，将鱼苗养成的成鱼放进去喂养，可以养出大金鱼来。繁殖金鱼总是以鱼盆中繁殖的鱼苗为贵重。俗话说：鱼苗从鱼子中孵化出来时，成千上万，到了鱼苗成形以后，好的金鱼全在于挑选。在万条鱼苗中挑选出千条，在这千条鱼苗中再选出百条，在这百条鱼苗中再选拔出十条，方能得到出色上好的金鱼。但是金鱼这种动物原来就是鱼中的奇异品种，养鱼人的功夫虽然到了，但是出鱼的时候，一盆鱼中每每有材的金鱼少，无材的金鱼多，然而金鱼生长起来必定是无材的金鱼长得快，有材的金鱼长得慢。倘或养鱼的功夫稍微有所欠缺，必定无材的金鱼安然无恙，有材的金鱼反而有所损伤，及至老金鱼也是这样的情况。这真是造物主有所嫉妒吗？其实不是这样的。人心好恶，大抵都是相同的。凡是喜好的东西就每每多用心意，劣等的东西便不留心了。殊不知天地之间生长万物有自然的规律，过度加以保护爱惜，反而不够恰当。总而论之，金鱼以盆养金鱼为最好，其他的就次一等。养鱼要多下功夫，日子久了，体察到养金鱼的门道，自然会说起来头头是道。养金鱼在于熟能生巧，是不可以用言语传达，只能心领神会罢了。

滋鱼浅说

雄鱼甩白，雌鱼食之而有子，如虫类中促织过铃吃铃同一理也。凡鱼，前秋食足，过年食早，则甩子必足且早。然亦总在清明之后，立夏之前。要看天气冷暖。欲求好秧，全在老鱼，有材出子必佳。又在平时工夫，务要各分各盆，若种类掺杂，误食其白，出子每多不文。鱼欲甩子，先伏盆底，一二日后便浮起，围盆旋转，雄鱼随后追之。即另盆装好水，置向阳地。取新闸草一团，用草绳或麻绳束住，下坠小石头或瓦岔，使草居盆当中，不令四散。再将两鱼提入水中，大小花样配妥。雄鱼能大莫小，放入即围盆边旋转，雌鱼前行，雄鱼后追随，追随甩子，半黏于草际。但鱼无知，一甩出，大鱼随吞之。须不时窥看，子一满盆，赶将大鱼起出，再换一盆，如前法安置。再满再换，以甩净为止。若多年老鱼，可连接子四五盆。老鱼甩净子后，要加意数日。万物一理，亦系化育之道。鱼力微弱，第一挡风雨，调食水为妥。至子一甩出，形如黄米粒大小，色白而有光，原盆放之勿动。天寒，夜间搭以苇帘。遇大风雨，须遮盖。尤怕雷震。过日渐大，至三日后，子尽沉于盆底，其中生意动焉。再二三日，忽然不见，是脱去皮壳，小鱼出也。其壳并不见，自随水化作泥沫而消，须着眼细看，底上则细细一层，形如剃下发丝一般。但见有栩栩欲活态，即取鸡子用凉水煮老，剥皮去清，将黄晾干，裹新布沾水拧汁入盆，养其生气。千万不可挪盆，缘鱼将出，气力微极，若一摇动，重则伤损，轻则鱼身歪闪，即养成，亦多不佳。喂鸡子汁一二日，便可浮起，而不能久跃。水面忽见忽隐，隐即栖于草际。可将鸡子黄晾干，捻细末过罗饲之，撒在水面，不见其食，而隔时一看，鱼肚尽透黄矣。再逾数日，便出尾长分水，渐之破肚生肠。此数日内，若遇风雨、过寒，须搭盖俱到。亦不可移动，此本异种，自破其肚后生肠胃，重新长严，名为封肚。既封肚后观之，居然鱼形也，便可兼喂虫食。先喂蜜食，打来之虫过罗漏下者为之蜜食，取其口小易吞。养至过寸，自管足虫饱喂。日长一日，只要一成鱼形，将草起出，换水移盆，均无妨碍。留神惟在未封肚之先，要紧。且无论小鱼大鱼养法，故仗人力，还赖天工。天地之气，化生万物。白昼务使受日色风光，夜间尤须得星辉露气。此自然之理。至于得法失法，是在会心人品察物理，以参悟造化之功耳。

【译文】雄金鱼甩出精白，雌金鱼吞食了就会有鱼子，如同虫类中的促织繁殖过程中“过铃吃铃”是同一道理。凡是金鱼，前一年秋天喂食喂得充足，第二年喂食喂得早，那么甩子就必然充足而且早。然而金鱼甩子也总不过在清明以后，立夏以前。时间要看天气的冷暖情况。想要求得好的鱼苗，全在老金鱼质量的好坏，老金鱼质量高，甩出的鱼子必然就好。又在平时的功夫，金鱼务必要各个品种分别养在不同的鱼盆中，如果种类掺杂在一起，雌金鱼误食了其他品种金鱼的精白，产出的鱼子每每难有好鱼。金鱼想要甩子，会先趴在鱼盆的底部，一两天以后便漂浮起来，围着鱼盆的边打转，雄金鱼随后追逐雌金鱼。立刻用另一个鱼盆装好水，放在向阳的地方。取新鲜的水草一团，用草绳或者麻绳捆住，下面坠上小石头或者瓦岔，将水草固定在鱼盆的正当中，不要使水草四处散开。再将雌雄两条鱼提出来放在这盆水中，鱼的大小花样搭配妥当。雄金鱼有个头大的就不要小的，放入盆中的金鱼立刻围着鱼盆边打转，雌金鱼在前面游，雄金鱼在后面追随，在追随的过程中雌金鱼甩子，鱼子大多粘在水草边上。但是金鱼是无知的，鱼子一经甩出，大金鱼随时就吞吃它。养鱼人必须不时地窥探，鱼子一甩满一盆，赶紧将大金鱼捞出来，再换上一新盆，如同前面的方式安置。再甩满再更换，以金鱼把鱼子甩干净为止。如果是多年的老金鱼，可以接连甩出四五盆鱼子。老金鱼把鱼子甩干净后，要注意调养几天。世上万物都是一理，也都遵循化育之道。金鱼甩子后体力微弱，第一要注意的就是挡风雨，并把喂食和饲养水调理妥当。甩出来的鱼子，形状如同黄米粒大小，白色而且有光泽，原鱼盆放在原地不要移动。天气寒冷，夜间就搭上苇帘。遇到大风雨的天气，必须遮盖鱼盆。小鱼尤其怕雷震。时间一天天过去，鱼子渐渐长大，到了三天后，鱼子全都沉到鱼盆的底部，其中可以看出有生命在蠢蠢欲动。再过两三天，忽然鱼子都不见了，是小金鱼脱去了鱼子的皮壳，小鱼孵化出来了。鱼子的外壳看不见，是自然随着盆水化为泥沫而消解了，用眼睛仔细地看，可以看见鱼缸底部则有细细的一层，像是剃下来的头发丝一般。但见鱼盆中的小鱼有生动活泼的状态时，立即取鸡蛋用凉水开始煮，直到煮成老鸡蛋，剥掉蛋壳，去了蛋清，将蛋黄晾干了，裹上新布沾上水把拧出的蛋黄汁放到鱼盆中，来喂养小金鱼。千万不要移动鱼盆，原因是小鱼刚孵出来，气力都微弱至极，如果一摇动鱼盆，重则小金鱼受到损伤，轻则小金鱼的鱼身长得歪斜，即使养成大鱼，也多不是佳品。喂鸡蛋汁一两天后，小金鱼苗便可浮起来了，然而不能长久游动。从水面看，忽然可以看见，忽然又看不见了，看不见的时候即是栖息在草间了。也可以将鸡蛋黄晒干了，捻成细细的粉末过罗筛来喂小鱼苗，把蛋黄沫撒在水面，不见金鱼来吃，然而过一会儿一看，鱼的肚子都透着黄色了。再过几天，鱼苗便长出了鱼尾和分水鳍，渐渐地鱼肚子中长出肠子。在这几天以内，如果遇到风雨天气、过于寒冷的天气，必须都要进行搭盖。也不可以移动鱼盆，金鱼本来就是奇异品种，自从金鱼苗破开它的肚皮生长肠胃，到重新长严实，就叫作封肚。等到鱼苗封肚后再看，居然已经长成金鱼的形状了，便可以兼或喂喂鱼虫。先要喂蜜食，打捞来的鱼虫过罗筛漏下来的小鱼虫就叫作蜜食，是取其鱼苗嘴小而容易吞噬。鱼苗长至寸许，就可以提供充足的鱼虫饱喂金鱼。一日一日过去，只要鱼苗一长成金鱼的形状，就将水草捞出来，换水或移动鱼盆，都没有什么妨碍了。只有鱼苗还没有封肚子前要多留神，这是最要紧的时候。而且无论小金鱼、大金鱼，养鱼的方法，固然依仗人的力量，但是还要靠自然的造化。天地之间的气变化出了世间万物。白天务必使金鱼享受明媚的阳光，夜间尤其需要使金鱼感受星辉露气。这是自然的道理。至于养金鱼得法还是失法，就是需要有心人仔细品查事物的机理，来领悟自然造化的功力了。

四时养鱼说

春

春乃发生万物之候。务须食水皆足，向阳饱晒，得受和风，鱼必生长出色。出盆不宜过晚，总在春分以前为是。即或天寒，夜间用苇帘略为搭盖便可。若过于护惜，鱼反软弱娇嫩矣。

【译文】春天是一年中万物生长的时候。养金鱼务必使喂食和换水都充足，把鱼缸放在向阳的地方饱晒太阳，使得鱼缸能享受到和煦的春风，那么金鱼必然生长得就出色。把鱼缸移出室外不宜太晚了，一般总是在春分以前的时间比较合适。即使有时候天气寒冷，夜晚的时候用苇帘把鱼缸稍微搭盖一下就可以了。如果过分地保护爱惜，金鱼反而长得软弱娇嫩了。

夏

夏乃郁郁炎蒸之象。水须勤足，食可稍减。若鱼过肥，恐有伤损。午后须添新水，遮以苇帘花荫。最要者，清早务将盆中收什（拾）洁净。初夏暮夏尚缓，惟三伏之中，若一疏神，必致鱼受害也。

【译文】夏天有着郁闷炎热如蒸笼一样的天气。换水必须勤快而且充足，喂食可以稍稍减少。如果金鱼养得过于肥胖，恐怕对于金鱼会有所损害。中午以后必须添加新水，用苇帘花荫来为鱼盆遮阳。最重要的是，清早务必将鱼盆中的杂物收拾干净。初夏暮夏季节尚且缓和一些，唯有在三伏天中间，如果稍微有一点疏忽，必然导致金鱼受到伤害。

秋

秋乃萧疏收敛之时。食水亦宜足。晚食尤宜多喂，交秋鱼喜夜食。又宜多向阳，然又不可使鱼受温。若在新秋，午间还须少遮花荫。一交深秋，便可终日向阳。夜间或遇连阴，仍须少搭，以避寒气也。

【译文】秋天乃是萧条疏朗、万物收敛的时节。喂食换水也适宜充足。夜晚喂食尤宜适当多喂，秋天时节金鱼喜欢在晚上吃东西。鱼缸又适宜多多地晒太阳，然而又不可以使金鱼受温热。如果在新秋季节，中午还必须稍微用花荫来遮一下太阳。已到了深秋季节，便可以整天把鱼缸向着太阳了。夜间或许遇着连续的阴天，仍然需要稍微用苇帘搭一下鱼缸，以遮蔽寒气。

冬

冬乃天地闭塞之际。虫即不生，鱼亦不食。入屋须交霜降后，有阳洞子尤妙。不可太暖。但使盆中水不致冻便可。添水即用生水，亦不必勤为收什（拾）。物在冬藏之时，听其自然为妙法也。

【译文】冬天乃是天地之间闭塞的时节。鱼虫既不生长，金鱼也不吃食。把鱼缸搬进房子里必须到霜降以后，有向阳的地窖尤其美妙。但不可以太温暖了。只要使鱼盆中的水不致结冰便可以了。往鱼缸里添水用新打来的井水就可以，也不必整天勤快地收拾鱼缸。万物在冬天收藏的时节，顺其自然是最好的方法。

养鱼六诀

第一诀

养鱼一诀，各归各盆。母鱼食白，亦如孕娠，若相掺杂，种类不分，即或出子，必难成文。

【译文】养金鱼第一要诀，各个品种的金鱼要分盆饲养。母金鱼吃了雄金鱼的精白，也就如同怀孕了，如果各个品种的金鱼相互掺杂在一起饲养，各个品种类型也不区分，那么即使孵出小鱼，必然难以成什么气候。

第二诀

养鱼二诀，格物要真。虽鳞介属，理亦同人。水养其性，食养其身。随时体察，自然精神。

【译文】养金鱼第二要诀，穷究养金鱼的道理要认真。虽然金鱼属于鳞介类的动物，其道理也如同人一样。饲养水滋养金鱼的性情，饵料喂食滋养金鱼的身体。随时观察体会，养出来的金鱼自然精神。

第三诀

养鱼三诀，寒暖要均。不宜过冷，不宜太温。虽然微物，在人留心。畜养得法，鱼自生新。

【译文】养金鱼第三要诀，鱼缸的温度冷暖要均匀。鱼缸温度不宜太低，也不宜太高。虽然金鱼是不起眼的东西，但养金鱼也在于饲养者时刻留心。蓄养金鱼得法的话，金鱼自然生动活泼而且健康。

第四诀

养鱼四诀，清静是门。清则平澹，静则温存。潜可养性，跃必乐神。顺其本体，意自欣欣。

【译文】养金鱼第四要诀，清幽安静是达到养金鱼的境界的入门之处。清幽就能平和淡泊，安静就能温顺体贴。金鱼的上下潜泳可以使观赏者颐神养性、精神愉悦。顺应金鱼的本性，意态自然能欣欣然。

第五诀

养鱼五诀，随处留神。鱼原喜洁，最怕腥荤。凡属秽物，莫教入盆。倘有疏忽，恐伤其身。

【译文】养金鱼第五要诀，要随时随地留心观察。金鱼原本喜爱洁净，最害怕荤腥的东西。凡是属于污秽的东西，不要教人放进鱼盆里面。倘若稍微有所疏忽，恐怕就要损伤金鱼的身体了。

第六诀

养鱼六诀，全在手勤。早晚着眼，窥视宜频。收什（拾）一切，务要清新。鱼得自在，必然超群。

【译文】养金鱼第六要诀，全在手脚勤快。一早一晚是最要留神的地方，检查看视宜频繁。把养金鱼的一切东西收拾干净，务必要保持清新。金鱼感觉舒适自在，必然生长得卓越超群。

养鱼八法

择地

凡养鱼，必须择向阳过风之地。无论盆缸，安置是处。下边支砖，不宜太高。尤须花摆，取其透气。使鱼在盆中，上受天光，下得地气，方能出长。若置之天棚之下，背阴之中，断非法也。或有置于藤萝、葡萄各架及槐、柳各树之下者，为得其半阴半阳花影。然亦在伏暑之候，春秋皆不可也。

【译文】凡是养金鱼，必须选择向阳通风的地方。无论养金鱼是用鱼盆还是鱼缸都应放在这里。盆缸下面一定要支上砖头，不宜支得太高。砖头尤其应该间错着摆，使得砖缝之间透气。这样的话，生活在鱼盆中的金鱼，就能上面承受着天光，下面又得到地气，能够很好地生长。如果把鱼缸放置在天棚之下、背阴的地方，是断断不可以的。有人把鱼盆放在藤萝、葡萄架下面以及槐树、柳树等树下面，为的是能得到它们半阴半阳的影子。然而这种情况也就在三伏暑天的时候比较合适，春秋季节都不可以这样。

选盆

鱼盆喜陈恶新，盆口宜敞忌收。务选多年旧盆，毫无火气为最上，缸亦如是。俗云："水宽得养鱼。"盆缸固大者为佳，然总宜陈物，虽小亦可。即补漏锯纹不堪

江南园林金鱼池

者，但能收什（拾）盛水不漏便佳。常见用细磁盆缸养鱼，无非好看，实与鱼无俾（裨）益。倘无陈盆，新盆亦须用水泡晒过三伏，使生青苔方可用也。

【译文】养金鱼的鱼盆最好是陈旧的，而非新的，鱼盆的盆口适宜敞开，忌讳收缩的。务必选用多年的旧盆，一点儿火气都没有才是最好的，鱼缸也是这样。俗话说："水面宽阔才能养鱼。"鱼盆鱼缸固然是体积大的为佳品，然而总应使用陈旧的为好，即使体积小也能用。纵然是曾被多次修补，缸体表面有裂纹，看起来不能用的鱼缸，只要盛水不漏就很好。常常看见有用细瓷盆缸来养金鱼的，无非比较好看，其实对金鱼来说并没有多少好处。如果没有陈旧的鱼盆，新的鱼盆必须用水泡上一夏天，使得鱼盆的内壁上长出青苔来方可以用来养鱼。

调水

养鱼必须井水，河水、雨水皆不可用。水有生熟之分，晒过者为熟水，可以滋养鱼身。晒水，将空盆上满向日看，面上起有浮皮，即系碱性，用旋子撇去，再起再撇，候凉便可用矣。若老鱼，水微生尚可；新秧，必须熟水为妙。水之甜苦却不论，总要认准一井。使水不宜常换，鱼虽微物，亦如人受惯某方水土，况鱼水中生长之物乎。往往由他处觅得数头，一经换水，必软数日，此即明验。

【译文】养金鱼的水必须要用井水，河水、雨水都不可以使用。水有生水、熟水的区别，经过阳光曝晒的水就是熟水，可以滋养金鱼的身体。晒水的方法，就是将空的鱼盆装满水敞口放在太阳底下曝晒，水面上会起一层浮皮，这就是因为水是碱性的缘故，用旋子把这层浮皮撇去，如果再起，就再撇去，等水凉了便可以使用了。如果是老金鱼，水稍微生一点儿还可以；新出的鱼苗，必须用熟水才是最好的。不论是甜水还是苦水，养金鱼总是要认准了一口井里的水。饲养水不宜经常更换，金鱼虽然是微小的生物，也如同人一样习惯了一个地方的水土，何况金鱼是在水中生长的生物呢。往往有这种情况，从别的地方寻觅来的几尾金鱼，一经过换水，必定要萎靡不振几天，这就最能说明这个道理了。

喂虫

鱼虫，非雨水不生，非秽处亦不生。清水活水处无，浑水死水处有。以色红肥圆者为佳。交春后，有雨便生。虽有，亦细小，必须经暖日。一晒便浮水面，用布袋长抄捞来，清水漂之，过罗去其渣滓，然后饲之。且防河中杂虫。最有一虫，名曰鱼虎，形似马鳖，惯能伤鱼。是以必须漂净，且须鲜活，一死，鱼即不食矣。

【译文】鱼虫，不经过下雨的天气它们不生长，不是污秽的地方也不生长。在清水活水的地方没有鱼虫，在浑水死水的地方就有。鱼虫以长得颜色鲜红、肥圆滚胖的为最好。到了春天以后，一下雨便有生长。虽然有，也长得很细小，必须经过暖暖的太阳的照射。鱼虫一经太阳晒便浮到水面上来，用布袋做的长抄子捞取来，用清水漂洗它们，过罗筛去除渣滓，然后就能用来喂金鱼了。要防备河里的杂虫，最可恶的是一种名字叫作鱼虎的虫子，形状类似马鳖，常常伤害金鱼。因此鱼虫必须漂洗干净，且确保其新鲜活泼，鱼虫一死，金鱼就不吃了。

掀蓬

掀蓬用短把布抄，将水面所落尘纤，或花树之叶，或杨花柳絮，并晒起苔沫，每日早晚须掀两遍。早起掀净下食，听其自去。至晚，日影一过，再掀一回，下妥晚食，则得矣。不可勤掀，勤则水面浮摇，鱼多不定，不掀又恐气闷。故一早一晚，只掀两次，使鱼得豁朗之气，自然精神欢跃矣。

【译文】掀蓬的做法就是用短把的布抄子，将水面上落的纤小的尘土，或者花树的叶子，或者杨花柳絮，以及水中青苔晒出来的沫子，都用抄子撇掉。每天早晨晚上必须撇两遍。早上起床后就撇净水面上的脏物再喂鱼食，听任金鱼自己去取食。到了晚上，太阳一落山，再撇出水面的杂物一次，把晚上的鱼食下妥当，就可以了。不要过于频繁地撇出水面的脏东西，过于勤快，水面就浮摇不定，金鱼就不安定，不撇出水面的脏东西又恐怕金鱼感到气闷。故此一早一晚，只要撇两次就行了，使金鱼能够得到豁然清朗的气息，金鱼自然就精神欢悦了。

清底

清底之器或彻子，或提壶均可。必须清蚤，将盆底鱼粪、沉下泥土及剩下死虫，皆要提净。若稍晚，经日一晒，则浮上水面，不得收什（拾），且防死虫，易于伤坏好水。若水一臭，鱼大有损。故养鱼必须起早，先掀蓬，后清底，再饲新食，鱼自妥然无伤且得养也。

【译文】清理底部的器物用彻子或提壶都可以。必须一大早将鱼盆底下的鱼粪、沉到底下的泥巴以及金鱼吃剩的死鱼虫，用清底的工具清除干净。如若清得稍微晚了一些，鱼盆经过太阳一晒，这些脏东西就都漂浮到水面上无法收拾了，而且必须防止死鱼虫，因为死鱼虫最容易把好水变坏。如果水一臭，金鱼就会受到很大的损伤。故此养金鱼必须要起早，先撇出水面杂物，然后清理鱼盆底部，再喂给金鱼新鲜的鱼食，金鱼自然就稳妥地不会受到损伤，并且养得住了。

搭晒

搭盆，即用编就苇帘。宜疏不宜密，取其花荫凉耳。三伏炎热天气，无非午未刻用搭。若功夫太大，与鱼无益。总言之，搭时宜少，晒时宜多。春秋天气，直勿用搭。倘逢急雨、狂风、重雾皆宜搭盖。第骤雨有猝不及防时，故盆上必须打眼，以免水烹，有泛溢之虞，至受别病，尚有可治之法。

【译文】搭鱼盆，一般用手编的苇帘。苇帘最好编得疏朗，不宜编得过密，取其类似于花荫的效果。三伏天时天气炎热，无非在中午的时候搭一下。如果功夫下得太多，搭得太勤快，对于金鱼没有什么益处。总而言之，搭苇帘的时候宜少，鱼盆晒太阳的时间宜多。春秋的天气，那就不用搭了。倘若遇到暴风骤雨和浓雾的天气，都应搭盖苇帘。由于骤雨常常猝不及防，故此在鱼盆上必须打上孔眼，以免一下大雨，盆中的水翻滚起来，有盆水溢出的危险。毕竟，金鱼得了别的疾病，尚且还有别的可以治疗的方法，如果盆水溢出，金鱼随水流出就糟了。

刷苔

盆中挂苔，鱼故得养。但水经多日，或落雨水，必须换出。务将旧苔刷净，添换新水，鱼在盆中亦觉焕然一新。若不刷净，必然浑浊，不独与鱼无宜，且反费手。况陈盆老缸，夏日装水一二日，便可生苔。再，春秋之候，刷净空盆置于日光中少曝，以驱寒气，且换上新水，愈觉澄清，亦一善法也。

【译文】鱼盆中长了青苔，金鱼才能够养得住。但是养鱼的水经过好多天，或者落有雨水，就必须更换了。务必将陈旧的青苔刷干净，添换上新鲜的水，金鱼在鱼盆中也一定会有焕然一新之感。如果青苔不刷干净，养鱼水必然混浊，不单对于金鱼没有好处，而且就是对于养鱼人来说，清理起来也费工夫。况且陈年鱼盆和老旧鱼缸，夏天装上水，一两天便可以长出青苔。再就是在春秋时节，刷干净了的空鱼盆放在太阳底下稍微曝晒一下，就可以驱散鱼盆里的寒气，换上新水，就会愈加觉得澄澈清明，也是一个好方法。

鱼中十忌

一忌太暖。暖非日光，乃火气也。若日光，为真阳，受之有易除。三伏稍避，春秋皆宜向也。所论是，收鱼入屋，能可稍寒，不可太暖。

【译文】第一忌讳太暖和。暖指的不是太阳光，而是火气。如果是日光，就是真阳气，遭受了也容易去除。三伏天气，稍稍遮蔽一下，春秋时节鱼盆都适宜向着太阳光。这里所要说的是，把金鱼收入房中时，宁可稍稍寒冷一些，不可以太暖和。

二忌背风安盆。必须向迎风之处，方能生长生发。断不可置之窝风之地。

【译文】第二忌讳在背风的地方安放鱼盆。必须放在迎风的地方，金鱼方能够生长繁殖。断不可把鱼盆放置在窝风的地方。

三忌冷水，恐其乍鳞。然非不用冷水也，如鱼有病，必须新汲水镇之，此谓有病病受，即四时亦添冷水，冬日尤宜。所论冷水，不可将鱼忽从熟盆提出入于冷水之中。再，鱼如嫌水太暖，便口在水面吸风，务添冷水。

【译文】第三忌讳冷水，是因为恐怕金鱼乍鳞。然而也不是不能用冷水，如果金鱼有疾病，就必须用新打上来的井水来镇住它，这就叫作有病就用病来承受这种刺激，即使是一年四季也须添加冷水，冬天的时候尤其适宜。所谓的冷水，不可以将金鱼忽然从熟盆中捞出来放入冷水之中。再就是金鱼如果嫌水太暖和，便会用口在水面上吸风，这时候就要务必添加冷水了。

四忌混食。鱼只喂虫，别物不可。往往有以馒首等物饲鱼者，断乎不可。及用晒干虫子喂之亦不可。干虫其味腥极，若经水泡一臭，鱼受其害。

【译文】第四忌讳混着喂食。金鱼只可喂鱼虫，别的东西不可以喂食。往往看见有人用馒头等东西喂金鱼，是断断不可以这样做的。而用晒干的鱼虫来喂金鱼也不可以。干鱼虫味道极为腥膻，如果经过水一泡就发臭了，金鱼必然受其害。

五忌铺草。老鱼盆中切忌投以闸草，最易避风闷气。除甩子时，水面铺草以为接子。新出小鱼，或少铺嫩草尚可。

【译文】第五忌讳鱼盆里面铺设水草。成年金鱼的鱼盆中切忌投放水草，放了水草最容易窝风闷气。除了金鱼在甩子的时候，水面铺上水草来接鱼子以外，其他时候都不要放水草。新孵出的小金鱼，可以少量铺设嫩水草。

六忌浇水蒙头。凡添新水时，切忌蒙头一倾，鱼最受伤。须顺盆边徐徐添之为妥。

【译文】第六忌讳对着鱼头倒水。凡是添加新水的时候，切忌顶着鱼头一倒，金鱼最容易受伤。必须顺着鱼盆的边慢慢地添加为妥当。

七忌移盆力猛。鱼在盆中无知，忽然猛力一挪，水必一摇，鱼恐受惊。须款移为妥。

【译文】第七忌讳移动鱼盆用力太猛。金鱼在鱼盆中对于盆外的情况是不知道的，忽然用猛力把鱼盆一移动，盆中的水必然一摇动，金鱼恐怕就要受到惊吓。必须慢慢地移动才为妥当。

八忌下抄乱捞。如应换水刷盆时，即用抄轻轻将鱼提出。手不可不准，恐伤鱼鳞。或另盆提出玩赏，欲起某头直提某头。须着眼看准，不可用抄找鱼，搅起盆底，使群鱼不安。

【译文】第八忌讳下抄子乱捞金鱼。如果到了应该换水刷鱼盆的时候，就要用抄子轻轻地把金鱼捞出来。下手不可以不准确，唯恐伤了鱼鳞。或者将金鱼捞入另一个鱼盆来玩赏时，想要捞起哪一条金鱼就捞起哪一条金鱼，不可以用抄子在水里找鱼，这样会搅起盆底的脏物，使得鱼群不得安宁。

九忌用彻不稳。下彻子或提壶，必须眼准手稳，看定盆底脏处下之。往往鱼有受伤者，盖因鱼在盆中，瞥见水面有物下，以为用罗下食，向上一跃，不是伤鳞，重则伤目，务要留神。彻净泥秽，即轻轻提出。

【译文】第九忌讳用彻子不稳定。下彻子或者提壶的时候，必须眼准手稳，看准了盆底的脏东西再下彻子。往往金鱼受伤，是因为金鱼在鱼盆里面，看见水面上有东西下来，以为是用罗筛下鱼食呢，就会往上一游，这样就会伤了鱼鳞，严重的还会伤了金鱼的眼睛，因此务必要留神。用彻子吸干净泥污等物，立即就轻轻提起来取出。

十忌盆缸扶摇。底上必须用砖支稳，不可活动。往往有外人不懂者，近盆观鱼，若一扶摇，忽然水荡，鱼在其中，跃者尚不甚觉，伏者未免一惊，因此受伤。是以必当稳妥。

【译文】第十忌讳鱼盆鱼缸摇摇晃晃，没有摆稳。鱼盆底必须用砖支稳了，不可以活动。经常有外人不知道，凑近了鱼盆看金鱼，如果不小心摇动鱼盆，水就会震动，在水中的鱼，游动的可能不太察觉，蹲伏的未免受惊而受到伤害，所以应当稳妥放置鱼盆才好。

医鱼六则

一受温气。四时皆可染之，鱼即软而无力，鳞上起有浮黏，或头尾露紫班（斑），重者甚至漂起或横沉水底，俨如死鱼。赶紧起出，入新汲井水内，若不能立，不可任其横浮仰卧。龙睛在脊刺上穿线，上横苇棍。文鱼无脊刺，可用绦子或绸条围腰拴线，上横苇棍。看有生机，再换新水可愈。

【译文】第一是金鱼遭受到温气。一年四季金鱼都可能感染温气，只要一感染温气，金鱼即刻就会软弱无力，鱼鳞上面长起浮动的黏液，或者金鱼的头、尾露出紫色的斑痕，严重的甚至漂在水面上或者沉在水底不动，好像死鱼一样。这就要赶紧捞起来，放进新打上来的井水里面，如果还不能在水中立起游动，不可以任其横着漂浮，仰着趴在水底。是龙睛鱼的话，就在金鱼的背鳍上穿一根线，上面绑上苇棍。文种金鱼没有背鳍的，可以用绦子或者绸条围着鱼腰拴住，上面再横上苇棍。如果看到金鱼有生的希望，再换上新水就可以痊愈了。

一受寒气。鱼受寒即横躺水面，绝不致死，较受温易治。即移在向阳处晒之。严冬时，或用草帘围裹其盆，屋微暖便可，最易治也。所以，能可失之稍寒，不可过暖。若冬日太暖，初春后必多伤损。不可不防。

【译文】第二是金鱼受到寒气。金鱼遭受寒气就横躺在水面上，绝不会导致金鱼死亡。比较受温气来说，要容易医治。即刻把金鱼移到向阳的地方来晒它。严冬时节，可以用草帘子围裹住鱼盆，屋子稍微暖和就可以了，这最容易治疗。所以，宁可金鱼稍微受寒，也不可以让其太暖和了。如果冬天放鱼盆的地方太暖和了，初春以后金鱼必然有许多伤损出现，这种情况不可以不防备。

一受暑气。夏日入鱼受暑，或满盆乱转，或头触盆底，尾与分水上皆有紫线。

即用抄提出，放新汲水中，看紫线退去为愈。重者亦致漂浮，或有用青盐放入鱼嘴中治者，此法总似不妥。亦未如此医过，岂便可凭？还照受温法治之为妙。

【译文】第三是金鱼受到暑气。夏天的时候，金鱼受到暑气，要么满盆乱转，要么用头碰触鱼盆的底部，金鱼的鱼尾和鱼鳍上面都有紫色的血丝。即刻用抄子把金鱼捞起来，放在新打上来的井水里，看到紫色的血丝退下去了就好了。严重的也会导致金鱼漂浮在水面，有人用青盐放到金鱼嘴里来治疗，这种方法似乎不太妥当。我也没有这么医治过金鱼，岂能就随便地以此为凭据？还是按照金鱼受温气的治疗方法来医治为妙吧。

一受雾气。雾原有毒，倘鱼染受，老鱼尚可支，小鱼绝不可活。受者即软弱不食，亦用新汲水镇之，勤换勤镇，再将乌梅一二个下入盆中，轻者或可救治。

【译文】第四是金鱼受到雾气。雾原本是有毒的，倘若金鱼受到感染，成年金鱼尚可以支撑，小金鱼就绝不可能存活了。受到雾气的金鱼即刻就萎靡不振不吃东西，也可以用新打上来的井水来镇住它，并经常换水刺激它，再有就是将一两个乌梅放到鱼盆中，受毒轻的或许还可以救治。

一受煤气。鱼在屋时，如受煤毒，周身起蓝色，尾与分水俱赤，重者亦横漂水面。治法同受温一样治之。所以，冬日万不宜过暖。然非阳洞，无火又不可，总在人之留心体察，不使染受为妥。

【译文】第五是金鱼受到煤气。金鱼养在屋子里，如果遭受到煤气，金鱼的全身都泛起蓝色，尾鳍和前后鱼鳍都布满血丝，重的也是横漂在水面上。治疗的方法和受到温气的一样。所以冬天万万不可以过于暖和。然而屋里又不是朝阳的地窖，没有火来取暖是不可能的，因此要想使鱼不遭受煤气而中毒，全在于养鱼人留心观察，不要使金鱼中毒感染才妥。

一尾不正。往往鱼小被大风一吹，或经雨击，尾有歪闪之病。如鱼有材可取，只于尾偏，可用细线穿其偏处，坠一铜钱钮圈，多日可以治好。然多年老鱼及生出便歪者，亦难治之，当年小鱼则可。

【译文】第六是金鱼尾鳍长得不端正。这种情况往往是金鱼在小的时候被大风吹着，或者经过暴雨袭击，鱼尾就有了歪闪的毛病。如果金鱼其他方面长得还有可取的地方，只是在于鱼尾偏歪，可以用细线穿在鱼尾歪斜的地方，坠上一个铜钱纽扣，时间长了就治好了。然而多年的成年金鱼以及一长出来便先天歪斜的，也就难矫正过来了，当年的小金鱼还可以治治看。

注　释：

① 《赤壁赋》，赋篇名，北宋苏轼作，有前后两篇。写于作者两度游览黄州（今湖北黄冈）赤壁（赤鼻矶）时。《前赤壁赋》较有名。赋中凭吊古迹，表达了作者对江山风物的热爱和旷达的心胸，但也有人生虚无的消极思想。

② 出自《庄子·秋水》庄子与惠子游于濠梁之上。庄子曰："鱼出游从容，是鱼之乐也。"惠子曰："子非鱼，安知鱼之乐？"庄子曰："子非吾，安知吾不知鱼之乐？"惠子曰："吾非子，固不知子矣；子固非鱼也，子之不知鱼之乐，全矣！"庄子曰："请循其本。子曰'汝安知鱼乐'云者，既已知吾知之而问吾。吾知之濠上也。"这个故事发生在濠河的一座桥上。一天，庄子和惠子一起在此游览，庄子对惠子说："你看水里的鱼悠然自得地游来游去，这些鱼非常快乐。"惠子不太同意庄子的说法，就反问："你不是鱼，怎么能知道鱼是快乐的呢？"庄子反驳："那你也不是我，怎么

能知道我不知道鱼是快乐的呢？”惠子抓住不放：“我不是你，当然不知道你；可你当然也不是鱼，所以，你也不知道鱼是不是快乐的。”庄子答：“且慢，我们看一看事件是如何开始的。惠子你刚才说的‘你怎么能知道鱼是快乐的呢？’这句话就因为你已经知道我知道鱼是快乐的，所以才来问我。因此，我可以告诉你，我是在濠河的桥上知道鱼是快乐的。”

九则

金鱼饲育法

（清代宝使奎撰，摘自清代姚元之《竹叶亭杂记》①）

宝冠军使奎，字五峰，号文垣，记养鱼之法颇有足采者。录之。

【译文】宝冠军使奎，字五峰，号文垣，记录养金鱼的方法，很有些足以采纳的。现在记录下来。

龙睛鱼，此种黑如墨，至尺余不变者为上，谓之墨龙睛。其有纯白、纯红、纯翠者，又有大片红花者、细碎红点者、虎皮者、红白翠黑杂花者，变幻花样，不能细述。文人每就其花色名之。总以身粗而匀，尾大而正，睛齐而称，体正而圆，口团而阔，要其于水中起落游动，稳重平正，无俯仰奔窜之状，令观者神闲意静，乃为上品。又有一种蛋龙睛，乃蛋鱼串种也。

【译文】龙睛鱼，这种鱼黑得如同墨水一样，长到一尺多都不变色的为上品，叫作墨龙睛。这种鱼有纯白色、纯红色、纯翠色的，又有鱼身上有大片红花纹的、细碎红点的、虎皮样斑纹的、红色白色翠色黑色杂花的，变换花样，不能一一细细地描述。文人每每就鱼的花色来给它命名。但总的来说都是以身体粗壮而且匀称，尾鳍长得大而且端正，眼睛整齐而且对称，身体端正而且圆润，鱼嘴圆而且宽阔，要使鱼在水中起落游动稳重、平衡、端正，没有上上下下奔窜的样子，使观看的人神情悠闲，心情宁静，这样的鱼才是上品鱼。又有一种叫作蛋龙睛的鱼，乃是蛋鱼和龙睛鱼杂交的后代。

蛋鱼，此种无脊刺，圆如鸭子。其颜色花斑均如龙睛，唯无墨色，睛不外突耳。身材头尾所尚如前。又有一种，于头上生肉指余厚，致两眼内陷者，尤为玩家所尚。此种纯白而红其首肉为上色，共名之曰狮子头。鱼逾老，其首肉逾高大。此种有于背上生一刺，或有一泡如金者，乃为文鱼所串之故，不足贵也。

【译文】蛋鱼，这种金鱼背上没有背鳍，身子圆圆的如同鸭蛋。这种鱼的体色花斑都像龙睛鱼，唯独不是黑色的，眼睛也不向外凸出。对于这种鱼的身材、鱼头、鱼尾所崇尚的标准和前面一样。又有一种金鱼在鱼头上生长有一指多厚的肉茸，以至鱼的两个眼睛向内凹陷下去，这种鱼尤为鉴赏家所崇尚。这种鱼全身纯白而鱼头上的肉茸是红色的就是上品颜色，这种鱼都叫作狮子头。这种鱼越是老，它头上的肉茸就越高大。这种鱼有的鱼背上长了一根刺，有的长了一个金色的水泡，乃是文鱼串秧的缘故，这样的鱼就不怎么珍贵了。

文鱼，此种颜色花斑亦如前，亦无墨色者，身体头尾俱如龙睛，而两眼不外突耳。年久亦能生狮子头。所尚如前。有脊刺，短者、缺者、不连者，乃蛋鱼所串耳。

此三种另有洋种，无鳞，花斑细碎，尾有软硬二种。

【译文】文鱼，这种鱼的颜色、花纹、斑块也如同前述，它也没有墨黑的颜色的，鱼的身体、鱼头、鱼尾都和龙睛鱼一样，而两个鱼眼睛不向外突出罢了。时间长了也能生出狮子头。所崇尚的标准和前面一样。长有背鳍，背鳍短的、有缺口的、不连续的，乃是蛋鱼所串的秧子。

上述的三种鱼还有外来品种，鱼体没有鱼鳞，花纹斑块细小琐碎，尾鳍有软硬两种。

世多草鱼，花色皆同此，而身细长，尾小。佳者以红鱼尾有金管、白鱼尾根有银管者为尚。亦无墨色者，名曰金鱼。

【译文】世上草金鱼很多，花纹、颜色都和上面所述的相同，而鱼的身体又细又长，鱼尾也小。红色的鱼，尾柄如同金管，白色的鱼，尾柄如同银管的为最好。这种鱼也没有墨黑色的，名字叫作金鱼。

又有赤鲤、金鲫，皆食鱼所变。无三四尾者，皆直尾也。不过园池中蓄以点缀而已。养法亦如各种，亦能生子得鱼。

此三种另有洋种，无鳞而花斑细碎，其尾又有软硬二种。

【译文】又有红鲤鱼、金鲫鱼，都是从食用鱼所培育。这种鱼没有三尾、四尾的，都是直尾的，不过是园林水池中蓄养的用来点缀景色的罢了。饲养的方法也和上述各种鱼的方法相同，也能通过孵化鱼子得到这种鱼。

这三种鱼也有外来的品种，鱼体没有鳞片，而且花纹斑块细小琐碎，它的鱼尾也有软硬两种。

养鱼断不可用甜水。近河则用河水，不然即用极苦涩井水，取其不生虱。新泉水尤佳。

【译文】养金鱼断断不可以用甜水。靠近河流就用河水，不然的话，就用极其苦涩的井水，因为它有使鱼不生鱼虱子的效果。清新的泉水尤其好。

鱼水绿乃活，不可换。其色红或黄必须换。

【译文】养金鱼的水呈现绿色，就是活水了，不可以更换。水的颜色发红或者发黄，就必须更换。

凡换水，必先备水一缸晒之，晒两三日乃可入鱼。鱼最忌新冷水也。水频换，则鱼褪色。

【译文】换水的方法是，必须先准备一缸水，放在太阳下晒，晒两三天，才可以放鱼进去。金鱼最忌讳新的冷水。水频繁更换，则鱼体就容易褪色。

大缸一口养大鱼五六寸者二三对足矣。多则闹热挤触不安，必致损坏。

【译文】一口大缸能养五六寸的大鱼两到三对就足够了。鱼养多了就热闹拥挤，在缸中碰触不安静，鱼容易损坏。

鱼喂虫必须清早，至晚令其食尽。如有未尽者及缸底死虫，晚间打净。夜间水静则鱼安，不然亦致鱼死之道。再沙虫中亦有别种恶虫，亦须略择。

【译文】给鱼喂鱼虫，必须在清晨喂，到了晚上要让它们都吃完。如果有没有吃尽的或缸底有死鱼虫，晚间一定要打扫干净。夜间饲养水安静则鱼就安然，不然也有可能发生死鱼的情况。再有，沙虫中也可能混有其他品种的有害的虫，也必须略略挑拣一下。

子鱼初生，以鸡子煮熟，拧其黄于布上，摆于水中，子自知食之。及三四分大，不能食大虫，乃将虫置细绢罗内，于水面筛之，有小虫漏下者，与之食。至五六分大，则居然食虫矣。

【译文】小鱼刚生出来，把鸡蛋煮熟了，取蛋黄抹在布上，把这个布在水中摆动，小鱼自己就会知道来吃。等到小鱼有三四分大的时候，还不能吃大虫，就将鱼虫放在细绢做的罗筛里，放在水面筛鱼虫，就有小鱼虫漏到下面，喂给它们吃。长到五六分大的时候，就能吃大鱼虫了。

鱼子出净之后至能于水中游行时，须轻将闸草提于他器内，以水投之。有鱼仍取回原缸。水定后，缸内有虫如虾而扁口如蜈蚣，最能啮小鱼，宜拣净，不然则尽为所害矣。

【译文】鱼子完全孵出，到小鱼能在水里游动的时候，就必须轻轻地将水草从水中提出来放在其他的容器里，用水来漂洗水草。如果发现有小鱼就仍旧放回原来的缸中饲养。水平静后，鱼缸中如果有小虫，长得如同小虾，嘴扁扁的如同蜈蚣，最能够吃小鱼，一定要拣干净，不然满缸的小鱼都被这种虫子伤害了。

鱼缸养鱼总须明官窑缸，虽破百片，亦可锯补。瓦亦用明官窑瓦，缸外用铁屑泥之，则不漏矣。

【译文】鱼缸养金鱼，还是要用明代的官制的窑缸，即使有多处破损，也可以修修补补再用。瓦缸也要用明代的官制的瓦缸，缸的外面用铁屑和泥来涂抹，就不漏了。

晒子须用红沙浅缸，取其晒到底耳。

【译文】晒鱼子必须用红沙做的浅缸，是取它能一晒到缸底的效果。

鱼遍身起泡如水晶，乃天热水坏。以新凉水激之，不然即溃烂死矣。

【译文】金鱼全身都起水泡，水泡如同水晶的样子，乃是天气炎热饲养水变坏的缘故。用新鲜的凉水来刺激金鱼，不然的话金鱼就会全身溃烂而死。

鱼瘦暗不欢，乃病也，即以盐擦其遍身，另盆养之，使吐黑涎即愈。盐纳入两鳃亦佳。

【译文】金鱼长得又瘦，体色又暗淡，精神不好，就是生病了，立即用盐擦拭金鱼的全身，另外用一个鱼盆来饲养它，使金鱼吐出黑色的唾液，鱼就好了。或把盐放进鱼的两鳃中也是很好的方法。

鱼虱如臭虱而白色透如虾色，一着身断不可落，能使鱼死，必须捞出。以盐擦之，亦佳。

【译文】鱼虱子就如同臭虫，白色透明如同虾的颜色，一旦附着在鱼身上，断然无法自己脱落下来，能够使金鱼死亡，必须捞出来。用盐擦拭鱼身，效果也很好。

鱼子不可过晒，过晒则化。不晒亦不能出，故须树荫，或覆以筛之（子），亦可。三日必出鱼矣。

【译文】鱼子不可以过度曝晒，过度曝晒则鱼子就会死去。不曝晒也不能孵出小鱼来，故此必须放在树荫下面，或者在上面盖上筛子，也可以。三天必然孵出小鱼。

凡鱼生子，总在谷雨前后。视其沿堤赶咬乃其候也，即将闸草缚小石坠于缸内，任其穿过，即有子粘草上，亟取出纳别水缸内，若不取，恐为公鱼所食。其赶毕一次后，隔十余日一次，看其赶即须放草接子矣。水近缸沿，则每被鸽子连鱼饮去，故水不宜过深。子初出如蚁不可见，伏于缸上或草上。出鱼后三五日内不可乱动其水，恐有伤于尾也。

【译文】凡是金鱼生子，总是在谷雨前后的时间。看金鱼沿着缸边追咬，就是到时候了，立即将水草绑上小石头坠在缸里面，任凭金鱼在其中穿过，就会有鱼子粘在水草上，应立即取出放在别的水缸里面，如若不取出，恐怕就被公鱼吃了。金鱼追赶一次后，隔十多天还有一次，看见它们追赶立即放入水草接鱼子。缸里的水面贴近缸边，则鸽子在喝水时每每连小鱼都喝进去，故此缸中的水不宜过深。小鱼刚孵出来如同蚂蚁几乎看不见，俯伏在缸上或水草上。小鱼孵出后三到五天内，不可以乱动缸里的水，否则会伤了缸里小鱼的鱼尾。

冬收缸入向阳无油烟屋内，鱼不食亦不生子，其水总不必换。俟春半时出屋换水。其屋冬亦须火，不使冰过冻而已。亦不宜太暖。每岁于霜降收入，春分时出屋，然亦须看天时冷暖耳。出屋后，仍有数夜见冰，亦由是见天时也。

【译文】冬天把鱼缸收藏进向阳的没有油烟的屋子里，金鱼既不吃东西也不产子，缸里的水不必总更换。等到春天过半时候，就把鱼缸搬出屋子并换水。放鱼缸的屋子冬天也需要生火取暖，这样可以使水不至于冻得太过。也不宜太暖和了。每年在霜降的时候把鱼缸收入房中，春分时节搬出房子，然而也要看天气的冷暖情况。鱼缸搬出房子后，仍然会有几晚上会看见冻上薄冰，因此也要看天气的情况来确定出室的时间。

或云鱼不可晒，或云鱼必须晒，又云可晒不晒。予见养鱼者未尝不晒，究不知何以为凭也。姑记此以待试。然予家鱼每过晒则生水泡满身，或予之缸新有火乎？俟得良法再记。

【译文】有人说金鱼不可以放在太阳下晒，有人说金鱼必须放在太阳下晒，又有人说金鱼可晒可不晒。我看见养金鱼的人没有不晒的，终究不知道是凭什么道理。姑且记下来等到以后再试验。然而我家的金鱼每次过度曝晒后则满身都生水泡，或许我的鱼缸太新了而有火气吗？等到我得到好的方法再来记录吧。

鱼热则浮，冷则沉。然春秋朝日每亦停水面曝阳，则非热也。鱼之雌雄最难辨，有云脊刺长为雌，脊刺短为雄者。有云前两分水有疙疸粗硬涩手者为雄，否为雌者。又有云前两分水大者为雄，小者为雌者。又有云尽后尾下分水双者为雌，单为雄者。皆不足凭之论也。其雄雌动作气质究有阴阳之分，近尾下腹大而垂者为雌，小而收者为雄；粗者为雌，细者为雄。此秘法也。其余诸法皆愚人之论耳。诸体未备时，其种类亦不易识。惟视其色，黑为龙睛，青为文鱼、蛋鱼，极易辨也。缸底鱼矢须用汲筒汲出。若水至晚太热，缘晒甚也，须用生凉水添之。

【译文】鱼感到热了就会浮上来，感到冷了就会沉下去。然而在春秋季节的早晨，每每也停在水面晒太阳，则并不是感到热了。金鱼的雌雄最难以分辨，有人说背鳍刺长的为雌鱼，背鳍刺短的为雄鱼。有人说鱼前面的两鳍上有疙瘩，摸上去粗硬涩手的是雄鱼，否则就是雌鱼。有人说鱼前面两鳍大的是雄鱼，小的是雌鱼。又有人说靠近尾鳍的下鳍是两个的是雌鱼，单个的是雄鱼。这些都不足以为凭据。其实雄鱼和雌鱼动作气质终究会有阴阳的分别，靠近尾鳍下鱼肚子膨大而且向下悬垂的就是雌鱼，肚子小而向上收的就是雄鱼；长得粗壮的是雌鱼，长得纤细的是雄鱼。这是鉴别的秘法。其余的各种方法都是愚弄人的论调罢了。鱼各种特征还没有尽显时，它的种类也不容易辨别。只看小鱼的体色，黑色的是龙睛鱼，青色的是文鱼、蛋鱼，极其容易辨别。鱼缸底的鱼粪便必须用吸水筒抽出来。如果饲养水到晚上太热了，是因为晒得太厉害，必须将凉的生水添加进去降温。

鱼生子若人不知，则粘于缸上，有落底者则自食之矣。若早见缸上有子，即换缸。不然，则可一日不喂虫。伏秋间虽有子，亦不能甚长，不能出息也。

【译文】金鱼产鱼子，如果人不知道，就会粘在缸壁上，有落到缸底的鱼子则金鱼就自己都吃了。如果早晨看见缸上有鱼子，就要立即换鱼缸。不这样的话，则可以一天都不用喂鱼虫。夏秋之际虽然有产子的情况，小鱼却不能长得很大，也无法产子。

秋日不可过换水，天寒不可多下虫，寒则鱼不甚食。然秋中喂大鱼，则来年子早而壮。

【译文】秋天不可以过度换水，天寒冷了，不可以过多地下鱼虫喂养，天冷则金鱼不怎么吃鱼虫。然而秋天时节喂大鱼，则第二年产卵早而且壮实。

鱼子出后，水极清不必换，本水养之，鱼乃不伤元气。

【译文】鱼卵孵出以后，水极其清澈，不必更换，用原来的水养小鱼，小鱼就不会伤了元气。

有养鱼不换新水者，即换，亦于本缸内水撤旧添新。此法鱼最弱，市语谓之水头软。若即从旧缸移入新水者，谓之水头硬，云此法所养之鱼强壮。

【译文】有的人养金鱼不更换新水，就是换，也是在本鱼缸内抽出部分旧水，添加部分新水。这种方法养的金鱼最虚弱，市面上的话叫作水头软。如果立即从旧鱼缸中把金鱼移入新水中，就叫水头硬，据说这种方法所养的金鱼总是很强壮的。

鱼尾根札者难于过冬，绺尾者易养，此论最验。

【译文】尾鳍根部扎紧的金鱼难以过冬，拥有如丝缕般下垂的尾鳍的金鱼容易养，这种论调最灵验了。

冬入室时水不能晒，即用生水，次日移入，然须于院中见冰后入屋。惊蛰时即可出屋，若天寒亦可迟几日。春分前后亦不必晒水。天寒井底暖，新水不冷，若晒则反冷矣。

【译文】冬天金鱼入室的时候，饲养水不能晒，用生水就可以，第二天把鱼移进去，然而必须在院子里看见水面结薄冰后才能将鱼缸搬进屋里。惊蛰时节就可以出屋了，如果天气寒冷也可以迟几天出屋。春分前后也不必晒水。天气寒冷的时节井底下的水反而温暖，新打上来的水不寒冷，如果把水晒了则水反而冷了。

又法，养鱼先要讲究水之活，鱼得长生矣。如居家吃水缸内投以食鱼，其能经久存活者，以其每日去旧更新，非取水之故也。盖新水入缸三日必浑，三日后澄清，四日水性侧立，方可下鱼。下鱼之后，春末犹寒，隔一日撤换新水一次。交夏之后，一日撤换一次。撤换之法，先用倒流吸筒吸出缸底泥滓，添入新汲井水，不用甜水、河水。如盛五担水之缸，每日撤换一担，视缸之大小，以此类推。有鱼之水，七日必浑。浑则当移鱼他缸，刷净原缸，全换新水，晒过三四日之水再入鱼。入鱼之后照旧撤换。一交秋令，水自澄清，无俟添换矣。缸内不放闸草，一恐鱼虫藏匿致鱼不得食，二恐草烂水臭以致鱼生虱蚁之患。谷雨前后便可喂虫。一交九月节，鱼自不食矣。至鱼无故浮水面，口出水上空吸吐泡者，乃是受热之故，速添新汲凉水以解之。若鱼沉缸底懒动，是受寒之故，速捞入浅水内晒之。鱼或歪倒浮游，或如死水中，及动之鳃仍能张翕，急取出以盐擦之，另盆养之，犹可得活。俟其涎沫吐净，方可置原缸内。

【译文】另一种方法，养金鱼先要讲究用活水，金鱼才能够长久生存。正如家里吃水的缸里放进去用来吃的鱼，这鱼能够长久地存活下去，因为每天会舀走部分旧水换上新水，并非是水的缘故。一般新水放入鱼缸里，过三天水必然混浊，三天后就澄清了，第四天水性平稳了，方可以往里面放鱼。放鱼以后，春末仍然寒冷，可以隔一天倒掉旧水换上新水。到了夏天以后，每一天都需要倒掉旧水换上新水。换水的方法是，先用倒流吸筒吸出鱼缸底部的泥渣，添加新打上来的井水，不要用甜水、河水。例如能够盛放五担水的鱼缸，每天换一担水，视鱼缸的大小，以此类推。水里养了金鱼，七天后水必然混浊。如果水混浊了就要把鱼移到其他鱼缸，刷干净原来的鱼缸，全部换上新水，把这缸新水晒上三四天之后再放金鱼。把金鱼放进去之后依照前面所述更换鱼缸里的水。一到秋令时节，鱼缸里的水自然澄清，不需要再添换鱼缸里的水了。鱼缸里不要放置水草，一是恐怕鱼虫躲藏在里面导致金鱼吃不到，二是恐怕水草腐烂水发臭，以致金鱼生鱼虱而得病。谷雨前后便可以喂鱼虫了。一到重阳节，金鱼自然就不吃东西了。有时金鱼无缘无故浮在水面，鱼口伸出水面吸空气又吐泡，乃是受了热的缘故，应立即添加新打上来的凉水来缓解这种情况。如果鱼沉在鱼缸底部懒得动弹，是因为受寒的缘故，立即把它捞到浅水里面，放在太阳下晒。金鱼有时会歪倒漂浮在水面上游动，有时好像死在水里，等到触动它的鱼鳃，仍然能够一张一合，此时应赶紧把鱼从水中取出用盐擦拭鱼身，另外用一个盆来养，应该可以活下来。等到它把口水沫吐干净了，才可以放回原来的缸里饲养。

冬鱼出房不可太早。于清明前后，置于向阳之处，用木板盖覆。天若和暖，一日撤板一块，渐次撤去。若骤然不盖，夜间寒霜侵入，鱼必受伤。

【译文】越冬的金鱼移出房间不可以太早。在清明前后，把鱼缸放在向着太阳的地方，用木板覆盖鱼缸。天气如果暖和，每天撤去一块木板，渐渐地依次都撤去。如果突然撤去所有木板，夜间寒冷的霜气侵入鱼缸，金鱼必然要受到伤害。

夏月伏暑之时，必当半遮半露，不可使鱼受热毒。雨水性沉，日色蒸晒，必致发变。著雨后，一俟晴明，即用倒流吸筒撤净缸底雨水，则无害矣。若降雨之先将缸添满，或缸有水孔，随落随流，雨水不能到底，则不必撤之矣。

【译文】夏天暑伏天气，鱼缸口必须一半遮盖一半暴露，不可以使金鱼受到热气的毒害。雨水的性质是下沉的，太阳一出来蒸晒，水质必然变坏。下雨后，一等到晴天，立即用倒流吸筒把鱼缸底部的雨水吸干净，这样对于鱼就没有损害了。如果下雨之前先将鱼缸里的水添满，或者设置一个泄水孔，随着下雨，雨水随时排走，雨水不能够沉到水底，这样就不必更换缸里的水了。

冬月蓄鱼之法。不须喂虫，亦不必晒水。添撤只要视水有浑色，便取新水换之。以纯阳之性在地下，井水性暖故也。置放处不可令缸底实贴坑上，须用矮架托之。亦不可过暖，即水面有薄冰亦无妨。缸口用纸封之，不致于落灰尘，更省遮盖也。

【译文】冬天养鱼的方法，不需要喂鱼虫，也不需要晒水。只要看到水有混浊的颜色，便取新水来更换。因为冬天纯阳的气性在地下，所以井水的水性是暖和的。放置鱼缸的地方，不可以使鱼缸的底部紧贴着土坑底，必须用矮架子把鱼缸托起来；也不可以过于暖和，即使水面结上薄冰，也没有什么大的妨碍。鱼缸口用纸封好，不使灰尘落到鱼缸里，更是省得遮盖了。

喂鱼之法。须将捞来红虫用清水漂净，否则虫之臭水入缸，净水为之败坏矣。喂鱼虫不拘时候，日不可留余虫也，夜恐虫浮水面，鱼不得受甘露之益。若一时不得鱼虫，或用鸡鸭血和白面晒干为细虫喂之，或用晒干鱼虫及淡金钩虾米为末饲之，皆可。

【译文】喂鱼的方法。必须将捞上来的红虫用清水漂洗干净，否则鱼虫带来的臭水进入鱼缸，原来干净的饲养水也跟着腐败坏掉了。喂金鱼鱼虫不拘泥什么时间，但是每天不能留有剩余的鱼虫，这是因为恐怕鱼虫在夜里会漂浮在水面上，金鱼无法享受天上落下的甘露的好处。如果一时间捞不到鱼虫，或者用鸡鸭的血和上白面粉晒干了，当作细鱼虫喂金鱼，或者把鱼虫晒干了，和淡金钩虾米共同研为粉末来喂金鱼，都可以。

分鱼秧之法。先用洗净揉软棕片一块，择闸草四五束，去根，以绳线缚之，系以石块，坠草于其水中间，不可散放。后看牝鱼跳跃急烈有欲摆子之势，即取放水浅缸内。入公鱼二尾，恐一公鱼追赶不力。俟母鱼沉底懒于游泳，便是已摆子之候，即将公鱼取出，迟恐为其吞食鱼子。缸须置向阳之处，切忌雨水，听其自变。不过七八日，便能生动如蚂蚁蝇蛆之状，生长最速。俟其化成鱼秧，先以小米糊晾冷，用竹片挑挂草上，任其寻食，并用粗夏布口袋盛虫入水中，任其吞啄，即透出小白虫。三四日后，虽能赶食散虫，亦须先择白色小虫饲之。即可食红大虫时，亦不可喂之过饱，恐嫩鱼腹胀致毙也。沙虫之极小者名曰面食，白色，在水皮上如面之浮，不能分其粒数。初生小鱼食之甚佳，且易长而坚壮。

【译文】分鱼苗的方法。先使用洗干净的柔软的棕片一块，选择水草四五束，把水草根去掉，用绳子绑住，绑上石块，把这个水草放在水中间，不可以使水草散开。而后看见雌金鱼跳跃激烈，有好像要甩卵的样子，立即取出放在水浅的缸里面。需放进去两条公金鱼，因为一条公金鱼追赶的体力不够。等到母鱼沉到缸底，懒于游动的时候，便是已经甩完子了，立即将公鱼取出来，取出迟了恐怕公鱼会吞吃鱼子。这个鱼缸必须放在向阳的地方，切忌淋着雨水，听任鱼卵自己变化。不到七八天便能够看到如同蚂蚁或苍蝇的蛆虫一样的东西在活动，生长非常迅速。等到它们变成小鱼，先用小米糊晾凉了，用竹片挑起来挂在水草上，任凭它们觅食，并且用粗糙的夏布做成口袋，装了鱼虫放在水里面，任凭它们吞吃，口袋里立即就能透出小小的白色鱼虫。三四天以后，小鱼虽然能够追赶吞吃鱼虫，还是需要先选择白色的小鱼虫来喂养它们。到了可以吃大红虫的时候，也不可以喂得太饱，否则幼嫩的小鱼会饱胀致死。极小的鱼虫，叫作面食，是白色的，在水面上像面粉一样漂浮，不能分辨鱼虫的颗粒数。刚孵出来的小鱼吃它们最好，吃了面食的小鱼易于长大，而且长得健壮。

小鱼长至半寸许，即宜分缸，每缸不过百头。至寸余，则每缸三十足矣。多则挤热而死，竟至一头不留。渐长渐分，至二寸余大，则一缸四、五、六对。至三寸，则一缸不过四头、六头而已。然养缸如此，若庭院赏玩，则一缸一对，至多二对，始足以尽其游泳之趣，而观者亦可心静神逸也。

【译文】小鱼长到半寸多长，就应该分缸饲养了，每缸鱼不超过一百条。长到一寸多，则每缸三十条就足够了。养得多了就拥挤闷热而死，最后一条都留不下来。鱼渐渐长大，就渐渐分养，长到两寸多大，则一缸能养四至六对鱼。长到三寸大，则一缸鱼最多四条至六条。然而缸养是这样的，如果放在庭院里赏玩，则一口缸只能养一对，最多两对，才能充分地展现金鱼在水中游泳的趣味，而使观赏的人也可以心意宁静、神思安逸了。

鱼不可乱养，必须分隔清楚。如黑龙睛不可见红鱼，见则易变。翠鱼尤须分避黑、白、红三色串秧。花鱼亦然。红鱼见各色鱼则亦串花矣。蛋鱼、文鱼、龙睛尤不可同缸。各色分缸，各种异地，亦令人观玩有致。

【译文】金鱼不可以混杂地养，必须把各个品种的金鱼分隔清楚。例如墨龙睛鱼不可以看见红色金鱼，否则体色就容易发生变化。翠鱼尤其要避开黑、白、红三种颜色的种鱼，防止串秧。花金鱼也是如此。红金鱼看见各色金鱼则也容易串秧子变花了。蛋鱼、文鱼、龙睛鱼尤其不可以用同一个缸饲养。各色金鱼分缸饲养，各种金鱼在不同地方饲养，才能使人观赏玩味时兴致盎然。

子出鱼后，夜夜须将缸盖起，次日日出后开之。否则每至冻死，一缸为之一空。

【译文】鱼卵孵出小鱼后，每天晚上必须将鱼缸盖上，第二天太阳出来后再揭开。否则会把鱼都冻死，一缸的小鱼为之一空。

注释：

① 《竹叶亭杂记》为清人姚元之所撰，历记朝廷掌故、礼仪制度、地方风情物产、石刻印章、古籍文物、人物逸事、读书杂考、花虫木石等。

十则

金鱼谱（民国胡怀琛①）

叙目

余有净癖寡尘，好虚窗短几，惟鱼鸟之可亲。玩物丧志，迂腐之难免。然而金鲫入咏宋苏子美诗："沿桥待金鲫。"，朱砂有志明人有《朱砂鱼谱》。昔人所好，盖亦相同。山斋多暇，辄成是书。凡此所陈，多吾亲历。世人览者，或有取乎？

【译文】我生性有洁癖，不喜欢灰尘，喜好清明的窗户、低矮的几案，喜欢亲近鱼鸟，故而难免受到玩物丧志、为人迂腐的指责。然而金鲫鱼入诗被人歌咏（宋代有苏舜钦的诗："沿桥待金鲫。"），朱砂鱼有人记载（明代人有《朱砂鱼谱》流传于世）。古人所喜好的东西，大概也都是相同的。现在我隐居山斋，闲暇时间较多，就把我的经验写成书。书中所陈述的，多是我亲身经历的。世上的人看到这些文字，或许其中也有可取之处？

一之种

金鱼，宋以前未见于诗人吟咏，大抵宋后始盛。戴埴《鼠璞》云：东坡读苏子美《六和塔》诗："沿桥待金鲫，竟日独迟留。"初疑惑此语，及倅杭州，乃知寺后池中有此鱼，如金色。是此鱼始于钱塘，惟六和塔有之。南渡后，王公贵人，园池相望，豢养之法出焉。岳珂《桯史》云：都中有豢鱼者，能变鱼以金色，鲫为上，鲤次之，贵游多凿石为池养之……食以小红虫。初白如银，次渐黄，久而金矣。又别有雪质而墨章、若漆曰玳瑁者，尤可观。据此，则金鱼始于北宋，产于六和塔。豢之池沼，以供清玩，自南宋始盛焉。

【译文】宋代以前没有见过有诗人吟咏金鱼，大概是宋代以后金鱼才开始兴盛。戴埴《鼠璞》中写道：苏东坡读苏舜钦《六和塔》诗："沿桥待金鲫，竟日独迟留。"起初苏轼对这句诗很是怀疑，等到了杭州做官，才知道寺院后面池子里有这种鱼，鱼体的颜色如同金的颜色。这种鱼起源于钱塘一带，唯独六和塔那里有。宋室南渡后，王公贵族的园林里面，蓄养金鱼的池塘极多，彼此都可望见，蓄养的方法也就产生了。岳珂《桯史》记载：京城中蓄养金鱼的人，能够把金鱼的颜色变成金色，鲫鱼是最好的，鲤鱼差一些，贵族多凿石成池子来蓄养金鱼……用小红虫来喂金鱼。起初白得如同银子，渐渐变黄，时间长了就成金色了。又有别种金鱼鱼体雪白，上面有黑色花纹，明亮鲜艳如同油漆的就叫玳瑁鱼，尤其值得观赏。根据这些资料可以看出，金鱼开始于宋代，出产于杭州六和塔一带，蓄养在池塘中，供人们安静地赏玩，这种情况是自南宋才开始兴盛的。

二之饲

蓄以瓦盆南宋人多蓄之池沼，今人大抵用瓦盆。盆以口大底尖者为宜。饲以红虫积水中所生之虫。或面屑面和猪鸭血，蒸熟晒干，研细食之，或蛋黄蛋黄蒸熟，研末，亦可代之。夏秋暑热，水须隔日一换，则鱼不蒸死井水及自来水均不可用，以河水为宜。春末雄鱼追咬其雌，是为产子之候。取盆中藻映日视之，有大如粟，明如晶者，鱼子也，取其藻置之浅盆，贮水寸余。置树荫下不见日，不生；见烈日，亦不生，二三日即成雏。雏鱼不可与大鱼同居一盆，防为所食也。雏鱼食以蛋黄，宜旬日后始食以红虫须先以清水洗净。数十日，或百日，渐变花，次纯白，次而黄，久纯红矣。春季产子时，置大雄虾于盆中，则所生鱼皆三尾、五尾虾钳须去其半，恐伤鱼也。

【译文】养金鱼要用瓦盆（南宋时期的人多用池塘来蓄养金鱼，今天的人大多用瓦盆。瓦盆以盆口大而盆底尖的比较适宜）。用红虫来喂金鱼（积水中所产生的鱼虫），或者用面屑（面粉和着猪、鸭的血，蒸熟了晒干，研磨成细粉来喂金鱼），或者用蛋黄（蛋黄蒸熟了研磨成细粉），也可以代替鱼虫。夏秋暑热的天气，养鱼的水要每隔一天换一次，那么金鱼就不会受热而死（井水以及自来水都不可用，河水比较适宜）。春末雄金鱼追着赶咬雌金鱼，这就是金鱼产子的时候了。取出鱼盆中的水藻映着太阳看，有大小如同粟米，颜色

寺院金鱼放生池

明亮如同水晶的，就是鱼子，取出水藻放在浅水盆中，盆中蓄水一寸左右。把浅水盆放在树荫下面（不晒太阳，鱼子孵不出来；在烈日下面猛晒，也孵不出来），两三天后就形成小鱼。小鱼不可和大鱼同养在一个盆里面，以防被大鱼吃了。用鸡蛋黄来喂小金鱼，十天后才适合用红鱼虫来喂小金鱼（鱼虫必须先用清水洗干净）。几十天或一百天后，小金鱼体色渐渐变得不均匀，接着变成纯白色，接着变成黄色，时间长了就成纯红色了。春季金鱼产子时，把大雄虾米放在鱼盆中，则所生出来的小金鱼都是三尾、五尾的（但是虾的钳要各剪去一半，这是怕它夹伤小金鱼）。

三之病

鱼翻白，宜急换清水。将芭蕉叶捣烂投水中，可治鱼泛。鱼浮游水面不下，或身上有瘤，宜令见日光。鱼瘦而生白斑，是为鱼虱。治虱之法，宜投枫树皮于盆，或杨树皮亦可。鱼脱鳞及受伤，以食盐轻涂其体即愈。

【译文】金鱼肚皮朝天，最好赶紧换入清水中。将芭蕉叶子捣烂了投在水里面，可以防止金鱼大量死亡。金鱼浮在水面上游不下去，或者身上有瘤子，适宜让金鱼晒晒太阳。金鱼长得瘦弱而且身上长了白色的斑块，这是因为金鱼长了鱼虱子。治疗鱼虱子的方法，最好把枫树的树皮投入鱼盆中，有人说杨树皮也可以。若金鱼脱鳞以及受伤，用食盐轻轻地涂在它的身体上就可以痊愈。

四之具

盆，宜瓦不宜磁，宜旧不宜新，宜浅不宜深。至于盆式，尤以古雅为贵。先以芋涂盆四周，俟既干，然后置水，则生绿毛而水活。水，井水过寒，不可用；自来水漉过，亦不宜用。水宜常换，投田螺于盆，可使水清。藻，取溪涧中藻，植之盆中，青翠可爱。

【译文】养金鱼的鱼盆适宜用瓦盆，不适宜用瓷盆，适宜用旧盆，不适宜用新盆，适宜用浅水盆，不适宜用深水盆。至于盆的样式，尤其以古雅的为贵。先用芋头涂抹鱼盆的内壁四周，等干后放上水，就会生出绿毛，这样水就活了。养鱼的水，井水太寒冷，不可以使用；自来水因为过滤过，也不适宜使用。养金鱼的水应常常更换，投入几个田螺在盆里，可以使养鱼水常常清澈。水藻，捞取溪流山涧中的水藻，种植在鱼盆里，看上去十分青翠可爱。

注　释：

① 胡怀琛（1886—1938），安徽泾县人，字季仁，又字季尘，号寄尘，别署有怀、秋山。胡朴安之胞弟，南社诗人。长期从事古典文学、新文学、历史学和佛学的研究与写作，先后在六所高等院校讲授中国文学史。平生著作一百七十余种。

后　记

金鱼的故乡在中国，中国是金鱼的发源地，目前世界各地的金鱼的原种都来源于中国。金鱼在中国被誉为国粹之一，而在国外则被称为“东方圣鱼”。真正发端于中国宋代的养赏金鱼，在中国可谓历史悠久、源远流长。

笔者自幼喜欢金鱼，可能与金鱼有缘。对于金鱼的痴迷程度，一如张丑在其著作《朱砂鱼谱》中所述：“余性冲淡，无他嗜好，独喜汲清泉养朱砂鱼。时时观其出没之趣，每至会心处，竟日忘倦。”我赏金鱼，虽无张丑这般高雅脱俗，但金鱼于碧浪清波之间的逍遥自在，也使笔者如庄周一般，非鱼而知鱼之乐也。与金鱼相逢在天真烂漫的季节，结缘在烟雨迷蒙的江南水乡。儿时随外婆生活于江南，这里随处可见游动在水盆中的美丽金鱼。现今蜗居于红尘喧嚣的都市，时常想起童年，在外婆家，用一只绿釉尖底粗陶盆养金鱼，以及去水塘捞鱼虫的情景。虽然现在观赏鱼市场上各色观赏鱼品种繁多，异彩纷呈，但是金鱼这一古老的观赏鱼品种，以其独特的魅力，仍然是观赏鱼市场的“红不缺”，并且拥有庞大的金鱼爱好者群体。

都市中养赏金鱼不同于养鱼场生产性的繁殖饲养，以赏金鱼为主，讲究金鱼种类的精挑细选，养鱼容器的古朴典雅，养鱼设备的合理配置，饲鱼技术的精益求精，赏鱼心情的安详闲适。如何配置养鱼设施，如何合理地根据金鱼的特点进行置景，使金鱼与容器相得益彰，这是笔者关注的重点。笔者总结自己的经验，并把多年积累、搜集到的一些关于金鱼的资料精练提纯，编汇成集，从历史的视角重新体悟金鱼的文化，从科学的视角掌握养金鱼的关键技术，从美学的角度营造养金鱼的环境氛围，使以金鱼为主题的水景能成为现代居室的一道景观。笔者期望能够给广大金鱼爱好者以指导和启发，帮助金鱼爱好者不仅养好金鱼，尽量避免鱼病的发生，而且在赏鱼环境的营造上提供建议，为我们的生活增添一丝文化的意境。

金鱼发源于中国，驰名世界，被誉为“水中花”“东方圣鱼”。真心地希望这一中华民族的“水中花”能够盛开得更加婀娜艳丽、妩媚动人。

二〇一九年春日

主要参考文献

《金鱼》，马柏山编写，广华水族馆，1993 年

《怎样养金鱼》，张瑞清著，科学普及出版社，1985 年

《金鱼养殖》，方斌编著，1991 年

《金鱼·锦鲤·热带鱼》，张绍华、郁倩辉、赵承萍编著，金盾出版社，2001 年

《金鱼》，赵承萍、张绍华编著，金盾出版社，1991 年

《金鱼·热带鱼》，晓宁编著，1993 年

《北京金鱼》，张绍华等编著，北京出版社，1987 年

《中国金鱼（法语）》，外文出版社，1988 年

《实用养金鱼大全》，李素梅主编，中国农业出版社，1997 年

《中国金鱼》，王春元著，金盾出版社，1994 年

《家养金鱼 100 问》，叶健著，福建科学技术出版社，2000 年

《金鱼品种鉴赏彩色珍藏版——金鱼特辑》，观赏鱼杂志社

《中国金鱼文化》，刘景春、陈桢等著，王世襄辑，生活·读书·新知三联书店，2008 年

《工笔画线描花鸟画谱：金鱼篇》，王永刚著，天津杨柳青画社，2006 年

《金鱼喂养完全指南》，日本主妇之友社编，汪晓丽、郑跃强译，中国轻工业出版社，2005 年

《珍品金鱼》，［英］克里斯·安德鲁斯著，李晓红、樊恩源译，中国农业出版社，2002 年

《东方圣鱼：中国金鱼》，许祺源、蔡仁逵编著，中国农业出版社，1996 年